*Senza il peso di questo fragile corpo,
chissà quanti altri piccoli passi compi-
rai a spasso per l'Universo,
Neil Armstrong*

Daniele Gasparri

Conoscere, Capire, Esplorare il Sistema Solare

Misteri, meraviglie e speranze nella straordinaria avventura dell'osservazione e dell'esplorazione del nostro vicinato cosmico

In copertina, fronte: Rappresentazione artistica dell'avvicinamento della sonda Juno a Giove, previsto per il 2016. Cortesia NASA.
Retro: Marte ripreso dalla sonda Rosetta nel 2007. Cortesia Agenzia Spaziale Europea (ESA).

Prefazione

Il percorso che mi ha portato alla stesura di questo libro è lungo e risale ormai a qualche anno fa.

Quando cominciai a fare divulgazione astronomica notai subito che l'interesse del pubblico verso il Sistema Solare non era particolarmente sviluppato.

Le nozioni teoriche erano troppo tecniche, la descrizione delle missioni spaziali sempre la stessa e per di più gravata da un profondo pregiudizio creato dagli elevatissimi costi e dalla lontananza ai problemi della vita pratica; l'osservazione attraverso il telescopio superflua, perché pochi ne hanno uno e ancora meno sono coloro che vogliono vedere un piccolo punto indistinto sempre tremolante.

L'Universo poi è così vasto e variegato che tutta l'attenzione era focalizzata verso i grandi temi dell'astrofisica e della cosmologia. Nebulose, galassie, buchi neri, nascita e proprietà dell'Universo, sono argomenti sempre verdi che si raccontano praticamente da soli. È sufficiente pronunciare alcune parole magiche come scontro tra galassie, orizzonte degli eventi, Universo in espansione, per catturare l'attenzione del pubblico e farlo rimanere a bocca aperta.

Con il passare del tempo ho compreso però che la parte fondamentale di un interesse che vada al di là dello stupore suscitato da una frase a effetto, è rappresentata dal modo in cui viene raccontata l'astronomia.

Il Sistema Solare è l'emblema di questo mio pensiero.

Nonostante una passione smisurata verso tutti i temi dell'astronomia, quando raccontavo al pubblico le solite informazioni già sentite sui pianeti, seguendo i classici schemi divulgativi, non riuscivo a comunicare interesse, perché ero io il primo ad annoiarmi durante le mie lunghe chiacchierate.

Ho quindi cercato di sviluppare un modo diverso di raccontare le vicende entusiasmanti che ruotano attorno a questo piccolo angolo di Universo, cercando di evitare semplici e sterili nozioni che hanno annoiato generazioni di curiosi dell'astronomia.

Ho provato lentamente a mettere in pratica un insegnamento che vale sempre nei momenti di stallo, in ogni ambito della vita: provare a cambiare. È del tutto inutile continuare a ripetere meccanicamente le stesse azioni sperando che il risultato cambi a ogni volta, come una mosca che tenta di attraversare un vetro continuando a sbatterci contro.

Provare a cambiare approccio è il modo migliore, anche se non si sa dove porterà la nuova strada ed è probabile l'eventualità di un errore (quest'ultimo il modo migliore per crescere).

I risultati di questi miei esperimenti furono positivi e spero sia stato lo stesso anche per gli appassionati che sempre molto gentilmente e appassionatamente mi hanno ascoltato e aiutato.

Con il materiale e l'esperienza accumulati durante corsi e conferenze è nato questo volume, come atto finale del mio cambiamento nel modo di divulgare l'astronomia.

La prima cosa che ho eliminato è proprio il carattere nozionistico ed enciclopedico: l'astronomia va fatta comprendere, non va recitata, né utilizzata come un'arma psicologica per dimostrarsi superiori verso gli altri.

Mi sono poi concentrato nel mostrare la materia sotto un diverso punto di vista: curiosità, fatti poco conosciuti, e soprattutto i metodi che portano gli astronomi a trovare le risposte che cercano.

Quest'ultimo è un gioco terribilmente affascinante e alla portata di chiunque, perché logica e intelligenza sono in ognuno di noi, a prescindere dal proprio livello di conoscenza.

In quanto figli di un Universo che è arrivato a generare esseri in grado di prendere coscienza della sua magnificenza e delle leggi perfette che lo governano, ogni persona ha le potenzialità per comprendere i segreti più affascinanti e nascosti dell'astronomia.

Ultimo, ma non per importanza, ho cercato di dare valore a ciò di cui forse si sente più la mancanza nel modo di divulgare la scienza: emozioni e sentimenti, sogni e speranze.

La parte emozionale, così spesso nascosta da un modo di comunicare freddo e distaccato, rende la scienza, in particolare l'astronomia, difficile da apprezzare.

Non c'è comunicazione efficiente se il comunicatore non si fa portavoce, attraverso la sua passione, delle emozioni di chi ha raggiunto i traguardi di cui si sta parlando.

Astronomi, planetologi, astronauti, tecnici di missione, sono uomini come tutti noi che credono in quello che fanno, che si emozionano nello scoprire le meraviglie dell'Universo e coltivano il sogno più grande dell'uomo: capire e raggiungere le stelle. Questo basta per rendere interessante la materia più antica e bella di sempre.

Non so se sono riuscito a realizzare tutti questi buoni propositi; ci ho provato, ma soprattutto mi sono divertito molto nel farlo.

Ho scoperto fatti e curiosità che non conoscevo. Mi sono spinto con l'immaginazione verso l'infinito dello spazio; ho guardato la Terra allontanarsi fino a diventare un punto indistinto, ho navigato nei mari di metano di Titano, mi sono perso tra le dune rosse del deserto marziano. Ho messo piede sulla Luna e mi sono emozionato quando dalla sua superficie il mio pollice disteso copriva completamente quel pianeta azzurro sul quale si sviluppa tutta la nostra vita, i nostri sogni, le nostre paure e soprattutto le nostre speranze.

E tutto questo mi ripaga delle notti insonni, delle uscite rimandate con gli amici, dei rimproveri dei miei datori di lavoro; perché scrivere questo libro, a prescindere dal successo o meno che riceverà, è stata una delle soddisfazioni più grandi che abbia mai avuto il piacere di provare.

Daniele Gasparri, agosto 2012

Indice

Introduzione

Con il termine Sistema Solare si identifica una famiglia di corpi celesti che orbitano tutti intorno a una stella centrale chiamata Sole.

Questa è la definizione più semplice di quello che può essere considerato il nostro vicinato cosmico, una casa le cui stanze più lussuose sono occupate da otto pianeti: Mercurio, Venere Terra, Marte, Giove, Saturno, Urano e Nettuno.

Mi sono fermato qui non includendo Plutone, un tempo considerato un pianeta, attualmente capostipite di una classe di lontani corpi celesti ghiacciati chiamati KBO (Kuiper Belt Objects).

Il Sistema Solare è popolato anche da milioni o forse miliardi di altri oggetti molto diversi dai grandi pianeti: gli asteroidi e le comete, di cui i KBO rappresentano una particolare famiglia.

Al di là delle grandi differenze che vedremo nel corso delle pagine, il destino dei corpi del Sistema Solare è indissolubilmente legato al Sole, una stella di taglia media che rende possibile la stessa nostra esistenza.

Nonostante le distanze tra i pianeti siano molto maggiori di qualsiasi immaginazione, il Sistema Solare non è altri che un punto indistinto in uno spazio eccezionalmente vasto.

Proprio per questo motivo, la distanza che ci separa dal pianeta più vicino, Venere, pari a circa 40 milioni di chilometri, rappresenta nella vastità dell'Universo poco più del passo di una formica vista attraverso i nostri occhi.

La relativa vicinanza dei corpi celesti consente di fare qualcosa che in astronomia non è mai possibile: esplorarli da vicino, a volte addirittura atterrarci sopra.

La nascita dell'era spaziale, negli anni 50 del secolo scorso, ha consentito di raggiungere in breve tempo tutti i pianeti del Sistema Solare, compresi numerosi satelliti naturali e alcuni corpi minori.

Il progresso scientifico prodotto dall'esplorazione spaziale è stato veramente enorme, ma lungi dall'essere completato.

Le informazioni da raccogliere per comprendere a fondo le proprietà di questi perfetti prodotti della Natura sono così tante che saranno richieste ancora diverse decine di anni per avere un quadro abbastanza chiaro.

Ma oltre la voglia di conoscere e migliorare, che è ciò che differenzia l'uomo dalle altre specie animali, le implicazioni e le conseguenze dello studio e dell'esplorazione del Sistema Solare sono insospettabilmente più profonde, producendo ripercussioni estremamente importanti nella vita di tutti i giorni e sul nostro futuro.

L'ingegneria spaziale ha prodotto centinaia di tecnologie che attualmente utilizziamo nelle nostre case, ha fornito importanti strumenti per la sicurezza e il campo medico, ha migliorato notevolmente la qualità della nostra vita e fornito speranze per un futuro migliore.

Lo studio dei corpi del Sistema Solare aiuta a comprendere meglio la Terra e le sue proprietà.

Capire quanti asteroidi ci sono là fuori, e monitorare i più pericolosi, potrebbe scongiurare un'estinzione di massa già capitata ai dinosauri 65 milioni di anni fa.

Studiare l'effetto serra di Venere potrebbe evitarci di trasformare il nostro pianeta in una fornace ostile alla vita.

Comprendere e monitorare l'attività solare è importante per le comunicazioni e la nostra stessa salute.

Studiare le complesse dinamiche delle atmosfere dei pianeti giganti nel corso del tempo da indicazioni su possibili cambiamenti climatici che potrebbero essere causati dal Sole.

Il Sistema Solare contiene una miniera di informazioni, di curiosità, di visioni mozzafiato in grado di farci sognare per anni interi.

Lo studio del cielo è una disciplina nata nella notte dei tempi, probabilmente addirittura prima dell'invenzione della scrittura.

Le antiche popolazioni che abitavano la Terra, qualche migliaio di anni prima di Cristo, non disponevano di strumenti astronomici ma erano riuscite già a individuare due classi di corpi

celesti: le stelle fisse e i pianeti. Questi ultimi erano contraddistinti da un lento moto attraverso le stelle nel corso del tempo e venivano quindi considerati oggetti con proprietà diverse.
Per capire di cosa si trattasse sono dovuti però passare molti secoli.
In effetti, senza l'ausilio di strumenti in grado di misurare le distanze e ingrandire gli oggetti era impossibile capire cosa si stava osservando. Una cosa è certa: l'idea che si potesse trattare di altri mondi, posti a distanza milioni di volte superiori rispetto all'esperienza, era solo una tra le tante speculazioni filosofiche e probabilmente neanche la più accettata.
Eppure, spesso l'astronomia è ricca di fenomeni totalmente estranei alla nostra esperienza e impossibili addirittura da immaginare. È questo uno dei punti di forza di questa bellissima materia.
Con la fine del medioevo, la scienza astronomica occidentale si avviò lentamente verso una rivoluzione che a distanza di oltre 500 anni sta ancora crescendo a ritmo esponenziale.

Copernico, Keplero, Newton, Galilei sono i grandi geni che hanno dato inizio a quello che sarebbe diventato un fiume in piena con la prorompente potenza per scardinare tutti i pilastri su cui si fondava il sapere astronomico fino a quel momento.
Fu Galileo Galilei a inaugurare l'era delle osservazioni astronomiche con il suo modesto cannocchiale.

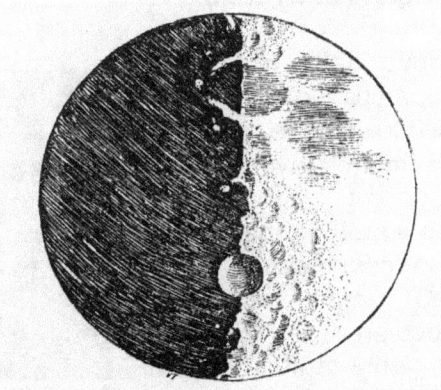

Lo storico disegno della Luna eseguito da Galileo Galilei nel 1609 inaugura l'era dell'osservazione astronomica e prova che la Luna è un mondo simile alla Terra.

Nel 1609 puntando la Luna scoprì valli e montagne simili a quelle terrestri.

Venere, Giove e Saturno si mostrarono finalmente come dei piccoli dischi risolti: il Sistema Solare era popolato da altri mondi.

Come conseguenza dello sviluppo dei telescopi astronomici, le scoperte si susseguirono rapide, soprattutto per quanto riguarda i pianeti.

Nell'arco di meno di 300 anni l'uomo accumulò moltissime informazioni e teorie, nate dal grande genio di coloro che al telescopio trascorrevano gran parte del tempo, ogni giorno dell'anno.

Carte d'ensemble de la planéte Mars
avec ses lignes sombres pas doublées
observées pendant les six oppositions de 1877-1888
par J.V Schiaparelli.

Disegni di Marte da parte dell'astronomo italiano Schiaparelli che mostrano i famosi canali. A causa di una traduzione errata la letteratura anglosassone pensò che l'astronomo volesse intendere canali di origine artificiale. Così nacque il mito di Marte come pianeta abitato.

L'arrivo della fotografia, a partire dalla metà dell'800, venne salutato con molto favore dagli astronomi.

Fino a quel momento tutte le osservazioni venivano, infatti, condotte all'oculare del telescopio, annotando dati e soprattutto facendo disegni. Ma si sa che l'occhio può essere facilmente ingannato in osservazioni al limite delle proprie capacità.

A partire dalla fine dell'800 la fotografia permise di indagare più a fondo e oggettivamente i pianeti. Questa, ad esempio, è la migliore immagine di Marte ripresa con la pellicola e non mostra più i famosi canali, che si sono rivelati delle semplici illusioni ottiche. Siamo nel 1956, agli albori dell'era spaziale.

Un esempio molto famoso sono i canali di Marte, che diversi astronomi, tra cui il grande Giovanni Schiaparelli, erano convinti di vedere sulla superficie.

La fotografia forniva finalmente uno strumento di indagine molto più oggettivo dell'occhio umano. Inoltre, le immagini potevano essere osservate con calma in un ambiente ben illuminato e venir scambiate per controlli incrociati.

Dopo il termine della sanguinosa seconda guerra mondiale, si posero le basi per una seconda e spettacolare rivoluzione della branca dell'astronomia che si occupa del Sistema Solare.

L'era spaziale iniziò ufficialmente il 4 ottobre 1957, quando l'Unione Sovietica

L'inizio dell'esplorazione spaziale permise di ottenere immagini molto più nitide di quelle riprese da Terra, come testimoniano queste riprese di Marte eseguite dalla sonda americana Mariner 6 il 31 luglio 1969.

stupì il mondo annunciando di aver mandato nello spazio il primo satellite artificiale della storia: lo Sputnik 1.

Quel "bip" proveniente dall'orbita terrestre e ripetutosi per 98 minuti fu il segnale di inizio di una battaglia scientifico-tecnologica che avrebbe rapidamente cambiato il mondo.

Gli anni seguenti furono infatti caratterizzati dalla cosiddetta corsa allo spazio.

Russi e americani, in piena guerra fredda, si sfidarono per la conquista del nuovo mondo posto sopra le nostre teste. La posta in gioco era alta: il dominio della Terra e la supremazia su tutte le altre nazioni.

In uno sforzo economico e tecnologico senza precedenti, 12 anni dopo il lancio del primo satellite automatico l'uomo mise piede sulla Luna.

Gli americani avevano vinto una lunga e logorante guerra, nella quale non venne mai sparato un colpo, ma che aveva anzi prodotto qualcosa di inaspettato che non si è mai più ripetuto: tutta l'umanità unita come un'unica famiglia a salutare il raggiungimento di un obiettivo straordinariamente grande.

Negli anni successivi, flotte di sonde automatiche esplorarono tutti i pianeti del Sistema Solare, il Sole, alcuni asteroidi, persino le comete.

Nei primi anni 90, il lancio del telescopio spaziale Hubble e la diffusione di sensori digitali di ottima qualità hanno dato una nuova forte spinta alle osservazioni astronomiche.

Il telescopio spaziale Hubble ha permesso di ottenere visioni estremamente dettagliate dei pianeti. Qui vediamo Marte ripreso nel 1995. Nell'immagine originale sono visibili dettagli delle dimensioni di poche decine di chilometri, impensabili da raggiungere fino a pochi anni prima dalla superficie della Terra.

Le immagini realizzate sulla Terra, a diversi milioni di chilometri di distanza, hanno ormai raggiunto la stessa qualità delle riprese delle prime sonde che si sono avvicinate fino a poche migliaia di chilometri dai pianeti.

Negli ultimi 15 anni siamo riusciti a portare sofisticati robot su Marte che per diversi mesi hanno liberamente scorrazzato sulla superficie. Abbiamo lanciato sonde atterrate poi su piccoli asteroidi poco più grandi di un grattacielo, raccolto polvere di una cometa e siamo addirittura riusciti a far dirigere le vecchie astronavi partite negli anni 70 verso lo spazio interstellare, in viaggio tra le miliardi di stelle che popolano la nostra Galassia.

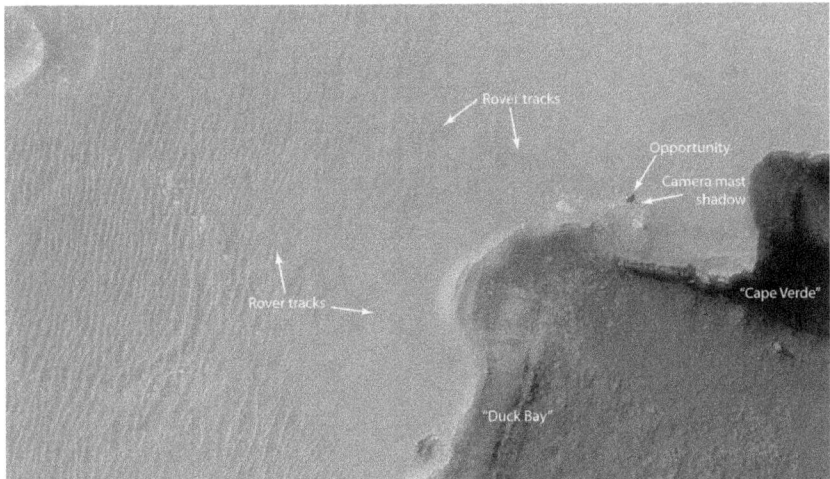

Lo stato dell'arte dello studio dei pianeti. Le attuali sonde automatiche e le tecnologie di ripresa sempre migliori ci consentono di riprendere dettagli dell'ordine di pochi metri. Questa immagine ripresa dalla sonda Mars Reconnaissance Orbiter ha catturato il piccolo rover Opportunity e le tracce lasciate sul suolo marziano.

In un periodo attualmente difficile per il pianeta, con numerosi problemi che partono dalla nostra vita quotidiana e raggiungono scala planetaria, quali crisi economiche, guerre, mancanza di cibo, inquinamento, possiamo trovare una grande speranza per la nostra sopravvivenza e il futuro benessere guardando alle azioni straordinarie che il genere umano è riuscito a compiere, quando si è prefissato con tutte le sue forze il raggiungimento di un obiettivo comune.

Grazie a generazioni di uomini straordinari che hanno dedicato la vita alla loro più grande passione, e al doloroso sacrificio di alcuni che purtroppo sono caduti lungo il difficile cammino verso le stelle, dobbiamo le nostre conoscenze e gran parte dell'attuale benessere.
Questo libro è un piccolissimo tributo affinché i loro sogni sopravvivano ai segni del tempo e siano d'esempio per le future generazioni.

1. Sole

Il Sole è la stella che rende possibile l'esistenza del Sistema Solare e l'unica che possiamo studiare da vicino.

Che cosa è il Sole? Domanda apparentemente semplicissima e che probabilmente da bambini abbiamo più volte chiesto ai genitori. È affascinante soffermarsi a pensare per un attimo a quanto siano semplici le radici della conoscenza scientifica.
Tutto parte da una domanda, frutto di una semplice osservazione.
L'uomo è un essere curioso di natura, nasce con la voglia di capire e conoscere; un desiderio innato, istintivo. Non è un ca-

so se queste domande le facciano i bambini, espressione più pura del pensiero umano.

Mano a mano che l'età avanza si impara a vivere nel mondo e a sentire le modificazioni prodotte dalla società, nel bene e soprattutto nel male.

L'uomo, assorto nel proprio ambiente artificiale, perde il contatto con ciò che di più puro e profondo esiste: la conoscenza.

Il conoscere viene visto come un qualcosa che non ci si può permettere perché non porta guadagni, benefici, divertimento e risultati immediati. I sogni, poi, come una debolezza non tollerata dall'enorme cannibalismo e materialismo della società.

Fortunatamente (o no, dipende dai punti di vista!) qualche uomo crescendo mantiene viva quella voglia di scoprire il mondo e continua a porsi le domande di un tempo, questa volta con gli strumenti che ha acquisito durante il percorso di studi e di maturazione personale dell'età adulta. Qualcuno, soprattutto se ha il coraggio di abbandonare questo paese per seguire la propria passione, viene addirittura pagato a sufficienza per vivere dignitosamente del proprio sogno. E a prescindere da quale sia, questo è forse il traguardo al quale tutti dovrebbero aspirare.

Il Sole, la nostra stella, è una gigantesca sfera di gas dal diametro di circa 1,4 milioni di chilometri, 110 volte il diametro dalla Terra, 10.000 volte più massiccio, composto da idrogeno (circa il 75% della massa), elio (circa il 24%) e da materiali più pesanti chiamati genericamente metalli, tra cui i più abbondanti sono ossigeno, carbonio, neon e azoto.

Nonostante le sue ragguardevoli dimensioni, il Sole è una stella di taglia medio-piccola; nell'Universo ne esistono anche di 100 volte più massicce o addirittura 1000 volte più grandi.

Come tutte le stelle, il Sole emette radiazione elettromagnetica, in questo caso quasi interamente concentrata nel cosiddetto spettro visibile, una piccola porzione rispetto allo spettro totale nella quale l'occhio umano mostra sensibilità (e non è di certo un caso!).

La temperatura superficiale è di 5770 K mentre nella zona nucleare supera addirittura i 15 milioni di gradi.
In astronomia la temperatura di un corpo celeste non si esprime generalmente nella comune scala Celtius, ma in gradi Kelvin. La conversione è molto semplice, poiché lo zero della scala Kelvin corrisponde a -273,16°C. La temperatura superficiale del Sole è così pari a circa 5500°C.
Ma cosa significa il termine temperatura superficiale, se il Sole è una sfera di gas quindi per definizione privo di superficie solida?
In questi casi il termine superficie non può avere lo stesso significato dei pianeti rocciosi e neanche di quelli gassosi.
Nel caso delle stelle, la superficie è identificata come il primo strato gassoso opaco che si incontra venendo dallo spazio, e che emette quindi la quasi totalità della radiazione elettromagnetica che possiamo osservare.
Domanda risolta: si tratta semplicemente di una convenzione umana.
Perché il Sole è brillante? Ovvero, da dove prende tutta l'energia che ogni secondo libera sottoforma di luce?
Gli scienziati ci hanno messo secoli a capire ciò che ora vedremo in poche righe e che forse sembrerà anche scontato.
L'energia prodotta, e successivamente emessa sottoforma di radiazione elettromagnetica, si origina dal processo di fusione nucleare, che si sviluppa nella zona centrale del Sole (non oltre un raggio del 10% rispetto al totale), relativamente facile da comprendere.
L'idrogeno, che è l'elemento principale, al centro si trova in forma ionizzata, ovvero privo del suo unico elettrone. L'atomo di idrogeno privato dell'elettrone si riduce a una singola particella: il protone, di carica positiva.
A causa della forza elettromagnetica, due particelle della stessa carica si respingono in modo maggiore quanto minore è la loro distanza, proprio come succede anche per due calamite quando vengono avvicinate secondo due poli dello stesso segno.

Al centro del Sole, tuttavia, la temperatura è così elevata che gli urti tra protoni sono estremamente energetici. Basti pensare che la forza con cui si avvicinano due particelle di questo tipo è simile a quella che eserciterebbe una montagna se si trovasse sulle nostre spalle. Questa enorme forza, alla quale tutti i protoni del nucleo sono sottoposti, riesce a farli avvicinare gli uni agli altri fino alla distanza critica di $10^{-15}\,m$ (un milionesimo di miliardesimo di metro!).

Questa distanza è estremamente importante per il funzionamento stesso dell'Universo.

Quando due protoni si trovano entro questo raggio, la repulsione elettromagnetica cessa di colpo e cede il posto a un nuovo tipo di interazione, chiamato forza forte.

La forza forte è attrattiva e ben 100 volte più intensa di quella elettromagnetica.

Le particelle, che fino a quel momento cercavano di allontanarsi in tutti i modi respingendosi con una forza mostruosa, a un certo punto si fondono unite da una potentissima colla.

In realtà le cose sono un po' più complesse, al punto da richiedere qualche nozione di meccanica quantistica, ma noi ci accontentiamo di sapere che se la temperatura è molto alta le particelle possiedono così tanta energia che possono vincere la repulsione elettromagnetica ed essere poi fuse dalla forza forte. Quando questo accade si forma una nuova specie atomica (un nuovo elemento).

Ma com'è possibile che questo processo produca energia?

Se con una bilancia immaginaria pesassimo questo nuovo elemento e lo confrontassimo con il peso delle particelle di cui è composto quando si trovano libere, noteremmo una differenza piccola, ma fondamentale. Dalla fusione di due nuclei dell'atomo di idrogeno si forma un nucleo di elio che possiede una massa inferiore dello 0,7% rispetto alla somma delle masse delle particelle di cui è composto.

La materia mancante si è trasformata in energia secondo la famosissima relazione di *Einstein*: $E = mc^2$. È questa energia, liberata sottoforma di raggi gamma, che consente a tutte le stelle dell'Universo di brillare, quindi di esistere.

Il ciclo di reazioni più importante è chiamato catena protone-protone.

Nella catena protone-protone vi sono coinvolti 4 nuclei di idrogeno che portano alla formazione di un nucleo di elio 4, formato da 2 protoni e 2 neutroni.

L'energia prodotta in questo modo è spaventosamente alta; basti pensare che un grammo di atomi di idrogeno fondendosi produce la stessa quantità di energia che si ricava bruciando 11 tonnellate(!) di carbone.

Nel Sole ogni secondo viene prodotta un'energia spaventosa, pari a $3,8 \cdot 10^{26} \, Watt$.

In un anno l'energia generata è miliardi di volte la produzione dell'intero genere umano in tutta la sua storia.

La fusione nucleare

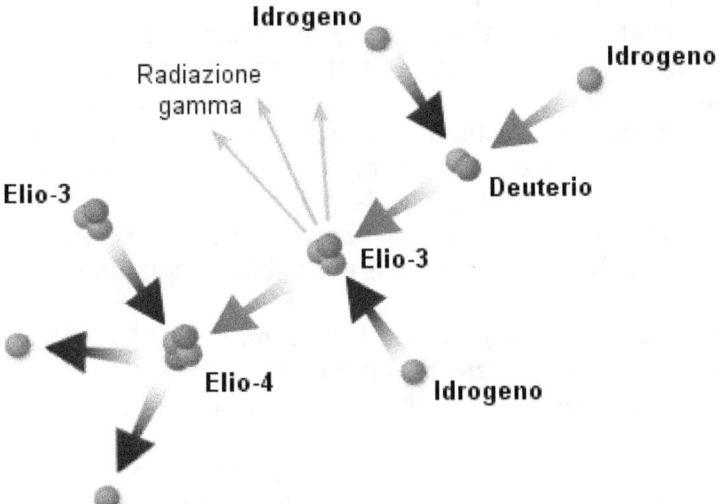

La catena protone-protone è il ciclo di reazioni nucleari alla base dell'esistenza delle stelle.

Prima di andare avanti fermiamoci un attimo e scopriremo uno degli aspetti più incredibili dell'Universo.

Le reazioni di fusione nucleare, schematizzate nella figura precedente, sono ben note anche ai militari dei governi della Terra, tanto che le utilizzano per far esplodere le terribili bombe a idrogeno, o bombe H, le più potenti mai realizzate dalla diabolica mente umana.

Le bombe termonucleari sono migliaia di volte più potenti delle normali bombe a fissione, proprio perché è sufficiente una piccola quantità di materiale per scatenare un'energia spaventosa e distruttiva.

Ora pensiamo un attimo a quanto carburante c'è nel Sole.

Se pochi chilogrammi di idrogeno che si fondono in una bomba termonucleare potrebbero distruggere la Terra, com'è possibile che il Sole e l'altre stelle non diano origine alle più terrificanti esplosioni dell'Universo?

Il segreto delle stelle è che il processo di fusione, contrariamente a quanto avviene in una bomba, è controllato e mantenuto a ritmi relativamente bassi.

Nella nostra piccola realtà succede qualcosa di simile: le centrali nucleari a fissione, sebbene si basino sul principio opposto a quello della fusione, producono energia regolando la velocità delle reazioni nucleari. Per ottenere una bomba, invece, è sufficiente far avvenire un numero spaventosamente alto di reazioni nel minor tempo possibile.

Come si può notare, la differenza tra energia "benevola" e bomba distruttiva è decisamente più sottile di quanto si possa pensare.

Nelle nostre centrali atomiche ci sono macchinari e materiali che provvedono a rendere basso il numero di reazioni nucleari, ma all'interno delle stelle chi o cosa controlla la velocità delle reazioni?

Anche in questo caso gli strabilianti e perfetti meccanismi della Natura non si smentiscono. Le reazioni principali di fusione negli interni stellari non avvengono tra due nuclei di idrogeno, ma tra un nucleo di idrogeno e uno di deuterio, come si può vedere nella figura precedente.

Il deuterio non è altri che un nucleo di idrogeno al quale è legato un neutrone. All'interno delle stelle, però, il deuterio non esiste in grandi quantità, perché non vi sono neutroni liberi con cui i protoni possono legarsi. È proprio questo a regolare la velocità delle reazioni ed evitare alle stelle di esplodere.

Il neutrone necessario per formare il deuterio deriva da una trasformazione molto rara, detta decadimento beta inverso.

In parole semplici, quando un protone, un elettrone, una particella chiamata antineutrino e un po' di energia si incontrano, possono dare vita a un neutrone, che verrà catturato da un altro protone per formare il deuterio necessario per la fusione.

Questa reazione però, è estremamente rara e lenta. La probabilità che avvenga in un qualsiasi istante di tempo è pari a circa 1:10 milioni! È questa rarissima trasformazione che limita la produzione del deuterio e controlla quindi le reazioni di fusione, che procedono esattamente al ritmo necessario alla stella per mantenere integra la struttura. Se procedessero più lentamente la stella collasserebbe sotto la sua stessa forza di gravità; se procedessero più velocemente esploderebbe.

Coincidenza o mano di una mente superiore in questo delicato equilibrio? I credenti vedranno la mano di Dio, gli atei solamente l'unica combinazione, tra le infinite provate dalla Natura, che ha potuto far sviluppare l'Universo e degli esseri senzienti che ora sono qui a porsi queste domande.

Fantastico, vero?

Tutte le stelle sono delle immense e perfette centrali a fusione termonucleare, lo stesso processo che stiamo disperatamente cercando di riprodurre in modo controllato qui sulla Terra e che eliminerebbe di fatto qualsiasi problema energetico.

La fusione di un grammo di idrogeno non produce neanche inquinamento perché il prodotto è l'elio, gas totalmente inerte e peraltro piuttosto utile in molti processi industriali.

Se riuscissimo a imbrigliare l'energia delle stelle non esiste-
rebbe più il problema delle emissioni di anidride carbonica o di
polveri sottili. L'energia costerebbe meno, perché il materiale
per la fusione si ricaverebbe direttamente dall'acqua.
I paesi poveri avrebbero la possibilità finalmente di svilupparsi
e di non dipendere più dalle grandi superpotenze detentrici
degli attuali combustibili fossili.
Tutto questo è un sogno?
Un sogno no, ma in parte, almeno per ora, un'utopia; non dal
punto di vista scientifico, perché esperimenti sulla fusione si
stanno conducendo e tra qualche decina di anni si arriverà a
una produzione abbastanza controllata e regolare, quanto dal
punto di vista degli interessi politico-economici.
Ma non è questo il luogo per parlare di temi così delicati.

Torniamo al nostro Sole, chiedendoci come abbiano fatto gli
scienziati a capire che nel centro si sviluppa la fusione nucleare, nonostante nessuno sia mai stato nel nucleo di una stella,
né, di certo, lo ha mai potuto osservare. Quindi: come facciamo a essere così sicuri di qualcosa che non potremo mai vedere direttamente?
La risposta filosofica è: non necessariamente per essere sicuri
di qualcosa bisogna vederla con gli occhi.
Cambiando punto di vista: non è detto che ciò che non si vede
non possa essere reale poiché i nostri sensi sono limitati.
La risposta più scientifica passa per una serie di osservazioni
chiamate, a dire il vero un po' infelicemente, indirette, nel senso che non possiamo vedere fisicamente due atomi di idrogeno che si fondono, ma possiamo misurare gli effetti, unici, della produzione di questo tipo di energia (a patto di conoscere
bene le reazioni coinvolte!).
Prima, però, è meglio riflettere un attimo sui meccanismi che
possono essere responsabili dell'energia delle stelle e cercare
di escluderne qualcuno con un po' di ragionamento e qualche
rapido calcolo.

Il processo più semplice per produrre una grande quantità di energia è chiamato riscaldamento gravitazionale.

Una stella è una sfera di gas compresso dalla forza di gravità.

Quando comprimiamo un gas, questo si riscalda.

Se la compressione è davvero forte, la temperatura può raggiungere valori elevati, con il risultato che la stella emette effettivamente luce.

Nel diciannovesimo secolo, due astronomi, Kelvin e Helmotz, erano arrivati a capire che l'energia emessa dalle stelle non poteva però essere dovuta al collasso gravitazionale, perché questo meccanismo è sufficiente per fornire grandi quantità di energia per non più di 10 milioni di anni.

Se una stella di taglia media vive almeno dieci volte di più, qual è la fonte di energia che garantisce una vita di miliardi di anni? L'unica che soddisfa questa condizione è la fusione nucleare.

Osservazioni successive in merito alla composizione chimica delle stelle diedero concretezza a questa teoria. La presenza di elementi come ossigeno, carbonio e azoto è infatti diretta conseguenza dei processi di fusione nucleare interni, tanto che durante le prime fasi di vita dell'Universo nessuno di questi era presente.

La successiva rilevazione dei neutrini, emessi in grande quantità nelle reazioni, ha trasformato questa ipotesi in certezza.

Il processo di fusione nucleare non solo permette alle stelle di splendere, anche per miliardi di anni, ma è ciò che consente la loro stessa sopravvivenza e di conseguenza rende possibile l'esistenza dell'Universo così' come lo conosciamo.

Perché?

Perché l'energia liberata dalla continua fusione dell'idrogeno nel nucleo delle stelle costituisce, insieme alla pressione del gas, un ostacolo alla forza di gravità che tenderebbe a far collassare la stella su se stessa, riducendola a un corpo molto compatto (nana bianca, stella di neutroni) o a un buco nero.

Senza i processi di fusione nucleare l'intero Universo sarebbe probabilmente collassato su se stesso, o meno spettacolarmente diventato un posto completamente buio.

Se il contributo della cosiddetta pressione di radiazione dovesse cessare, il Sole comincerebbe a contrarsi e niente potrebbe fermare la sua corsa, che si arresterebbe solamente quando verrebbe raggiunto uno stato della materia densissimo e particolare.

In effetti questo è il destino che attende tutti gli astri dell'Universo. Quando un giorno il combustibile nucleare finirà, la pressione di radiazione cesserà di esistere e la sola pressione del gas non sarà sufficiente a contrastare la forza di gravità. Dopo degli stadi semi-stabili, il destino della stella sarà segnato: ben presto si trasformerà in un oggetto molto caldo, grande come la Terra ma migliaia di miliardi di volte più denso, destinato a spegnersi lentamente nel tempo.

Nessuna paura, poiché il Sole è solamente a metà della sua vita e per almeno un miliardo di anni potremo stare (più o meno) tranquilli.

Gran parte della materia solare è concentrata nella regione nucleare, dove si raggiungono temperature di oltre 15 milioni di gradi e pressioni di 300 miliardi di atmosfere.

Nella fotosfera, invece, lo strato che emette la luce che giunge sulla Terra, la densità è molto bassa, 300 volte inferiore alla densità dell'aria dell'atmosfera terrestre in prossimità del livello del mare.

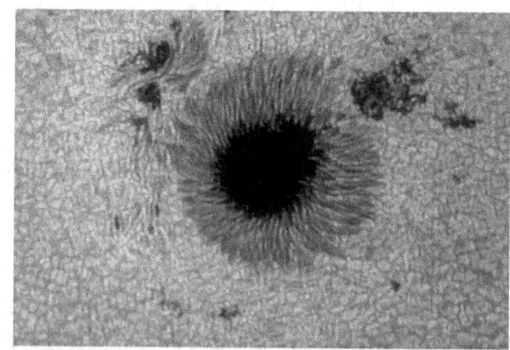

Una macchia solare le cui dimensioni sono simili alla Terra.

La fotosfera, in realtà, è una zona spessa qualche centinaio di chilometri nella quale si verificano fenomeni molto interessanti e piuttosto bizzarri, primo su tutti la comparsa delle macchie solari, zone spesso più estese della Terra che appaiono molto scure.

Le macchie solari sono delle depressioni causate dagli intensi campi magnetici locali che bloccano il ricircolo del gas proveniente dalle zone sottostanti, con la conseguenza che senza un opportuno ricambio quella zona si raffredda e sprofonda perché diventa più pesante dell'ambiente circostante. Quindi, sebbene le macchie appaiano scure all'osservazione (da effet-

tuare sempre con un opportuno filtro solare!), lo sono per un mero gioco di contrasti, poiché la loro temperatura è solo 1000°C più bassa della fotosfera.

Il numero di macchie segue direttamente quello che si chiama ciclo solare, un intervallo di tempo di 11 anni durante il quale il Sole alterna una fase più irrequieta, con numerose macchie, a una molto più calma contraddistinta da un'attività estremamente ridotta.

L'attività del Sole non si manifesta solo con la comparsa delle macchie solari, ma

I brillamenti (flare) sono spettacolari esplosioni che si verificano sulla fotosfera e proiettano nello spazio grandi quantità di particelle cariche.

con una serie di eventi spesso molto violenti e spettacolari.

I brillamenti sono ottimi rappresentanti della violenza del Sole. Spesso, proprio a ridosso di macchie solari di cospicue dimensioni, l'energia accumulata dai fortissimi campi magnetici locali si libera improvvisamente generando delle esplosioni le cui onde d'urto possono interessare addirittura tutto il disco.

I flare solari, così vengono definiti in gergo, scagliano nello spazio una grande quantità di particelle cariche (specialmente protoni) con velocità anche superiori a 1000 km/s, che dopo un paio di giorni raggiungono la Terra e danno vita alle spettacolari aurore polari visibili tipicamente da latitudini superiori ai 50°.

Le tempeste solari sono il risultato dell'interazione tra l'intenso flusso di particelle cariche, generato da un brillamento, e il campo magnetico terrestre. Quando il numero di particelle è particolarmente elevato ed energetico, le tempeste solari possono rappresentare problemi per i satelliti in orbita e, nei casi più estremi, anche per le comunicazioni terrestri, creando forti disturbi elettromagnetici.

L'espulsione di materiale dalla fotosfera solare può essere in realtà molto più spettacolare di un mero, per quanto intenso, flusso di particelle in-visibili.

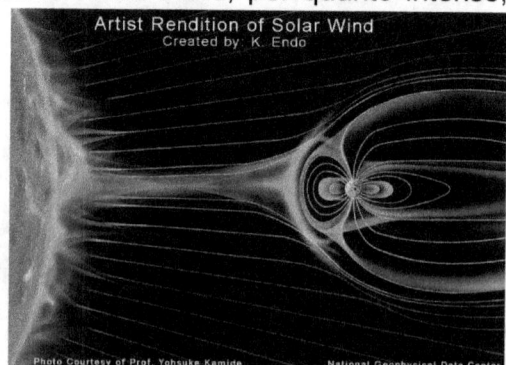

Le protuberanze sono delle spettacolari fontane di gas incandescente eiettate anche per milioni di chilometri sopra la fotosfera, da brillamenti centinaia o migliaia di volte più potenti della più grande bomba atomica mai concepita dalla mente umana.

Il flusso di particelle

Interazione tra il vento emesso continuamente dal Sole e il campo magnetico terrestre in grado di proteggere la superficie dai pericoli delle particelle cariche emesse.

cariche provenienti dal Sole è massimo durante i brillamenti più intensi ma non è mai nullo, perché fenomeni eruttivi ed esplosivi sono presenti in continuazione.

Con una perfetta analogia con il vento terrestre, questo flusso di particelle cariche è detto vento solare.

La funzione del vento solare è fondamentale: ci protegge, creando una vera e propria bolla, dalle insidie dello spazio interstellare, come vedremo meglio nel capitolo 14.

Se macchie e brillamenti sono fenomeni violenti e sporadici, nella fotosfera possiamo assistere a un continuo e perenne movimento di enormi sacche gassose.

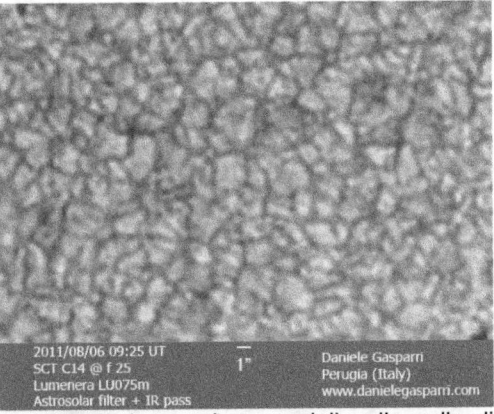

La granulazione solare somiglia alla pelle di un gigantesco elefante.

La granulazione solare, visibile anche con piccoli telescopi, è la prova concreta che la nostra stella è viva e molto attiva.

Immensi globi di gas dal diametro di diverse centinaia di chilometri risalgono dalle zone interne fino alla fotosfera, nella quale liberano il loro calore.

Una volta raffreddati, diventano inevitabilmente più pesanti dell'ambiente circostante e sprofondano di nuovo negli strati sottostanti. Il principio è esattamente lo stesso responsabile dei moti convettivi che si verificano nell'atmosfera terrestre, in una pentola che bolle o sopra un termosifone caldo (naturalmente su scale estremamente differenti!).

Oltre la fotosfera inizia l'atmosfera, che si estende nello spazio per diversi milioni di chilometri.

21

Il primo strato è chiamato cromosfera ed è visibile con speciali telescopi solari che osservano nella zona di emissione dell'idrogeno ionizzato (h-alpha).

Lo strato più esterno ed esteso è denominato corona.

La corona solare si estende per decine di milioni di chilometri nello spazio; essa è modellata dall'intenso campo magnetico che la rende incandescente fino a 2 milioni di gradi e ne regola la forma. È visibile da Terra solamente durante le eclissi solari totali, quando la Luna blocca la molto più intensa luce proveniente dalla fotosfera, e per qualche minuto ci regala una versione del Sole che altrimenti non avremmo mai potuto osservare. Se siamo veri amanti dell'astronomia non è possibile trascorrere un'intera vita senza mai aver avuto la possibilità di assistere alla fase totale di un'eclissi di Sole, forse lo spettacolo più affascinante della Natura.

La corona solare durante un'eclisse totale si mostra anche agli osservatori terrestri. La sua estensione nello spazio è di diversi milioni di chilometri. Immagine di Lorenzo Comolli.

L'osservazione del Sole

Il Sole è l'astro più brillante del firmamento. La
sua grandissima luce è
pericolosa per l'occhio
umano, soprattutto se
osservata al telescopio.
**Osservare il Sole solo
ed esclusivamente con
un apposito filtro sola-
re** da porre davanti
l'obiettivo del telescopio,
prima che la luce solare
vi entri. Non utilizzare
mai rimedi fatti in casa,
come le maschere da
saldatore, e mai i filtri da
avvitare agli oculari. An-

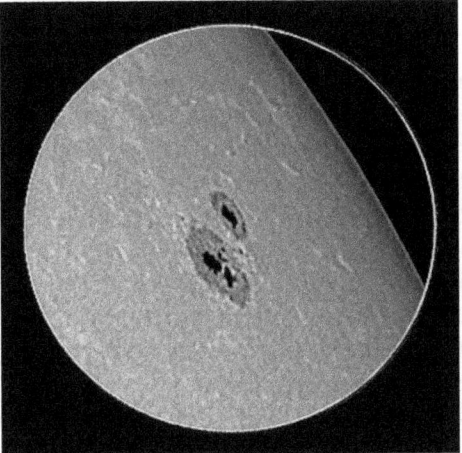

Il Sole, con un apposito filtro solare, mostra facilmente le macchie solari, la granulazione e le facole, anche a strumenti di
piccolo diametro, come 80-90 mm.

che un secondo di osservazione non protetta potrebbe causare gravi danni alla vista.
Osservando con un filtro solare in mylar o astrosolar (sottili
pellicole da porre davanti l'obiettivo del telescopio), possiamo
ammirare il disco solare in sicurezza e osservare la fotosfera.
Se ve ne sono, le macchie solari sono i dettagli più facili da individuare. Alcune macchie possono essere avvistate a occhio
nudo (sempre con un filtro), essendo decine di volte più grandi
del nostro pianeta. I gruppi maggiori sono i più interessanti,
con molti dettagli da osservare: le zone di penombra, i ponti di
luce e le facolae, porzioni di disco solare più brillanti delle zone circostanti.
Un'osservazione continuativa nei giorni ci mostrerà il loro lento
movimento lungo la fotosfera (il Sole ruota su se stesso in circa 26 giorni) e la continua evoluzione.
Un ingrandimento intorno alle 50 volte regalerà un suggestivo
sguardo d'insieme del disco solare, tutto contenuto nel campo

23

di osservazione. Se vi sono dettagli e la turbolenza della nostra atmosfera non è eccessiva, meglio aumentare moderatamente gli ingrandimenti.

Di giorno la turbolenza atmosferica è generalmente maggiore che di notte, principalmente a causa del riscaldamento del telescopio e dell'ambiente circostante. Osservare da un prato e rivestire il tubo ottico con un sottile foglio di carta di alluminio aiuta a condurre osservazioni di migliore qualità.

Non puntare mai il Sole con il cercatore del telescopio, a meno che anche esso non sia dotato di un filtro solare. Se non è disponibile un filtro solare per coprire il cercatore, meglio tapparlo o toglierlo del tutto per evitare che la luce intercettata possa entrare accidentalmente negli occhi o bruciare addirittura i vestiti (esperienza diretta!).

Il Sole si punta con il metodo dell'ombra. Si osserva al suolo l'ombra proiettata dallo strumento mentre lo si muove. Quando l'estensione dell'ombra è minima, il Sole è sicuramente inquadrato dal telescopio: semplice e sicuro.

L'osservazione solare è l'unica per la quale non è consigliabile portare fuori il telescopio prima di osservare per fargli raggiungere la stessa temperatura esterna, anzi il contrario: meglio tenere lo strumento lontano dai raggi del Sole finché non si decide di utilizzarlo, perché quando il tubo ottico si scalderà, la turbolenza aumenterà in modo irreversibile.

Ad alti ingrandimenti, nei pressi del centro del disco, si può osservare anche la granulazione e rendersi perfettamente consapevoli di quanto attiva sia la nostra preziosa Stella.

Alcuni telescopi solari sono specializzati nell'osservazione del Sole a una precisa lunghezza d'onda nel rosso, detta riga H-alpha, a 656,3 nm. A questa lunghezza d'onda l'aspetto della nostra Stella cambia ulteriormente. Diventano visibili protuberanze, brillamenti e la cromosfera.

Sfortunatamente i telescopi per le osservazioni in H-alpha sono molto costosi. Non tentare mai di osservare il Sole con un filtro H-alpha adatto per l'osservazione e la ripresa degli oggetti del cielo profondo; non è adatto all'osservazione solare!

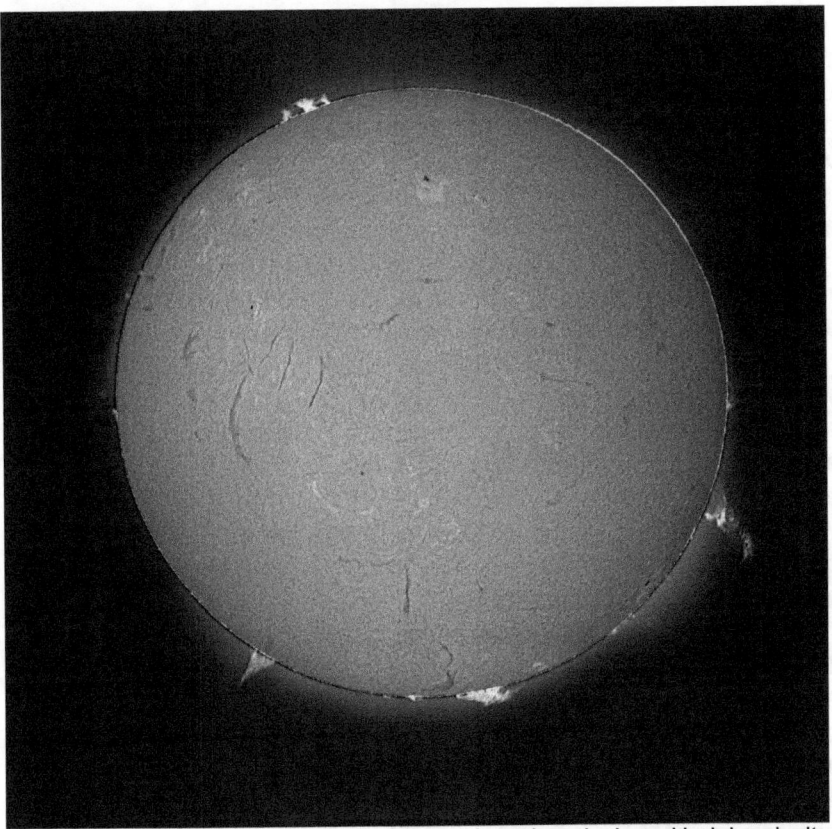

Il Sole osservato con un piccolo telescopio solare in luce H-alpha risulta davvero spettacolare. Immagine di Renzo Del Rosso.

L'esplorazione del Sole

Sono più di 30 anni che ingegneri e tecnici stanno studiando un modo per portare una sonda automatica nei pressi della superficie del Sole, senza che venga distrutta dall'immane calore, ma l'antica storia di Icaro, avvicinatosi troppo al caldo abbraccio solare, rappresenta un insegnamento ancora molto attuale, al quale non è stata ancora trovata una soluzione.

Troppo caldo nei pressi della fotosfera e troppo energetiche le particelle di vento solare, al punto di cuocere letteralmente qualsiasi strumentazione non opportunamente schermata.

Grazie al progredire della tecnologia e della scienza dei materiali, negli ultimi anni si è ricominciato a parlare di una sonda da inviare all'interno della corona, a circa 4 milioni di chilometri dalla fotosfera.

In quelle impervie regioni di spazio la strumentazione di bordo dovrà resistere a una temperatura superiore a 1500°C e a un flusso enorme di particelle cariche.

Un grande e resistente scudo termico sarà la chiave per assicurare il corretto funzionamento della strumentazione, che oltre i 200°C comincia ad avere seri problemi.

Non si conoscono dettagli su quando la missione Solar Probe, questo il nome provvisorio, vedrà effettivamente la luce e se la vedrà, visti i continui tagli dei finanziamenti all'agenzia spaziale americana (NASA).

Attualmente tutto sembra stia procedendo secondo i piani originari, con il lancio previsto per il 2015.

Se questa missione verrà confermata batterà diversi record: sarà la sonda più vicina al Sole, il primo manufatto a orbitare all'interno dell'atmosfera e il più veloce di sempre, perché la stretta orbita solare verrà percorsa alla velocità di 200 km/s.

Stiamo parlando di una velocità orbitale, dovuta quindi all'attrazione del Sole, relativamente facile da raggiungere.

Il record di velocità non orbitale spetta alla sonda Voyager 1, ma avremo modo di parlare con più calma di questo gioiello della tecnologia degli anni 70.

Senza aspettare la partenza della futura capsula Solar Probe, possiamo dare uno sguardo al passato e notare che sono stati diversi i satelliti mandati nello spazio per lo studio del Sole, sebbene si siano tenuti tutti a debita distanza.

Le sonde più impavide fino a questo momento sono state le gemelle Helios (A e B) lanciate rispettivamente il 10 dicembre 1974 e il 15 gennaio 1976, frutto della collaborazione tra l'agenzia spaziale americana (NASA) e l'agenzia spaziale della Germania Ovest.

Le due piccole capsule si sono spinte ben all'interno dell'orbita di Mercurio. Il record di avvicinamento spetta a Helios B, il cui perielio orbitale (il punto più vicino al Sole) è arrivato a 43,4 milioni di chilometri dalla rovente fotosfera. Le due sonde sono le attuali detentrici della massima velocità orbitale raggiunta: 70,22 km/s, quasi 253.000 km/h.

Il compito delle due capsule era quello di condurre studi sul campo magnetico e sul vento solare a quelle ravvicinate distanze. Non erano installati sistemi di ripresa a bordo.

Nessun satellite si è più spinto in quelle regioni interne del Sistema Solare, ma molti altri osservatori solari sono stati lanciati per lo studio e il monitoraggio continuo del Sole e della corona, sfruttando la posizione privilegiata al di fuori dall'atmosfera terrestre.

Negli anni 80, dopo numerosi rinvii, fu progettato il satellite Ulysses, nato dalla collaborazione tra NASA ed ESA (agenzia spaziale europea), con il compito di studiare le regioni polari del Sole, poco visibili dalla Terra e dal piano della sua orbita.

Caricato nella stiva dello Space Shuttle, Ulysses venne liberato nello spazio nel 1990, dopo oltre 7 anni di ritardo sulle iniziali previsioni.

Per raggiungere un'orbita polare intorno al Sole ha sfruttato la forza gravitazionale di Giove, in una manovra conosciuta come fly-by, di cui sentiremo molto parlare nelle prossime pagine.

La spinta del gigante gassoso l'ha portato su una traiettoria quasi perpendicolare al piano dell'eclittica, senza consumare

27

le enormi quantità di carburante che sarebbero state necessarie con un approccio diretto.

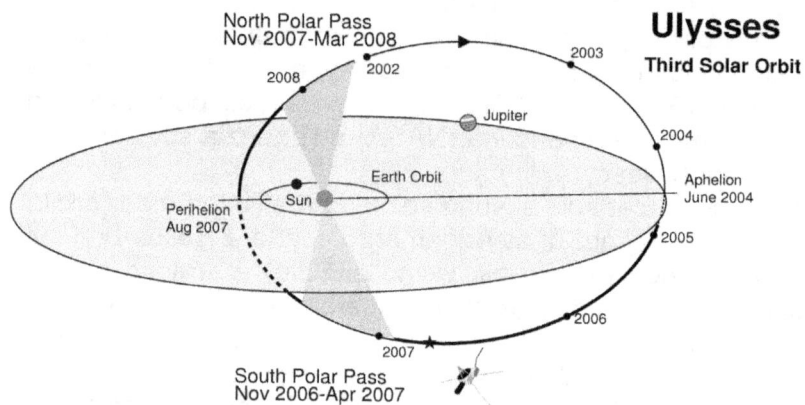

Ulysses ha utilizzato la forza di gravità di Giove per proiettarsi in una larga orbita quasi perpendicolare a quella della Terra per osservare per la prima volta le nascoste regioni polari del Sole.

La missione fu un successo.
La sonda studiò le regioni polari del Sole (sebbene da distanza notevole) per la prima volta nella storia, addirittura fino al 30 giugno 2009, quando ormai esaurita l'energia elettrica necessaria per mantenere attivi gli strumenti è stata spenta per sempre.

Negli ultimi anni il monitoraggio dell'attività solare è stato uno dei punti prioritari delle varie agenzie spaziali, tranne quella russa. È infatti insolito notare che nella corsa allo spazio degli anni 60-70, nessun satellite Sovietico sia stato dedicato alla nostra Stella.
L'affermazione di nuove potenze spaziali, negli ultimi venti anni, ha dato nuova linfa a questo ambito dell'esplorazione spaziale.

Attualmente sono ben 5 le sonde che monitorano l'attività Solare da diversi punti dello spazio.

La più longeva è sicuramente la sonda Soho (Solar and Heliospheric Observatory).

Costruita dall'agenzia spaziale europea, è stata lanciata da un razzo della NASA.

La travagliata storia di questo satellite automatico è molto utile anche per comprendere le difficoltà dell'esplorazione

Rappresentazione artistica della sonda Soho.

spaziale, e allo stesso tempo la grande capacità dei tecnici a Terra, in grado di risolvere a distanza di milioni di chilometri problemi quasi insormontabili senza mai perdersi d'animo.

Nel corso del nostro viaggio nel Sistema Solare vedremo molte altre situazioni delicate risolte brillantemente, e impareremo anche qualche piccola nozione sulla tecnica del volo spaziale.

La sonda Soho è stata costruita interamente dall'agenzia spaziale europea e lanciata il 2 dicembre 1995.

Orbita intorno al Sole nel punto Lagrangiano L1 del sistema Terra-Sole, una particolare regione di spazio a circa 1,5 milioni di chilometri dalla Terra, in direzione della

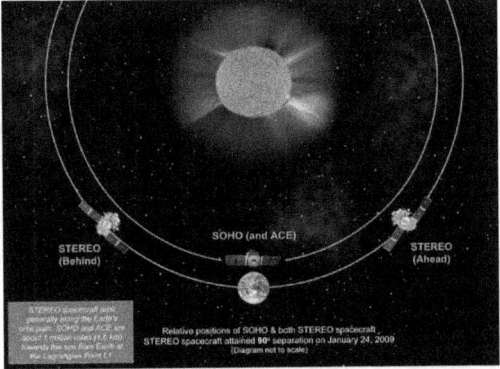

La posizione della sonda Soho è fissa nel punto Lagrangiano L1, mentre quella delle due sonde Stereo varia nel tempo.

29

nostra Stella, nella quale le forze gravitazionali della Terra (dietro) e del Sole (davanti) si annullano, garantendo all'astronave una posizione stabile.

Le antenne di Soho sono in grado di trasmettere un flusso di dati con una velocità di 200 kb/s (circa la velocità di trasmissione delle prime linee cellulari di tipo UMTS).

Dopo i primi anni tranquilli, il 24 giugno 1998 una serie di eventi fece perdere i contatti con la sonda per alcuni interminabili giorni.

Durante alcune programmate operazioni di manovra e calibrazione, la sonda perse l'orientamento con il Sole. Subito il computer di bordo attivò lo stato di emergenza, la cui priorità era riacquisire il bersaglio.

Il comando missione cercò invano di riprendere il controllo del satellite, che invece continuava ad avviare il protocollo di emergenza senza però portarlo a termine in modo positivo, fino a quando vennero persi i contatti.

La sonda non aveva la giusta orientazione, stava ruotando sul proprio asse e perdeva energia, a causa dell'orientazione non corretta dei pannelli solari.

Tecnici europei e americani si diedero febbrilmente da fare per recuperare i contatti con la sonda, che a quel punto non si sapeva più dove si trovasse. Utilizzando le grandi antenne del radiotelescopio di Arecibo e della rete Deep Space Network sparse tra America e continente australiano individuarono via radar la posizione del satellite, non troppo lontano da quella prevista. Subito cominciarono i piani per ristabilire i contatti, in una vera e propria corsa contro il tempo: se i pannelli solari non fornivano più energia sufficiente, le batterie di bordo si sarebbero presto scaricate e Soho si sarebbe spenta definitivamente.

Il 3 agosto fu rilevato il primo debolissimo segnale.

I tecnici riuscirono finalmente a ricevere i primi dati sulla posizione e sullo stato della sonda. Spensero tutta la strumentazione scientifica per risparmiare energia, che venne convogliata nel tentativo di ripristino del corretto assetto.

Prima, però, si doveva riattivare il sistema di scongelamento del carburante fermatosi giorni prima.

Dopo questo delicato comando i razzi di manovra della sonda poterono essere utilizzati di nuovo per correggerne l'orientazione.

Il 16 settembre, dopo oltre un mese e mezzo di incertezze, la sonda aveva ripristinato la giusta orientazione, riacquistando energia per la lenta riattivazione di tutta la strumentazione scientifica di bordo, completatasi nell'arco di un mese.

Il ripristino dei sistemi di navigazione non fu però totale.

I giroscopi di bordo, fondamentali per conoscere l'orientazione della sonda nello spazio durante le normali manovre di regolazione dell'assetto, erano danneggiati e solamente uno era funzionante. Se si fosse perso anche questo, sarebbe stato impossibile per la sonda e per i tecnici di Terra compiere le normali manovre per il mantenimento dell'assetto, senza sapere in quale direzione muoversi.

In onore alla legge di Murphy che afferma che se qualcosa può andare storto, allora sicuramente lo farà e anche in breve tempo, ecco che un paio di mesi più tardi l'unico giroscopio di Soho smise di funzionare.

In pochi giorni il controllo missione si è dovuto inventare un modo per consentire alla sonda le regolazioni di assetto senza questi importanti strumenti.

I tecnici dell'agenzia spaziale europea crearono un software in grado di sopperire alla mancanza dei giroscopi. Inviarono con successo il programma al computer di bordo, e da quel momento (gennaio 1999) iniziò la seconda vita di un satellite importantissimo per lo studio continuativo dell'attività solare.

Come vedremo nelle prossime pagine, la capacità di risolvere problemi imprevedibili, che si presentano quasi sempre durante una lunga missione spaziale, può fare la differenza tra un fallimento e un grande successo.

E quando ci sono di mezzo vite umane, come nel caso di Apollo 13, lo spirito di collaborazione e le capacità dei tecnici diventano requisiti fondamentali per la riuscita di una missione.

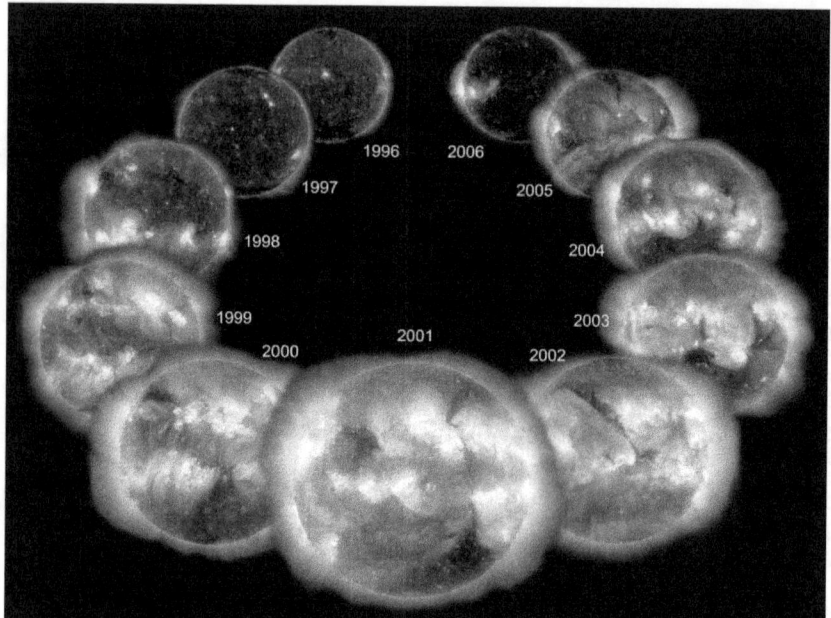

Cambiamenti nel Sole durante un intero ciclo solare ripresi dalla sonda Soho. Grazie alla sua posizione nello spazio può osservare la nostra Stella a lunghezze d'onda inaccessibili sulla Terra.

Negli ultimi anni la sonda Soho è stata affiancata da altri 4 satelliti per lo studio del Sole, tra cui il Solar Dynamics Observatory (SDO) della NASA, il piccolo satellite europeo Proba-2 e la coppia di sonde americane Stereo.
Queste ultime rappresentano un grande passo in avanti nello studio e nel monitoraggio del Sole.
Il piano di volo fu infatti programmato in modo che le sonde seguissero orbite simili, ma potessero osservare da due angolazioni differenti.
Per raggiungere questo obiettivo, i tecnici della NASA hanno utilizzato il campo gravitazionale della Luna per immettere le sonde nella giusta traiettoria.
La separazione angolare tra Stereo A e Stereo B non è costante e cambia di circa 44° ogni anno, consentendo uno stu-

dio accurato e finalmente in tre dimensioni degli eventi che si sviluppano nella fotosfera e nella corona solare.

Può sembrare strano, ma fino all'arrivo delle sonde Stereo determinare la profondità di fenomeni come eruzioni solari, brillamenti, esplosioni nella corona solare era estremamente difficile, se non, a volte, impossibile.

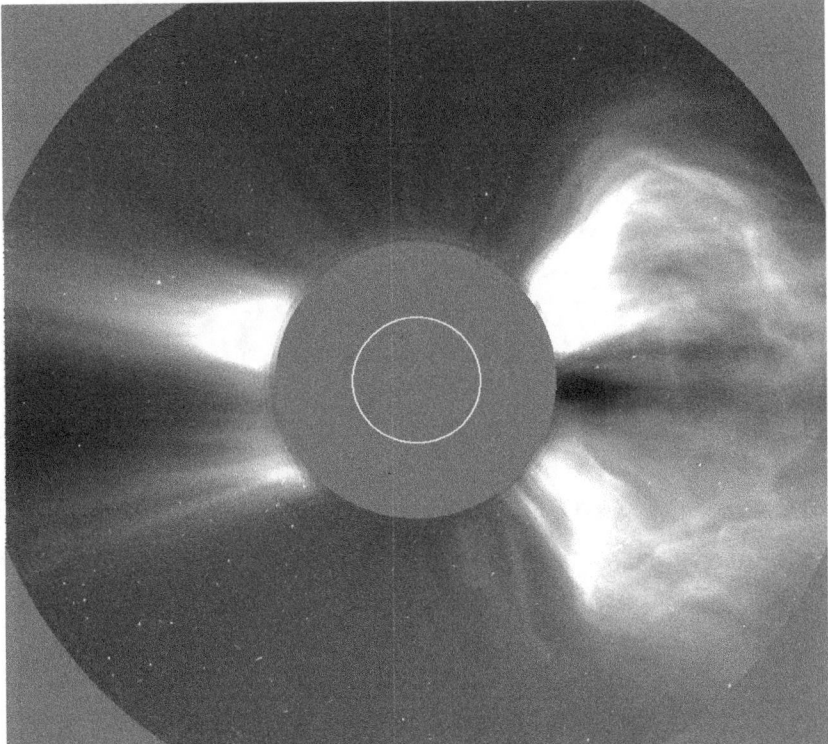

Gli strumenti a bordo delle sonde solari dispongono di un disco in grado di mascherare la luce del Sole per monitorare continuamente la più debole e ancora misteriosa corona. In questa immagine ripresa da Soho possiamo vedere un evento detto Coronal Mass Ejection (espulsione di massa coronale), una vera e propria super esplosione che proietta nello spazio una grande quantità di materia. Se queste particelle dovessero investire la Terra produrrebbero spettacolari aurore polari ma anche problemi a satelliti e alle telecomunicazioni. Solamente con osservatori nello spazio è possibile condurre osservazioni di questo tipo.

2. Mercurio

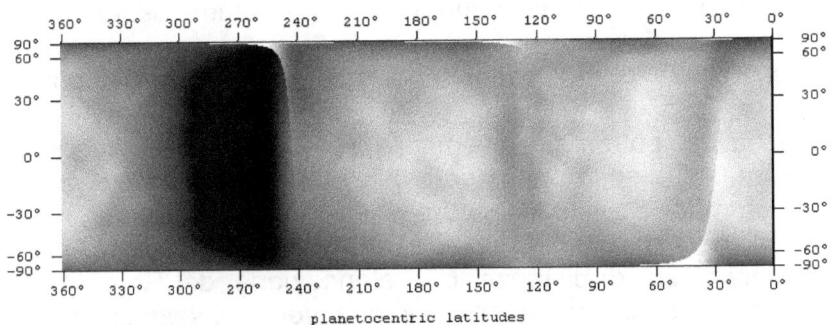

Planisfero parziale di Mercurio costruito con osservazioni eseguite durante il giorno con un telescopio amatoriale. Sono evidenti chiaroscuri, una combinazione di zone a diversa luminosità e crateri da impatto.

Mercurio fu identificato come pianeta già dagli astronomi Assiri del XIV secolo a.C. .
Gli osservatori delle antiche civiltà, naturalmente a occhio nudo, avevano notato che questo piccolo punto si muoveva nel cielo, per di più sempre vicino al Sole.
Benché non si conoscesse la ragione di questo movimento, le grandi capacità osservative dei nostri antenati furono più che sufficienti per considerarlo un oggetto peculiare, molto diverso dalle stelle fisse.
Attualmente sappiamo che Mercurio è il primo, in ordine di distanza, dei pianeti del Sistema Solare, che secondo le attuali classificazioni sono 8.
La definizione di pianeta si è evoluta molto nel corso degli ultimi anni.
La vittima sacrificale di questo cambiamento è stata Plutone, declassato al rango di pianeta nano.
Avremo modo più avanti di approfondire la controversa definizione di pianeta, partendo da quelle che possono essere le caratteristiche che definiscono una classe che sembra essere molto numerosa nell'Universo.

Proviamo a immaginare di non conoscere nulla di Mercurio e di voler scoprire qualche sua caratteristica con le nostre forze; in fin dei conti è questo il lavoro di un astronomo: osservare e capire.

Non è necessario un telescopio per fare le prime, affascinanti, scoperte.

Per esempio, potremmo divertirci a trovarlo a occhio nudo e annotare la sua posizione rispetto alle stelle, o al Sole, nel corso del tempo. Se siamo accurati nelle misurazioni vedremo che il pianeta a volte è visibile all'alba, altre al tramonto, ma mai a più di 28° di distanza, o di elongazione, dal Sole. Non solo, ma le elongazioni massime sono diverse: a volte si allontana al massimo di 14°, altre arriva a 20°.

Come vanno interpretate queste semplici osservazioni?

Prima di tutto che Mercurio è sicuramente un pianeta la cui orbita è più vicina al Sole rispetto a quella terrestre, ovvero un pianeta interno. Se fosse stato esterno, infatti, l'avremmo visto a qualsiasi distanza dal Sole, in particolare in opposizione, dietro il nostro

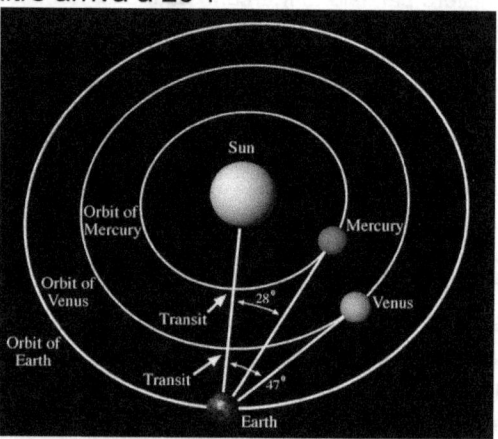

I pianeti interni restano sempre vicini al Sole, non separandosene mai per più di poche decine di gradi. Le separazioni maggiori sono dette massime elongazioni.

pianeta, ma questo non corrisponde alla realtà dei fatti.

Il fatto che le elongazioni massime siano diverse, ci induce a pensare che l'orbita del pianeta non è poi così regolare, ma affetta da quella che si chiama eccentricità.

Il suo percorso intorno al Sole non è quindi circolare ma ellittico, con una forma piuttosto allungata.

Il rapido spostamento nel cielo da un giorno a un altro è indice di un moto di rivoluzione rapido, pari ad 87,97 giorni: questa è la durata di un anno su Mercurio.

La distanza media dal Sole risulta essere, di conseguenza, pari ad appena 57,90 milioni di km.

Siamo nell'immediata periferia del Sole e già stiamo lavorando con distanze che contengono diversi zeri.

Per evitare di dover maneggiare numeri ancora più grandi, gli astronomi hanno definito un'opportuna unità di misura per le distanze all'interno del Sistema Solare, una grandezza chiamata Unità Astronomica, abbreviata in UA.

Un'unità astronomica è semplicemente la distanza media tra la Terra e il Sole: 149 milioni e 600 mila chilometri (che si può arrotondare a 150 milioni di chilometri per rapidi calcoli). Con questa nuova unità di misura, la Terra orbita intorno al Sole ad 1 UA; Mercurio a 0,387 UA.

Mercurio al telescopio si mostra davvero piccolo, anche nei pressi del punto più vicino alla Terra. In effetti il raggio risulta essere di poco superiore a quello lunare, pari a 2424 km. Si tratta quindi del pianeta più piccolo del Sistema Solare.

Calcoli un po' più complessi, effettuati sulla base di quanto differiscono le massime elongazioni osservate, ci permettono di determinare l'eccentricità dell'orbita, pari a circa 0,20.

Passiamo ora all'osservazione telescopica approfondita.

Cosa ci aspettiamo di vedere?

Se effettivamente il pianeta ha un'orbita più interna, mostrerà sicuramente il fenomeno delle fasi, in modo simile alla Luna.

In particolare, durante le massime elongazioni si mostrerà con una fase prossima al 50%, mentre quando è tra noi e il Sole (congiunzione inferiore) sarà invisibile, per mostrarsi pieno quando si troverà esattamente dalla parte opposta al Sole (congiunzione superiore). In effetti questa è la visione che si ha all'oculare di ogni telescopio, sebbene disturbata dalla turbolenza dell'atmosfera terrestre.

L'immagine ingrandita e maggiormente dettagliata fornita dagli strumenti astronomici permette di approfondire la conoscenza della dinamica e delle principali caratteristiche di Mercurio.

Se riusciamo a individuare un dettaglio ben definito e a misurarne nel tempo lo spostamento, si può ricavare il periodo di rotazione, pari a 58,65 giorni terrestri.

Perché non proviamo a fare il rapporto tra il periodo di rotazione e quello di rivoluzione? Con una notevole sorpresa si ricava un valore molto prossimo a 0,6 periodico: il periodo di rotazione è quindi esattamente i 2/3 di quello di rivoluzione.

Questo rapporto semplice, detto risonanza, ci avverte che i periodi di rotazione e rivoluzione non sono indipendenti l'uno dall'altro: ci deve essere qualche effetto che li abbia messi in questa relazione, troppo improbabile per essere casuale.

Poiché Mercurio è molto vicino al Sole, possiamo pensare che la forza di marea esercitata dalla nostra stella, la stessa responsabile delle maree terrestri, debba essere molto più intensa e abbia in qualche modo allungato il periodo di rotazione del pianeta, portandolo in relazione con il periodo di rivoluzione. In effetti, questo effetto mareale è molto comune per corpi celesti che orbitano a distanze ravvicinate intorno ad altri estremamente massicci.

La conseguenza più frequente è che il periodo orbitale risulta uguale a quello di rotazione (sincrono), mentre per corpi con orbite molto ellittiche si ha l'effetto di risonanza che osserviamo su Mercurio.

Vedremo a breve un esempio di sincronismo orbitale che ci coinvolge in modo diretto (ma forse qualcuno avrà già capito di cosa sto parlando...).

Scoperto il periodo di rotazione, è il momento di studiare più a fondo il pianeta, magari ricercando un'eventuale atmosfera e alcune proprietà della superficie.

Osserviamo il pianeta in alta risoluzione per molto tempo e annotiamo, o meglio fotografiamo, i dettagli visibili e come eventualmente evolvono.

Considerando come termine di paragone l'atmosfera terrestre, con le nubi in perenne e veloce evoluzione, possiamo pensare che la presenza di un inviluppo gassoso attorno a ogni pianeta si mostri proprio attraverso modificazioni casuali e abbastanza veloci nell'aspetto.

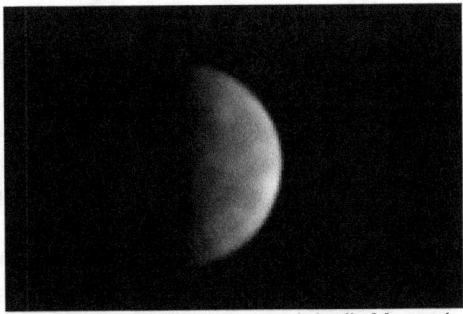

Una delle migliori immagini di Mercurio riprese da Terra.

Ma per quanto tempo possiamo osservare, non notiamo nulla del genere su Mercurio. Non si vedono nubi solcare il pianeta e modificarsi nel corso di qualche ora; non si notano neanche cambiamenti di luminosità tipici di un'atmosfera particolarmente attiva e dinamica. Se il pianeta ha atmosfera, essa è molto quieta, ma non possiamo ancora escluderne la presenza.

Per dipanare la questione, ci serviamo di un trucco abbastanza ingegnoso e di alcuni studi sul comportamento dei gas.

Il trucco consiste nel rilevare o meno l'atmosfera con osservazioni indirette. In quale modo?

Poniamoci una semplice domanda: perché la Luna durante un'eclisse totale diventa rossa, invece di scomparire nell'ombra della Terra?

Perché l'atmosfera della Terra devia (rifrange) i raggi solari, che raggiungono la Luna anche quando è completamente immersa nell'ombra del nostro pianeta.

Abbiamo scoperto un principio molto utile: la presenza di un inviluppo gassoso, anche sottile, devia i raggi luminosi.

Se Mercurio ha atmosfera, dobbiamo riuscire a notare in qualche modo questo effetto.

Fin qui la teoria. Ma nella pratica, come facciamo a vedere se la luce proveniente da Sole e riflessa dal pianeta viene deviata dall'eventuale atmosfera?

Ci sono due metodi a nostra disposizione.

Il primo consiste nell'osservare Mercurio in prossimità della congiunzione inferiore, quando è quasi tra il Sole e la Terra.

In queste occasioni la fase è sottilissima e il Sole è quasi frontale. Se il pianeta ha un'atmosfera, l'inviluppo gassoso devierà parte dei raggi solari che geometricamente sarebbero impossibili da osservare, con il risultato che la fase visibile risulterà maggiore di quella geometrica.

Il secondo metodo è più difficile da mettere in pratica, perché richiede che Mercurio passi di fronte al Sole.

Nell'istante in cui viene visto (naturalmente per un gioco prospettico) entrare o uscire dal disco solare, la presenza di un'atmosfera, anche sottile, produce un anello intorno alla porzione di pianeta che ancora non è immersa nel disco solare.

Questo fenomeno, ad esempio, è ben visibile durante il transito di Venere.

Bene, nulla di tutto questo è osservabile: la fase è quella calcolata senza il fenomeno della rifrazione, che non si produce neanche durante uno dei rari transiti sul disco solare. Dobbiamo concludere quindi che Mercurio non ha atmosfera.

Una conferma abbastan-

In alto il transito di Mercurio sul Sole, in basso quello di Venere. La presenza di una spessa atmosfera produce un anello intorno al disco del pianeta non ancora di fronte al Sole.

za forte a quanto abbiamo dedotto dalle osservazioni la troviamo indagando alcune proprietà dei gas, in particolare dando uno sfuggevole sguardo a quella che viene chiamata teoria cinetica dei gas.

Semplificando molto, un gas è composto da molecole tutte uguali libere di muoversi. Il loro movimento è direttamente legato alla temperatura; se questa si incrementa, aumenta di conseguenza anche la loro velocità.

Questo moto casuale è alla base della pressione che un gas esercita su qualsiasi contenitore, maggiore quanto maggiore è la temperatura.

Bene; Mercurio, trovandosi a una distanza ravvicinata dal Sole, sperimenta temperature di centinaia di gradi.

Temperature così elevate inducono le molecole di un eventuale gas a muoversi molto rapidamente, con velocità di qualche km/s, decisamente elevate per la poca gravità del pianeta.

In altre parole, le molecole di qualsiasi gas su Mercurio avrebbero delle velocità troppo elevate per il piccolo campo gravitazionale, con la conseguenza che l'atmosfera non può restare "ancorata" alla superficie, ma si disperderebbe in poco tempo.

Prima di andare avanti, fermiamoci un attimo: abbiamo appena dato una giustificazione fisica alla nostra osservazione. Questo è davvero appagante e dimostra che la fisica non è poi una materia così incomprensibile come si creda!

Parlando della temperatura, abbiamo ipotizzato che sia molto elevata; ma siamo sicuri? E soprattutto, quanto è elevata? Sicuramente sappiamo una cosa molto importante: senza atmosfera la temperatura è regolata solamente dalla radiazione solare. Ne consegue che la parte illuminata avrà temperature (presumibilmente) altissime e quella in ombra sperimenterà temperature più che glaciali, proprio perché manca l'apporto regolatore dell'atmosfera, quindi tutto il calore accumulato verrà disperso velocemente nello spazio. Per stimare la temperatura di Mercurio basta conoscere qualche proprietà di base del Sole, a cominciare dalla temperatura, che risulta essere, se ben ricordiamo, di 5500°C.

Poiché il Sole ha una forma sferica, l'energia che esce dalla fotosfera sottoforma di luce viene proiettata in modo uguale in tutte le direzioni verso lo spazio, espandendosi mano a mano che si allontana.

Il modo con cui si propaga la luce emessa da una sfera è facile da prevedere per ogni distanza. In particolare, l'energia che raggiunge una superficie di un metro quadrato è inversamente proporzionale al quadrato della distanza.

Se a una certa distanza dal Sole un metro quadrato di superficie riceve un'energia pari a uno, a una distanza doppia l'energia che raggiunge la stessa superficie è 4 volte minore. Se la distanza triplica, l'energia ricevuta è 3 X 3 = 9 volte inferiore, e così via.

Se conosciamo la quantità di energia che parte da una superficie unitaria della fotosfera solare, possiamo calcolare quanta energia colpisce un metro quadrato di superficie che si trova ad esempio alla distanza di Mercurio, oppure di Venere, o qualsiasi corpo celeste che orbita intorno al Sole .

Senza addentrarci in formule sofisticate, con questo "gioco" possiamo trovare la temperatura media superficiale di ogni pianeta, a patto che esso non abbia un'atmosfera.

Facendo dei calcoli che possiamo tranquillamente risparmiarci in questa sede, si trova una temperatura che nel lato illuminato può raggiungere anche i 450°C: Mercurio è veramente molto caldo.

Ma siamo proprio sicuri si sia guadagnato così facilmente la poco invidiabile palma di luogo più rovente del Sistema Solare? Nella scienza, come nei migliori film di avventura, mai cantare vittoria troppo presto; l'apparenza spesso inganna!

Sicuramente Mercurio si è aggiudicato il titolo di pianeta degli estremi. La mancanza di un'atmosfera fa infatti precipitare la temperatura a -150°C nella parte non illuminata dal Sole.

Di conseguenza, nelle regioni polari, sul fondo di crateri che non ricevono mai la luce solare, gli astronomi hanno ipotizzato la presenza di ghiaccio d'acqua, come d'altra parte è stato osservato anche nei crateri delle regioni polari della Luna.

L'influenza del vicino Sole non si fa sentire solamente attraverso la temperatura, ma anche sulle proprietà orbitali.

L'orbita del piccolo pianeta, in effetti, ha una particolarità unica nel Sistema Solare: sorprendentemente non risulta chiusa.

Cosa significa questo?

Mercurio dopo un giro completo intorno al Sole non ritorna esattamente nella stessa posizione, pur essendo il suo moto stabile su una scala di miliardi di anni.

Il perielio del pianeta si sposta di pochi secondi d'arco dopo ogni giro; l'effetto che si potrebbe osservare accelerando il tempo è quello di una lenta rotazione dell'intera orbita.

Il grande genio di *Einstein* direbbe che la grande massa del Sole distorce lo spazio-tempo nei pressi dell'orbita di Mercurio, con il risultato che il perielio del pianeta (punto più vicino al Sole) si sposta continuamente di anno in anno.

In parole un po' più semplici: l'orientazione dell'orbita cambia leggermente da una rotazione a un'altra in gran parte a causa degli effetti gravitazionali descritti dalla teoria della relatività generale.

In parole più sintetiche: lo spazio vicino a grandi masse non è piatto ma incurvato e i corpi che lo percorrono non possono far altro che adattarsi a questa nuova geometria.

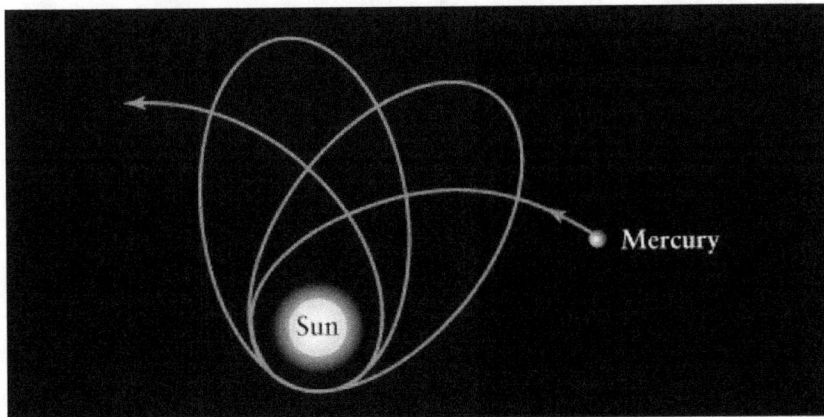

L'orientazione dell'orbita di Mercurio cambia continuamente a causa degli effetti prodotti sullo spazio-tempo dalla grande massa del Sole.

43

L'osservazione di Mercurio

Il pianeta più piccolo e vicino al Sole è piuttosto difficile da osservare, perché si pre-
senta sempre angolar-
mente molto vicino alla
nostra Stella. L'unica
speranza per osservarlo
a occhio nudo si ha nei
giorni a cavallo delle
massime elongazioni,
quando si mostra alla
massima distanza ango-
lare dal Sole.
Questa condizione vale
anche per Venere, l'altro
pianeta interno.

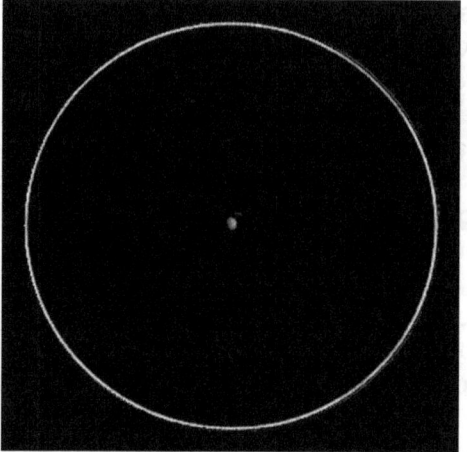

Il piccolo disco di Mercurio osservato a
oltre 300 ingrandimenti con un telescopio
da almeno 150 mm. L'esiguo diametro
apparente del pianeta e la turbolenza atmosferica alle basse altezze alle quali si
rende visibile, lo rendono uno dei pianeti
più difficili da osservare.

Le massime elongazioni
possono essere serali o
mattutine, a seconda se
il pianeta è visibile di sera dopo il tramonto del
Sole, o la mattina prima
dell'alba.
Le massime elongazioni di Mercurio raggiungono a fatica i
28°. Poiché sulla superficie terrestre in un'ora il cielo sembra
spostarsi di 15°, a seguito della rotazione attorno all'asse, questo significa che Mercurio non sarà mai visibile al massimo per
poco meno di due ore prima del sorgere o dopo il tramonto del
Sole.
I momenti migliori, in queste giornate, si hanno circa 45 minuti
prima che il Sole sorga o dopo che è tramontato, quando il cielo comincia a essere scuro e il pianeta è ancora abbastanza
alto sull'orizzonte. Durante le elongazioni massime la magnitudine è di circa 0, simile alla stella *Vega* o a Saturno, facile da
identificare a occhio nudo.

Non tutte le elongazioni sono favorevoli alla sua osservazione; bisogna tenere conto, infatti, dell'inclinazione dell'eclittica sull'orizzonte terrestre e della posizione del pianeta, come testimonia la figura seguente.

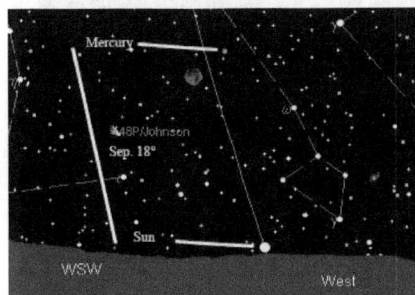 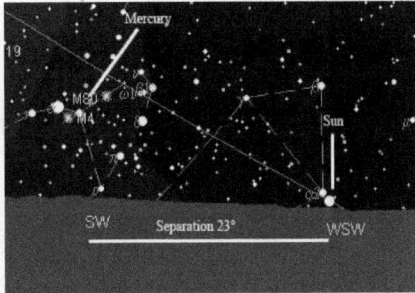

Per osservare Mercurio al crepuscolo è necessario che l'inclinazione dell'eclittica sia favorevole. A sinistra, un'elongazione di soli 18° con una geometria favorevole permette di osservare agevolmente Mercurio dopo il tramonto del Sole. A destra, nonostante un'elongazione di 23°, quando il Sole tramonta il pianeta si trova a pochi gradi di altezza ed è molto difficile da osservare.

Per gli osservatori dell'emisfero boreale, la primavera è il momento migliore per osservare Mercurio di sera e l'autunno per le osservazioni all'alba.
In particolari condizioni di trasparenza possiamo osservare Mercurio al telescopio anche in pieno giorno, con il Sole alto sopra l'orizzonte. Il pianeta non è visibile a occhio nudo di giorno, ma con un cercatore da 50 mm di diametro è già avvistabile se si trova nei pressi delle massime elongazioni e il cielo è trasparente. Al telescopio è visibile chiaramente con ogni strumento a partire da 60 mm di apertura e spesso mostra maggiori dettagli rispetto all'osservazione notturna perché si trova a un'altezza maggiore sull'orizzonte.
Nel corso delle prossime pagine, troveremo molte volte indicazioni sui diametri dei telescopi per le osservazioni. In effetti, la potenza di uno strumento astronomico è determinata unicamente dal diametro dell'obiettivo, non dall'ingrandimento utilizzato o dalla sua lunghezza. Di conseguenza, le visioni dei pia-

neti miglioreranno solamente all'aumentare dell'apertura del telescopio.

A prescindere dall'osservazione notturna o diurna, Mercurio si presenta quasi sempre privo di dettagli a causa del piccolo diametro apparente e della notevole turbolenza atmosferica, sempre presente in prossimità dell'orizzonte. Le esigue dimensioni costringono a utilizzare ingrandimenti oltre le 100 volte per poter osservare una fase simile a quella della Luna. Nessun altro dettaglio generalmente, se non un colore tendente al marroncino-grigio.

Ogni telescopio è adatto alla sua osservazione; anzi, a causa della notevole turbolenza

Un eccellente disegno di Mercurio ottenuto da *Mario Frassati*, esperto osservatore del piccolo pianeta. Telescopio Schmidt-Cassegrain da 200 mm e ingrandimento di 400X.

atmosferica che affligge la sua immagine, è meglio utilizzare diametri modesti, inferiori ai 150 mm, i quali forniranno immagini più stabili dei grandi telescopi.

Meglio non aspettarsi però visioni mozzafiato, se non l'idea di ammirare un corpo roccioso orbitare a poche decine di milioni di km dal Sole.

Il diametro angolare medio è di circa 6" *, questo significa che per poterlo osservare grande come la Luna piena vista a occhio nudo (che misura circa 1800"), sono necessari 300 ingrandimenti, proprio al limite di strumenti da 100-150 mm.

Un consiglio che ho imparato a mie spese: osservare Mercurio quando si ha maggiore esperienza con gli altri pianeti.

---

*Il simbolo " indica i secondi d'arco. Un secondo d'arco (1") è la 3600 parte di un grado. Un minuto d'arco (1') è formato da 60" ed è quindi pari a 1/60 di grado. Le dimensioni angolari sono un modo molto comodo per misurare distanze e grandezze apparenti nella volta celeste.

L'esplorazione di Mercurio

Fino al 2011 Mariner 10 era l'unica astronave avvicinatasi al pianeta, senza però entrare nella sua orbita. Alla sonda americana Messenger, seconda e ultima missione verso Mercurio, spetta il privilegio di essere stato il primo manufatto umano a entrare in orbita.

Sono quindi solamente due le missioni inviate nei pressi del pianeta più piccolo del Sistema Solare, entrambe americane.

La sonda Mariner 10 fu lanciata il 2 novembre 1973.

Dopo aver avvicinato Venere raggiunse Mercurio pochi mesi dopo, inviando le prime immagini di un mondo per lo più sconosciuto a quel tempo, viste le enormi difficoltà osservative dalla superficie della Terra.

I tecnici della NASA non avevano però previsto un inserimento nell'orbita del piccolo pianeta, ritenuto troppo difficoltoso a causa della grande forza gravitazionale del Sole in quelle impervie regioni interne del Sistema Solare. In compenso, fu completato un piano di volo davvero ingegnoso, che avrebbe permesso alla sonda di incontrare il pianeta per almeno tre volte durante la sua missione.

Il primo incontro con Mercurio avvenne il 29 marzo 1974, a soli 670 km dalla superficie. Dopo questo fugace rendez-vous, la sonda fu posta in una particolare orbita intorno al Sole, con un periodo doppio rispetto all'orbita del pianeta. In questo modo durante un giro intorno al Sole, la sonda avrebbe incontrato il pianeta altre due volte, potendolo studiare con relativa calma.

Nei tre passaggi ravvicinati, Mariner 10 riuscì a mappare appena il 45% dell'intera superficie planetaria, perché purtroppo per un gioco di orbite e tempi di percorrenza si ritrovò a osservare sempre la stessa porzione illuminata dal Sole.

I dati e le immagini, seppur incompleti, stuzzicarono non poco la curiosità degli astronomi che scoprirono un mondo piuttosto interessante, a cominciare dai grandi bacini da impatto e da un campo magnetico inspiegabilmente complesso e intenso.

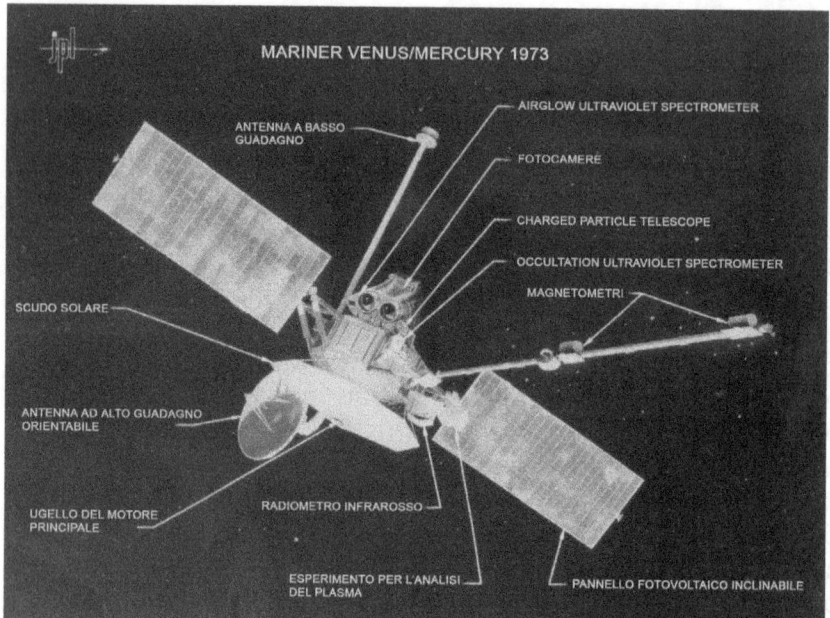

Struttura e strumentazione della sonda Mariner 10 in un'illustrazione della NASA di quel periodo.

La missione Mariner 10 fu la prima a utilizzare la tecnica dell'assist gravitazionale, in gergo detto fly-by, e comunemente conosciuto come effetto fionda, per modificare velocità e direzione risparmiando al massimo sul carburante.

Nessun razzo convenzionale era infatti in grado di rallentare a sufficienza l'astronave per portarla nelle regioni interne del Sistema Solare. Le difficoltà tecnologiche erano così grandi e insormontabili che quella verso Mercurio venne definita una "missione impossibile".

Nello spazio, però, la forza di gravità degli altri pianeti può essere fondamentale per accelerare, rallentare e curvare "gratis". L'astronomo italiano Giuseppe Colombo comprese che si poteva utilizzare il campo gravitazionale di Venere per far perdere alla sonda velocità senza utilizzare alcun mezzo di propulsione. La missione impossibile per gli ingegneri divenne molto reale per gli scienziati.

Mariner 10 sfruttò il campo di gravità di Venere prima e di Mercurio poi per immettersi su un'orbita che le avrebbe permesso di incontrare il piccolo pianeta per due volte.

La tecnica del fly-by è sfruttata in molte missioni ed è quasi indispensabile per le sonde dirette nel Sistema Solare esterno.

Con il giusto angolo di approccio e un sorvolo molto radente, la spinta che può ricevere un'astronave può arrivare a circa il doppio della velocità orbitale del pianeta, con un guadagno reale di oltre dieci chilometri al secondo.

Poiché in Natura l'energia resta costante, da dove prende la sonda questa velocità?

L'impulso ricevuto non è certo gratuito, ma proviene dal moto di rivoluzione del pianeta attorno al Sole. Quando l'astronave si avvicina al campo di gravità, ne viene attratta. Se la velocità è sufficiente per sfuggire dall'abbraccio gravitazionale, la sonda curverà e poi si allontanerà. Se il pianeta fosse fermo nello spazio, le velocità iniziali e finali sarebbero identiche, perché in avvicinamento verrebbe accelerata ma in allontanamento verrebbe frenata della stessa quantità. I pianeti, però, ruotano anche intorno al Sole ed è questo il movimento che viene trasferito durante l'incontro. Quando la forza di gravità attrae la sonda in avvicinamento, la trascina per qualche istante assieme al pianeta nel suo movimento attorno al Sole.

Nel momento dell'allontanamento, l'astronave perderà la velocità guadagnata con l'attrazione gravitazionale, ma manterrà la parte di moto orbitale sottratta al pianeta.

La quantità di energia persa dal corpo celeste è trascurabile rispetto al totale, quindi la manovra non ha alcun effetto sulle orbite dei pianeti.

Nel corso delle prossime pagine vedremo moltissimi altri esempi di tragitti apparentemente strani e impareremo che nello spazio molto raramente la traiettoria diretta è la migliore per ottimizzare i consumi, nota dolente dell'intera esplorazione spaziale con la tecnologia di cui disponiamo.

Dobbiamo anche tener presente che anche i tragitti diretti sono in realtà delle curve molto più lunghe della distanza tra i corpi celesti, per un semplice motivo: i pianeti continuano a ruotare intorno al Sole mentre la sonda è in viaggio.

Il carburante da imbarcare ha ingombri e pesi notevoli e necessita di razzi di maggiori dimensioni per la messa in orbita, aumentando in modo esponenziale i costi, o riducendo drasticamente il carico destinato alla strumentazione scientifica.

Ogni missione, quindi, deve prevedere un piano di volo studiato nei minimi dettagli che consenta di risparmiare la massima quantità di carburante.

Ogni chilogrammo in meno alla partenza equivale a circa 20.000 dollari di risparmio, oppure consente l'installazione di uno strumento scientifico di pari peso: in

Questo mosaico è formato con le prime 18 immagini di Mercurio riprese da Mariner 10, 6 ore prima del suo primo incontro. Le immagini rivelarono per la prima volta la natura della superficie del pianeta, mai osservata chiaramente da Terra.

entrambi i casi si tratta di un guadagno che di certo non può passare inosservato.

Dopo la grande e complessa avventura di Mariner 10, furono necessari ben 30 anni per scoprirne l'altra metà e cominciare a fare luce su alcuni dei misteri di questo strano corpo celeste.

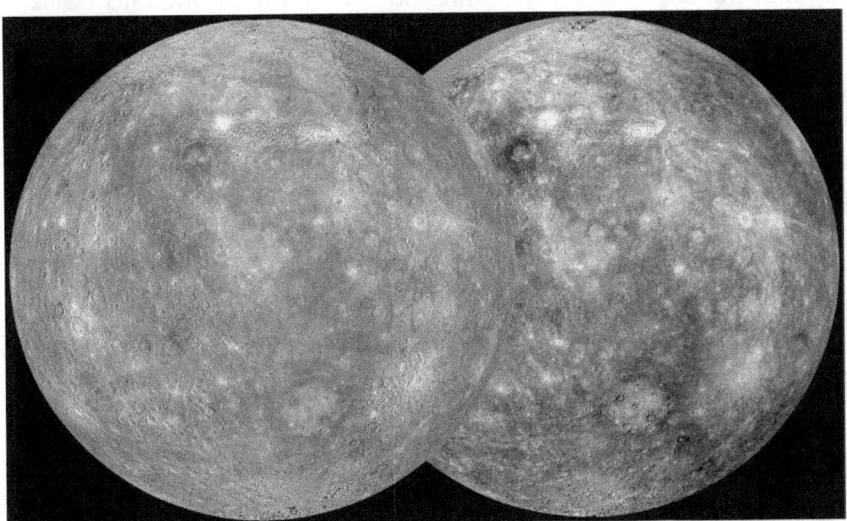

Versioni a colori e in bianco e nero dell'emisfero di Mercurio svelato per la prima volta dalla sonda Messenger.

La sonda Messenger lasciò la Terra il 3 agosto 2004 con l'obiettivo di inserirsi nell'orbita di Mercurio.

Per raggiungere questo importante traguardo, i tecnici della NASA hanno dovuto studiare un piano di volo estremamente contorto, in grado di dare alla sonda la giusta velocità e direzione per porla, senza sprechi di carburante, nell'orbita del pianeta.

Nel febbraio 2005 Messenger si trovò a passare vicino al nostro pianeta per effettuare un fly-by. Nell'ottobre 2006 e 2007 fece la stessa manovra con Venere, per poi proiettarsi finalmente verso Mercurio. Prima però di entrare nell'orbita del pianeta fece tre passaggi ravvicinati per correggere direzione e intensità della velocità il 14 gennaio 2008, il 6 ottobre dello stesso anno e il 29 settembre 2009.

L'inserimento nell'orbita è avvenuto finalmente il 18 marzo 2011, ma nel frattempo, durante i tre precedenti passaggi ravvicinati, Messenger aveva già osservato oltre il 95% della superficie, concludendo dopo oltre 30 anni il lavoro iniziato dalla gloriosa Mariner 10.

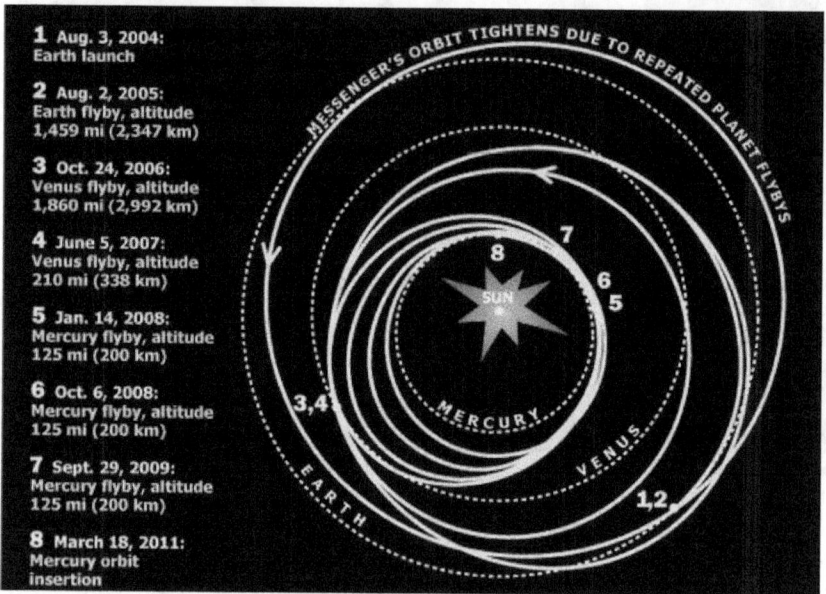

Il complesso percorso che ha dovuto compiere la sonda Messenger per riuscire a entrare nell'orbita di Mercurio, dopo un viaggio durato ben 7 anni.

Nel prossimo futuro è previsto l'arrivo in orbita mercuriana del satellite doppio Bepi-Colombo, nominato proprio in onore del padre della tecnica del fly-by, sviluppato da una collaborazione tra l'agenzia spaziale europea (ESA) e quella giapponese (JAXA). Il lancio è previsto, forse, per il 2013.

3. Venere

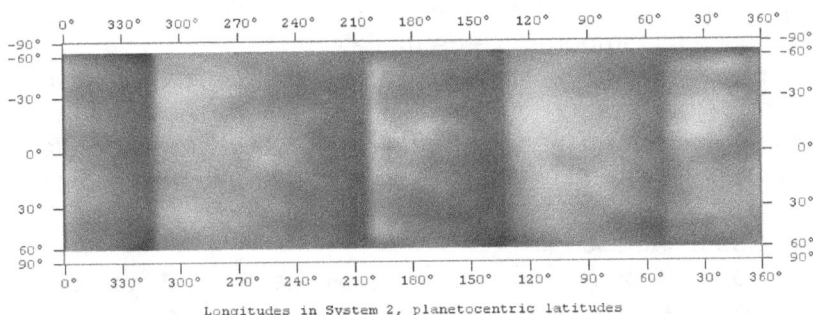

Longitudes in System 2, planetocentric latitudes

Planisfero dell'atmosfera di Venere nel vicino ultravioletto, reso in falsi colori e risalente alla rotazione del 7-10 aprile 2007. Le nubi equatoriali ruotano in circa 4 giorni, mentre quelle situate presso le medie latitudini sono più lente.

Venere, come Mercurio, non si allontana mai dal Sole per più di poche decine di gradi.

Per quanto detto nelle pagine precedenti, anche la sua orbita risulta quindi essere più interna rispetto a quella terrestre.

La massima distanza angolare dal Sole arriva fino a 48°, decisamente maggiore rispetto a Mercurio. A ben pensare, questo fatto ci suggerisce che Venere debba essere più vicino alla Terra e più lontano dal Sole.

Le dimensioni apparenti sono così generose che alcuni osservatori, nei periodi di massima vicinanza, affermano di risolvere il disco a occhio nudo. Personalmente, benché abbia una vista perfetta, non sono mai riuscito in questa impresa, se non quando Venere è passato prospetticamente di fronte al disco solare. In quelle particolari situazioni, con un opportuno filtro solare, ho visto effettivamente risolto il disco nerissimo del pianeta che si stagliava sulla brillante fotosfera solare.

Se non riusciamo a risolverlo a occhio nudo non ci sono problemi; l'esperienza che ho raccontato serve per provare che il diametro apparente di Venere è addirittura superiore a 60" nei momenti di massima vicinanza.

Questo dato, comparato ai pochi secondi d'arco del diametro angolare di Mercurio, ci fa ben sperare, perché potremo riuscire a osservare molti dettagli della sua superficie e scoprire informazioni molto importanti e dettagliate.

Bene, puntando il telescopio nel momento di migliore osservabilità (massime elongazioni), le aspettative vengono subito disattese: benché di dimensioni effettivamente generose, il pianeta non mostra alcun dettaglio, se non una luminosità omogenea a volte davvero fastidiosa.

Sarà colpa del telescopio?

Proviamo a utilizzare uno strumento più potente. Magari cerchiamo di fare qualche ripresa per escludere che sia un problema del nostro occhio.

Il risultato purtroppo non cambia: Venere si mostra sempre omogeneo e privo di ogni struttura.

Dove sono finiti i crateri da impatto che hanno crivellato il povero Mercurio e abbondanti anche sulla Luna? Che fine hanno fatto le strutture superficiali?

I dettagli probabilmente ci sono, ma evidentemente qualcosa li nasconde.

Quel qualcosa si chiama atmosfera.

Nonostante una distanza minima dalla Terra di 40 milioni di km, e l'apparente somiglianza quanto a dimensioni e massa, Venere ha subito un'evoluzione molto diversa, che lo ha portato a essere il pianeta più inospitale e caldo del Sistema Solare.

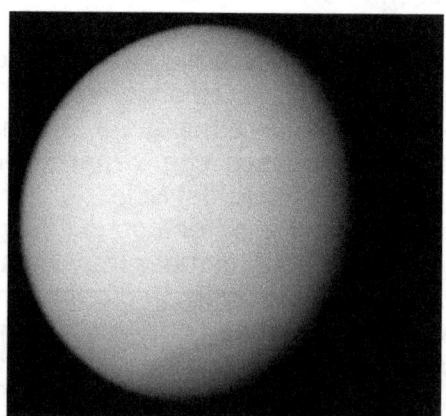

Venere alle lunghezze d'onda visibili ripreso dalla sonda Mariner 10. Questo è l'aspetto del pianeta che ci apparirebbe se osservato da vicino.

Se al nostro telescopio inseriamo un filtro ultravioletto o infrarosso e riprendiamo con sensori sensibili a queste lunghezze d'onda, possiamo finalmente avere la certezza che quello che stiamo osservando non è altro che la sommità di un'atmosfera densissima e sempre percorsa da imponenti sistemi nuvolosi, che nascondono completamente e perennemente ogni dettaglio superficiale.

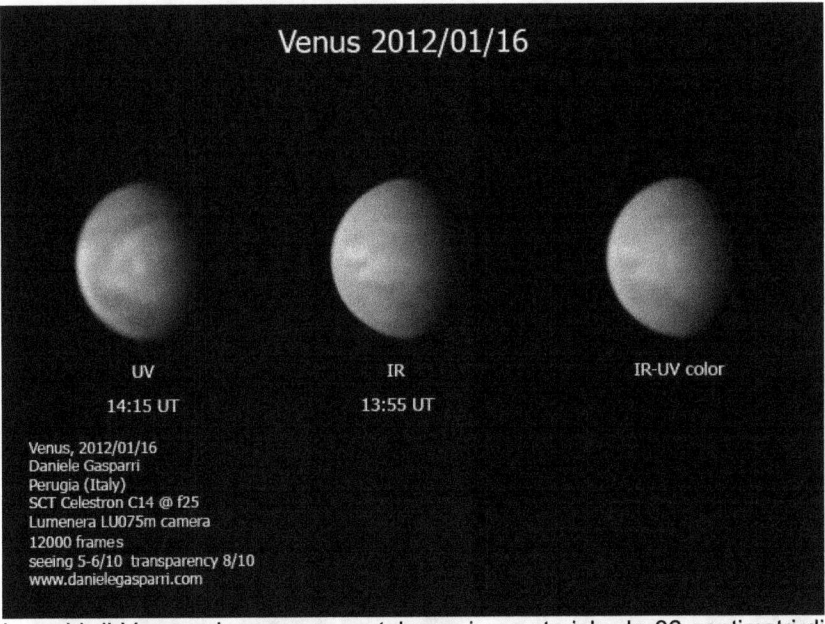

Le nubi di Venere riprese con un telescopio amatoriale da 36 centimetri di diametro.

Le osservazioni spettroscopiche da Terra, e da parte delle sonde che hanno raggiunto il pianeta, confermano un mondo perennemente avvolto da nubi, composte principalmente di acido solforico, e un'atmosfera oltre 90 volte più densa di quella terrestre, formata per il 96% da anidride carbonica.

Se questi sono i dati, non è difficile immaginare che la superficie di Venere debba essere un vero e proprio inferno.

Se sulla Terra una concentrazione infinitesima di anidride carbonica è in grado di alterare il clima aumentandone la temperatura media globale, cosa potrebbe succedere a un pianeta la cui spessa atmosfera è totalmente composta di questo gas e, come se non bastasse, si trova più vicino al Sole?

La peculiarità di Venere è proprio l'enorme effetto serra prodotto dalla sua atmosfera, così elevato che ha innalzato la temperatura media del pianeta di circa 500° rispetto a quella che avrebbe avuto senza l'inviluppo gassoso.

L'intensa circolazione atmosferica distribuisce questo calore in modo uniforme su tutta la superficie, con il risultato che Venere, nonostante non sia il più vicino al Sole, è il pianeta più caldo del sistema Solare, con una temperatura media di 480°C.

La superficie è così rovente che se riprendiamo la porzione non illuminata dal Sole è possibile rilevare una debole luminosità nell'infrarosso, detta emissione termica.

Alla base di questo fenomeno c'è lo stesso principio fisico che fa diventare luminoso un pezzo di ferro estremamente caldo.

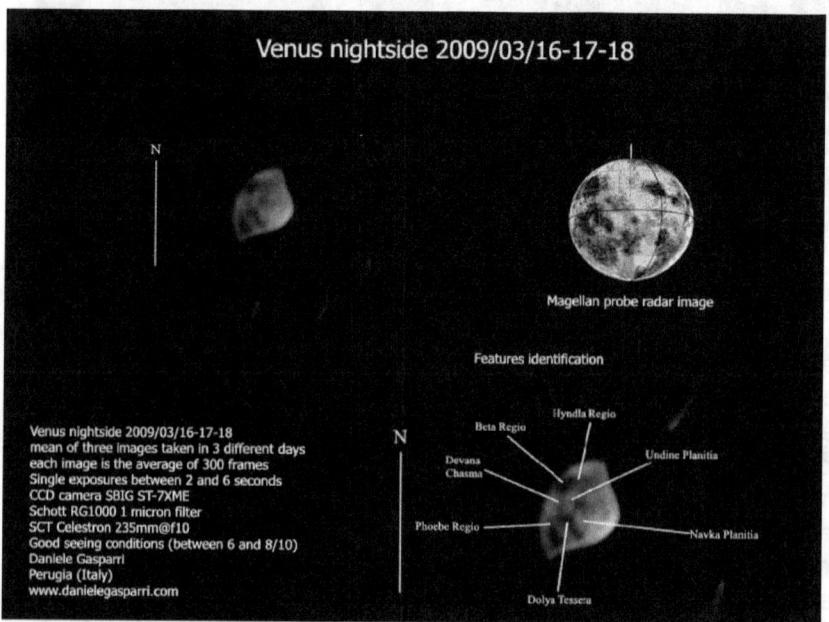

La ripresa dell'emissione termica del pianeta è l'unico modo per rilevare gli elusivi dettagli superficiali.

Se non avesse posseduto questo spesso involucro gassoso, Venere avrebbe sperimentato nella parte in ombra temperature di un centinaio di gradi sotto lo zero.

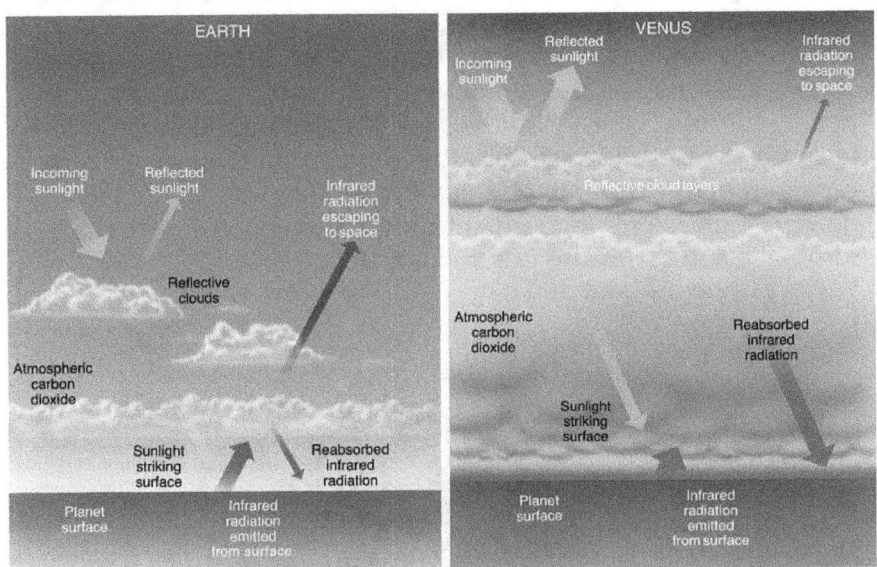

Copyright © 2005 Pearson Prentice Hall, Inc.

Effetto serra sulla Terra (a sinistra) e su Venere (a destra).
La radiazione solare attraversa l'atmosfera e scalda la superficie, che emette a sua volta calore sottoforma di radiazione elettromagnetica, ma questa volta centrata nell'infrarosso. A queste lunghezze d'onda i gas serra non sono trasparenti. Essi quindi assorbono la radiazione in quantità maggiore quanto maggiore è la loro concentrazione, facendo innalzare la temperatura planetaria.
Con l'aumentare della temperatura, l'emissione della superficie diventa maggiore e si sposta verso lunghezze d'onda minori, allo stesso modo di un pezzo di ferro che riscaldato diventa prima rosso cupo, poi arancio, infine giallo.
Il ciclo si interrompe quando la temperatura della superficie è abbastanza elevata da emettere radiazioni elettromagnetiche di una lunghezza d'onda alla quale i gas serra diventano trasparenti, oppure quando la loro concentrazione è troppo bassa per assorbire efficientemente la maggiore quantità di radiazione emessa dal suolo.
Su Venere l'equilibrio si raggiunge a circa 480°C. Sulla Terra a circa 14°C perché la concentrazione di gas serra è estremamente bassa.

57

Un serio studio superficiale ad alta risoluzione si è potuto condurre solamente attraverso tecniche radar e sonde inviate sulla superficie.

Durante gli ultimi due transiti del pianeta sul disco solare, verificatesi l'8 giugno 2004 e il 6 giugno 2012 (se ce li siamo persi meglio abbandonare ogni speranza: il prossimo ci sarà nel 2117!), l'estensione dell'atmosfera venusiana si è resa visibile anche con telescopi amatoriali, sia in prossimità del bordo solare che durante le fasi dell'attraversamento. Nel primo caso come un anello brillante che deviava la luce solare, nel secondo come una zona leggermente meno luminosa e sfocata attorno al disco scuro che si stagliava sulla fotosfera.

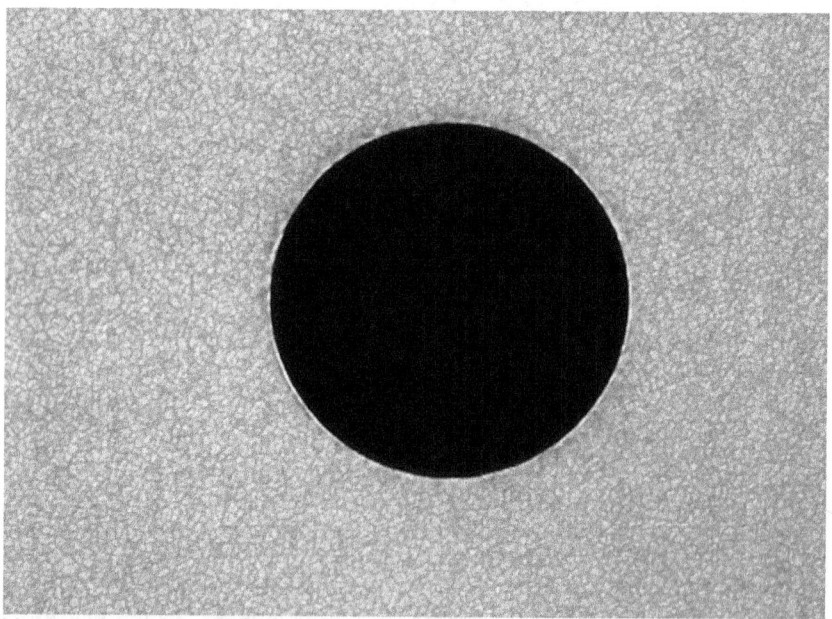

Venere in transito sul Sole mostra lo spesso involucro atmosferico come un sottile anello sfumato che contorna la sagoma scura del pianeta.

Quasi tutta l'atmosfera è compresa entro un guscio spesso 700-800 km, ma le nubi e la grande dinamica, che è possibile osservare anche al telescopio, si sviluppano a quote molto più basse.

Intorno a 70-80 km stazionano nubi composte da piccole goccioline di acido solforico, a una temperatura intorno ai -50°C. Mano a mano che si scende, la temperatura aumenta e si modificano anche le strutture nuvolose presenti, fino a circa 45 km di altitudine, quota minima di condensazione dell'acido solforico nell'atmosfera venusiana. Subito al di sotto, si incontra uno strato di foschia prodotta dai residui vapori di acido solforico, mentre negli strati inferiori, fino alla superficie, l'atmosfera è piuttosto limpida.

La sommità delle nubi ruota intorno al pianeta in soli 4 giorni, con velocità dei venti che toccano punte di 400 km/h.

Mano a mano che si scende di quota, la velocità diminuisce fino ad arrivare ai 4-5 km/h al livello superficiale.

Sulla superficie sono anche atterrate alcune sonde russe negli anni 80: nonostante furono costruite per resistere a condizioni estreme, l'ambiente venusiano (l'altissima temperatura è in grado di fondere piombo e stagno) le ha distrutte nel giro di un paio d'ore.

Le informazioni sulla superficie del pianeta ci indicano un luogo estremamente secco, prevalentemente pianeggiante, non molto craterizzato, quindi relativamente giovane, ricco di vulcani che potrebbero essere ancora attivi.

Un'altra particolarità del pianeta: il periodo di rotazione è retrogrado (ruota in senso contrario rispetto agli altri pianeti del Sistema Solare) e molto lento (243 giorni terrestri), più lungo del periodo di rotazione delle nubi e maggiore del periodo di rivoluzione attorno al Sole (222 giorni).

Quale sia la causa di questa anomalia unica nel Sistema Solare è ancora un mistero. L'ipotesi più plausibile contempla un gigantesco impatto con un piccolo pianeta miliardi di anni fa, ma probabilmente non lo sapremo mai con assoluta certezza.

L'osservazione di Venere

Venere e la Luna al tramonto sullo sfondo dei colli Bolognesi. Esposizioni multiple a distanza di 5 minuti.

Quando presente nel cielo Venere è un vero e proprio faro; l'oggetto di aspetto stellare più luminoso di tutti, tanto da venir scambiato per un aereo o un oggetto volante non identificato da osservatori non esperti.
La magnitudine media di Venere è di circa -4; questo lo rende il primo oggetto di natura stellare che si accende dopo il tramonto del Sole e l'ultimo a scomparire all'alba, contrariamente a tutte le leggende metropolitane che vorrebbero la stella Polare come primo astro della sera.
In realtà il pianeta non scompare mai nel cielo, risultando visibile a occhio nudo anche in pieno giorno, se si sa precisamente dove guardare.
In effetti, spesso non si pensa che sia possibile osservare un pianeta alto nel cielo azzurro. Eppure è sufficiente provarci con un po' di pazienza quando Venere raggiunge le massime elongazioni e se disponiamo di un cielo piuttosto trasparente.

Non appena l'occhio si troverà a guardare nella posizione e-satta (è questa la parte più difficile) sarà possibile ammirare la sua luce bianca con estrema facilità ed emozionarsi pensando di riuscire a vedere le "stelle" anche di giorno.

Al telescopio si mostra di generose dimensioni anche con un ingrandimento modesto.

Quando si trova vicino alla Terra si osserva come una sottilis-sima falce, davvero molto suggestiva.

Tutti gli ingrandimenti sono adatti per l'osservazione delle fasi, mentre i dettagli rara-mente sono visibili.

Lo strato di núbi ha un contrasto molto basso alle lunghezze d'onda visibili, risultando spesso privo o quasi di dettagli, davvero un peccato vista la vicinanza al nostro pianeta e l'ottima risolu-zione raggiungibile.

A causa del bassissimo

Venere è l'unico pianeta visibile a occhio nudo di giorno, se si sa dove guardare. Aiutandoci con la direzione del telescopio, puntato verso il pianeta, saremo in grado di identificarlo facilmente, anche da cieli di pianura.

contrasto dei dettagli atmosferici, spesso Venere viene liquida-to come pianeta noioso, ma a ben vedere questa convinzione è, almeno in parte, falsa. Il problema principale è causato dalla forte luminosità che abbaglia letteralmente l'occhio e azzera i già bassi contrasti delle nubi.

Per ovviare a questo inconveniente, piuttosto raro nelle osser-vazioni astronomiche, è possibile utilizzare dei filtri che atte-nuano la luminosità (filtri neutri) o osservare di giorno, con il Sole in cielo. Venere, infatti, è l'unico pianeta che presenta maggiori dettagli quando il cielo è ancora chiaro. In queste cir-costanze l'occhio riesce a gestire la grande luminosità del pia-neta e restituire un'immagine più equilibrata e correttamente esposta, che può mostrare anche qualche dettaglio della spessa coltre atmosferica.

La struttura delle nubi si mostra bene alle lunghezze d'onda ultraviolette, purtroppo invisibili all'occhio umano. È possibile tuttavia utilizzare dei filtri blu o violetti per aumentare il contrasto dei debolissimi dettagli, che si renderanno visibili come tenui sfumature nei pressi del terminatore, zona al confine tra la parte illuminata e quella al buio, soprattutto quando il pianeta ha una fase prossima al primo o ultimo quarto.

La struttura nuvolosa del pianeta ruota in appena 4 giorni e si modifica rapidamente, quindi ogni giorno Venere si mostrerà sempre diverso.

Con un po' di esperienza questo pianeta si trasformerà in uno dei più dinamici del Sistema Solare, sebbene mostri i suoi preziosi dettagli solamente a chi ha la voglia e la determinazione di riuscire a scoprirli, proprio come se fossero un prezioso tesoro.

Con la giusta tecnica, le nubi di Venere si possono osservare, deboli, con strumenti a partire dai 100 mm. Questo disegno è stato ottenuto con un telescopio Newton da 200 mm durante il tramonto del Sole e in prossimità della massima elongazione del pianeta, con un ingrandimento di 250X.

L'esplorazione di Venere

Data la vicinanza alla Terra, e al contempo la misteriosa e o-
paca atmosfera, Venere è stato il pianeta più esplorato dopo
Marte, con ben 42 missioni all'attivo, se consideriamo anche
quelle che come obiettivo primario avevano lo studio di altri
corpi celesti.
A fronte di questa vera e propria armata, quelle che hanno
raggiunto il pianeta sane e salve, e sono riuscite a trasmettere
dati a Terra, sono solamente 25. Le altre, principalmente
dell'ex Unione Sovietica, non hanno mai raggiunto integre la
destinazione o si sono perse nello spazio.
La corsa a Venere cominciò ben prima dell'atterraggio del primo uomo sulla Luna.
In piena guerra fredda e agli albori dell'astronautica americani
e russi non badarono a spese per aggiudicarsi per primi la
"conquista" di un altro pianeta.
All'inizio degli anni sessanta il ritardo tecnologico americano
nei confronti dei russi era ancora elevato, così le prime due
sonde partite alla volta di Venere battevano bandiera sovietica.
Tyazhely Sputnik fu il primo tentativo di lancio di una sonda diretta verso Venere, purtroppo fallito, nel febbraio del 1961. Solamente otto giorni più tardi la sonda Venera 1 lasciò con successo la Terra, diventando il primo manufatto umano a volare
verso un altro pianeta e a superare la barriera psicologica della distanza Terra-Luna. Sfortunatamente la missione non raggiunse il suo obiettivo; i contatti vennero persi definitivamente
ad appena 100.000 km dall'incontro con Venere.
Questa prima astronave automatica ad avventurarsi nello spazio interplanetario aveva comunque alcune tecnologie innovative che avrebbero segnato uno standard per tutte le future
missioni, russe e americane. Una grande antenna parabolica
per trasmettere dati e telemetria, motori per la correzione
dell'assetto, pannelli solari per l'alimentazione energetica.

Anche la tecnica di lancio sarebbe stata seguita da tutte le altre missioni. Il razzo di ascesa avrebbe portato il satellite in orbita terrestre. La sonda si sarebbe quindi liberata e poi avrebbe ricevuto la spinta necessaria per raggiungere il pianeta.

Tutto questo avvenne prima del primo volo spaziale umano degli Stati Uniti: la supremazia tecnologica russa era davvero elevata.

Questi due fallimenti in serie diedero agli americani il tempo per organizzarsi con la sonda Mariner 1, lanciata il 22 luglio 1962. Ma la fretta è sempre cattiva consigliera: la sonda ebbe un problema al lancio e non lasciò mai neanche l'orbita terrestre.

Venera 1 fu la prima sonda interplanetaria della storia a lasciare la Terra.

In questa lunga serie di insuccessi, dovuti probabilmente a una voglia quasi ossessiva di battere l'odiato avversario, trascurando di conseguenza alcuni importanti elementi progettuali, la spuntarono inaspettatamente gli americani con la sonda Mariner 2, lanciata il 27 agosto 1962 e giunta nei pressi di Venere il 14 dicembre dello stesso anno.

La capsula americana fu il primo manufatto umano a raggiungere con successo un altro pianeta.

A bordo del satellite, dal peso di 203 kg, trovavano posto vari strumenti per misurare le proprietà di Venere e della sua spessa atmosfera. A causa della sua impenetrabilità e della scarsa presenza di dettagli evidenziata dalle osservazioni terrestri, a bordo della sonda non fu posta alcuna macchina fotografica, così nessuna immagine venne ripresa da questo storico incontro.

Dopo questo primo successo americano, i russi si presero la rivincita e nel corso dei decenni successivi conquistarono diversi record, alcuni dei quali rimasti ancora ineguagliati.

Il 18 ottobre 1967 la sonda Venera 4 raggiunse Venere e cominciò a fare preziose misurazioni.

Non era previsto l'ingresso in orbita; il piano di volo prevedeva che la sonda si tuffasse direttamente nell'atmosfera venusiana, rilasciando poi una capsula che sarebbe scesa fin sulla superficie. L'operazione riuscì e la piccola sonda liberata da Venera 4 diventò il primo manufatto ad atterrare su un altro pianeta. Purtroppo non era stata progettata per resistere alle condizioni estreme presenti al suolo, sconosciute a causa dell'impenetrabilità dell'atmosfera, quindi l'atterraggio, sebbene avvenuto con successo, non è stato seguito da trasmissioni radio a causa dei danni riportati in seguito alle infernali condizioni superficiali.

La capsula raccolse dati fondamentali durante la discesa, durata 93 minuti, in merito alla densità atmosferica e le roventi condizioni della superficie, informazioni nascoste dalla perenne copertura nuvolosa.

Si scoprì così che l'atmosfera di Venere era molto più spessa di quanto si pensasse, con una pressione al suolo pari a circa 90 atmosfere e una temperatura sempre superiore a 400°C, composta quasi esclusivamente di anidride carbonica e con piccolissime tracce di ossigeno e vapore acqueo.

Le condizioni della superficie di Venere, e le proprietà dell'atmosfera, erano così sconosciute che la capsula di Venera 4 era equipaggiata con particolari dispositivi che le avrebbero consentito di trasmettere anche in caso di atterraggio in acqua. La struttura era progettata per galleggiare e un tappo fatto di zucchero avrebbe liberato una seconda antenna per comunicare con la Terra nel momento in cui l'acqua lo avrebbe sciolto.

Una volta scoperte le reali condizioni del pianeta, gli accorgimenti per un eventuale ammaraggio furono naturalmente eliminati dai tecnici russi per le future missioni.

Questo grande successo arrivò purtroppo dopo 10 tentativi precedentemente falliti da parte dei russi, ma poco importava in quel momento: l'obiettivo era stato finalmente raggiunto.

Con l'atterraggio nell'infero di Venere prima, e nel freddo deserto marziano poi, le sonde automatiche russe e americane spensero definitivamente sogni e speranze di coloro i quali si aspettavano di trovare forme di vita, magari intelligenti, al di fuori del nostro pianeta. Probabilmente molti astronomi avevano previsto questo verdetto, ma in fondo anche loro nutrivano una flebile speranza, alimentata da osservazioni storiche come quelle di Schiaparelli e Lowell e racconti diventati leggendari come la Guerra dei Mondi, che una celebre trasmissione radiofonica di Orson Welles nel 1938 aveva reso così reale da scatenare il panico nella popolazione.

Risultati scientifici a parte, la corsa allo spazio stava conoscendo un momento d'oro. Le finestre di lancio per raggiungere il pianeta si aprono per qualche settimana ogni 19 mesi e negli anni successivi furono sfruttate tutte, addirittura con lanci multipli, o a distanza di pochi giorni.

Dal 1961 al 1967 partirono per Venere ben 17 sonde tra russe e americane, uno sforzo tecnologico ed economico che avrebbe trovato poi il punto più alto con l'esplorazione lunare.

Dopo il successo di Venera 4, il 16 e 17 maggio 1969 i sovietici riuscirono a ripetersi con la sonde gemelle Venera 5 e Venera 6. Le capsule che rilasciarono in atmosfera erano molto più resistenti di quella a bordo di Venera 4, riuscendo a sopravvivere alle condizioni della superficie.

Gli americani, ormai concentrati sul primo storico sbarco sulla Luna, avevano naturalmente allentato l'attenzione verso l'esplorazione automatica, lasciando ai sovietici le briciole di una gloria che pochi avrebbero potuto veramente apprezzare in quel periodo, ma che ora, a distanza di oltre 40 anni, trova il giusto merito.

Senza il fondamentale contributo dell'agenzia spaziale russa, nessuna sonda sarebbe mai atterrata su Venere e non conosceremmo alcune basilari proprietà del pianeta.

Il 15 dicembre 1970 altro successo passato quasi inosservato: la capsula Venera 7 fu il primo manufatto umano ad atterrare su un altro pianeta e a trasmettere dati a Terra, seguita il 22 luglio del 1972 da Venera 8.

Le missioni russe continuavano però a non essere molto affidabili; per ogni successo c'erano almeno altre due astronavi perse spesso per problemi di comunicazione.

Gli americani si interessarono di nuovo a Venere quando l'avventura lunare era ormai terminata.

Mariner 10 prima di visitare Mercurio sorvolò l'atmosfera venusiana scattando per la prima volta foto e raccogliendo preziosi dati. Sembra in effetti strano constatare che le prime immagini provenienti da Venere arrivarono con così grande ritardo. Le precedenti sonde non erano dotate di apparecchiature per le riprese, che venivano considerate superflue a causa dell'impenetrabilità della coltre nuvolosa del pianeta.

La priorità andava a tutte le informazioni che non potevano essere raccolte dalle osservazioni terrestri, quali campo magnetico, composizione chimica dell'atmosfera, temperatura, densità. Di conseguenza, non restava spazio per strumentazione considerata non prioritaria, come le macchine fotografiche. Solamente la russa Venera 2 (1965) possedeva sistemi di ripresa, ma i dati non furono mai ricevuti perché in prossimità del pianeta si persero i contatti.

Grazie alle immagini di Mariner 10 furono confermate le difficili e controverse osservazioni da Terra. In particolare, fu scoperto quello che un astronomo dilettante aveva osservato pochi anni prima: gli strati nuvolosi superiori di Venere ruotano in soli 4 giorni, con venti che soffiano a oltre 400 km/h.

Da dove prende il pianeta l'enorme energia per tenere in moto un'atmosfera così spessa? Perché ruota molto più velocemente della superficie? È stato così sin dai tempi della formazione, oppure qualche evento ha sconvolto il clima venusiano?

A queste domande non abbiamo ancora trovato una risposta soddisfacente; ma la troveremo, è solo una questione di tempo.

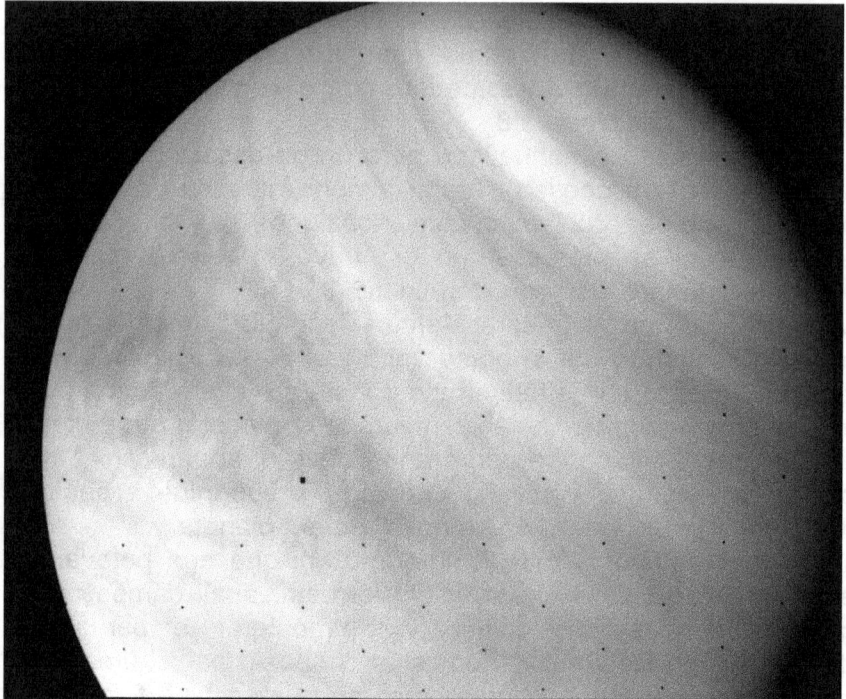

Prima immagine di Venere mai scattata dallo spazio. Questa storica ripresa è opera della sonda americana Mariner 10, il 5 febbraio 1974. Un rapido sguardo in ultravioletto prima di dirigersi verso l'obiettivo principale: Mercurio.

Il successo di Mariner 10 spronò i sovietici ad alzare la posta in gioco.

La sonda Venera 9, partita l'8 giugno 1975, fu la prima a entrare con successo nell'orbita del pianeta.

La capsula inviata sulla superficie riprese le prime immagini del suolo venusiano e dalla superficie di un altro pianeta, trasmettendo dati per 53 minuti prima di arrendersi alle proibitive condizioni di temperatura e pressione.

Due giorni più tardi arrivò la sonda gemella Venera 10, completando anch'essa con esito positivo la missione.

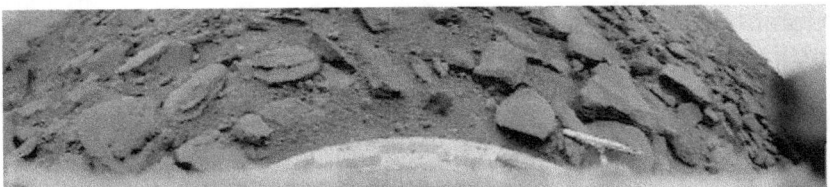

Prima immagine della storia della superficie di Venere ripresa da Venera 9 il 22 ottobre 1975

La risposta degli americani non si fece attendere, proprio nella successiva finestra di lancio utile.

Due missioni della NASA partirono il 20 marzo e l'8 agosto 1978, giungendo su Venere il 4 e il 9 dicembre dello stesso anno.

Pioneer Venus Orbiter diventò un satellite di Venere, trasmettendo dati dalla sua orbita per circa 13 anni, fino al 1992, e conquistandosi la palma di sonda più longeva fino a quel momento (gli orbiter sovietici funzionarono per pochi mesi).

La missione Pioneer Venus Multiprobe, invece, era formata da alcune capsule che penetrarono nell'atmosfera venusiana a diverse latitudini per comprenderne le complesse dinamiche. Non era previsto alcun sistema di atterraggio, quindi esse si schiantarono al suolo distruggendosi. Nonostante tutto, rappresentano gli unici manufatti americani giunti sul pianeta.

Queste due missioni centrarono tutti gli obiettivi previsti dagli americani, che quindi non avrebbero più spedito sonde sul pianeta per diversi anni, almeno fino al termine della missione Pioneer Venus.

Il testimone passò ancora ai sovietici, che inanellarono una serie impressionante di successi, a fronte di pochissimi fallimenti.

Dopo gli atterraggi e altre immagini della superficie provenienti dalle sonde Venera 11-13-14, e le prime mappe radar riprese da Venera 15-16, nel giugno 1985 le sonde gemelle Vega 1 e Vega 2 divennero il fiore all'occhiello della tecnologia sovietica.

Entrambe liberarono per la prima volta dei palloni atmosferici nell'atmosfera venusiana e fecero atterrare due piccole sonde sulla superficie del pianeta.

Gli orbiter dopo aver ripreso Venere si diressero con successo verso la cometa di Halley, riprendendone il nucleo e collaborando attivamente con l'agenzia spaziale europea che aveva lanciato la sonda Giotto, con l'obiettivo di avvicinare l'elusivo e misterioso nucleo cometario.

Una delle rare riprese a colori della superficie di Venere, catturata dalla capsula Venera 14 che ha trasmesso per 52 minuti prima di arrendersi alla pressione di 94 atmosfere e a una temperatura di 465°C.

Raggiunti tutti gli obiettivi che la tecnologia di allora permetteva, anche i russi abbandonarono l'esplorazione del pianeta, che non avrebbe portato altri significativi vantaggi né scientifici, né politici, a fronte di costi estremamente sostenuti.

Pochi forse si aspettavano che le missioni Vega sarebbero state le ultime sonde interplanetarie lanciate con successo dall'Unione Sovietica, destinata in pochi anni a disintegrarsi e abbandonare definitivamente la corsa allo spazio.

Le immagini di Venera 14 sono attualmente le ultime ricevute dalla superficie, e probabilmente manterranno questo triste primato per diversi anni a venire, vista la difficoltà di mantenere attivo qualsiasi tipo di lander per più di pochi minuti sulla superficie del pianeta.

Dalla metà degli anni ottanta, il testimone passò così di nuovo agli americani, che senza più molta fretta di battere i nemici, progettarono e inviarono solamente una sonda, ma che avrebbe davvero rivoluzionato la conoscenza del pianeta.

Si stava lentamente entrando nella seconda parte della conquista dello spazio: non più flotte di sonde assemblate in fretta e spedite verso altri pianeti nella speranza che almeno una arrivasse sana e salva a destinazione, piuttosto la progettazione di sistemi molto affidabili e di lunga durata per assicurare un miglior rapporto costi/benefici.

La missione Magellano, liberata dalla stiva dello Space Shuttle Atlantis il 4 maggio 1989 dalla bassa orbita terrestre, aveva una massa di oltre 1000 kg e raggiunse l'orbita venusiana il 10 agosto 1990.

Fu il primo satellite a utilizzare una tecnica chiamata aerobraking, per aggiustare l'orbita senza utilizzare carburante.

Dal significato letterale di "frenamento ad aria", questa manovra utilizza gli strati più alti delle atmosfere planetarie per generare attrito e frenare l'astronave. La sonda inizialmente viene immessa in un'orbita fortemente ellittica, che ha il pregio di richiedere una minima quantità di carburante, il cui punto più vicino attraversa gli strati superiori atmosferici. L'azione di frenamento produce una graduale circolarizzazione e stabilizzazione dell'orbita a ogni passaggio.

Con l'opportuna regolazione dell'inclinazione dei pannelli solari, si può produrre anche un effetto vela che consente di aumentare o diminuire la resistenza dell'aria per regolazioni ancora più precise.

Dopo il successo di questa prima esperienza, la tecnica dell'aerobraking è ormai prassi comune per tutte le sonde dirette verso l'orbita di Marte e permette un sensibile risparmio di carburante, a vantaggio di un maggiore carico di strumentazione scientifica.

Per 4 anni la sonda Magellano mappò con dettaglio unico la superficie del pianeta con tecniche radar, restituendo spettacolari visioni di alcune imponenti catene montuose venusiane fino a quel momento mai osservate.

Quella fu anche l'ultima missione americana destinata a studiare Venere.

Nel corso degli anni successivi, altre astronavi si sono avvicinate al pianeta raccogliendo dati, ma il loro obiettivo era quello di guadagnare velocità per dirigersi verso altri pianeti (Galileo, Cassini, Messenger).

Mappa altimetrica di un emisfero venusiano ottenuta dalla sonda Magellano. I terreni con tonalità tendenti al rosso si trovano a elevazioni maggiori di quelli di color azzurro.

Il 9 novembre 2005 partì finalmente la prima missione venusiana dell'agenzia spaziale europea (ESA).

Venus Express raggiunse con successo Venere l'11 aprile 2006 e ancora sta trasmettendo importantissimi dati dell'atmosfera e della superficie.

Il 20 maggio 2010 fu invece la prima volta del Giappone con la capsula Akatsuki, che però fallì il primo inserimento orbitale e riproverà la manovra solamente nel 2016, dopo un giro tortuoso nelle regioni interne del Sistema Solare.

Il futuro non sembra molto roseo per l'esplorazione del pianeta. L'atmosfera ormai è stata esplorata più volte, mentre la superficie richiede tecnologie che sappiano resistere per lungo tempo all'elevatissima pressione e temperatura, facendo lievitare di molto i costi, a fronte di una possibilità di successo estremamente ridotta.

Solamente i russi hanno in programma una missione di questo tipo: si chiama Venera-D, lancio stimato per il 2016.

Seguendo uno schema collaudato già con le precedenti missioni, porterà con se una capsula che si poserà sulla superficie, un pallone atmosferico e circa quattro micro capsule atmosferiche per studiare temperatura e venti.

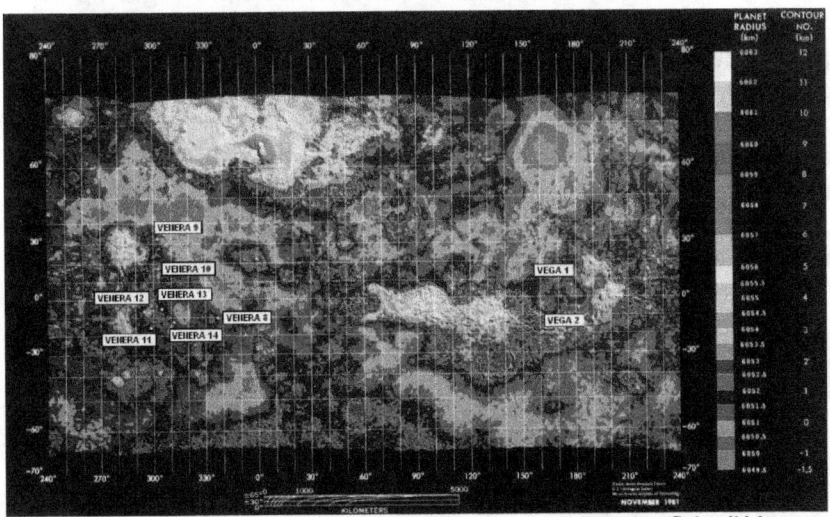

Posizione delle capsule, tutte russe, giunte integre sulla superficie di Venere.

73

Molto difficile sarà mandare rover sulla superficie venusiana, come invece è stato fatto per Marte.

Impossibile programmare, anche in un lontano futuro, una missione umana.

Per comprendere le difficoltà di queste spedizioni, bisogna capire alcuni effetti dello spesso involucro gassoso.

L'atmosfera venusiana sulla superficie ha una densità pari al 6,5% di quella dell'acqua, un valore davvero elevato.

Muoversi in queste condizioni, sia per gli esseri umani che per i rover automatici, diventa estremamente difficile.

I movimenti risulterebbero molto rallentati, proprio come quando camminiamo nell'acqua, e richiederebbero molte energie.

Non solo, ma la leggera brezza che spira ad appena 5 km/h nasconde un potenziale distruttivo. La forza di questo vento è simile a quella di una raffica terrestre superiore ai 40 km/h ed è capace di sollevare piccole pietre, impedire ai rover di camminare liberamente e agli astronauti di stare in piedi.

L'unico vantaggio di questo grande oceano di aria riguarda le fasi di atterraggio: non sono necessari razzi di discesa ma robusti paracadute abbastanza resistenti al calore per poggiarsi delicatamente sulla superficie, proprio come hanno già sperimentato le impavide capsule russe.

Il problema, però, è solo rimandato: come fare per vincere la resistenza dell'aria nella fase di ripartenza?

Fortunatamente questo ennesimo ostacolo non riguarda eventuali sonde automatiche ma solamente future, quanto improbabili, missioni con equipaggio umano.

È un vero peccato che questo pianeta risulti così inospitale, perché una spedizione umana, dal punto di vista del carburante e dei tempi di percorrenza, sarebbe stata molto più vantaggiosa di una missione marziana che tra andata, svolgimento e ritorno richiederà più di due anni, un enorme sforzo tecnologico ed economico, nonché quel pizzico di fortuna affinché non si verifichino gravi problemi per l'incolumità degli impavidi astronauti. Ma inutile dispiacersi troppo di una situazione su cui non abbiamo e mai avremo alcuna voce in capitolo.

4. La Terra

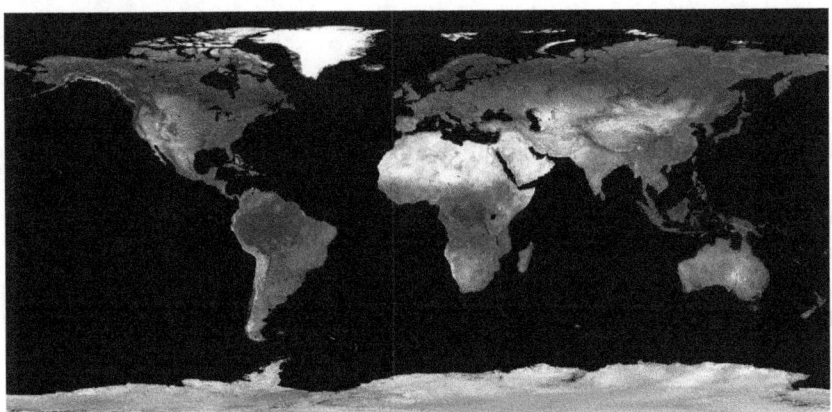

Planisfero della Terra: un pianeta unico nel Sistema Solare.

Siamo arrivati al pianeta sul quale abitiamo e che dovremmo conoscere meglio di tutti gli altri. Ma in realtà ci sono moltissime cose ancora da scoprire sulla Terra, non solo dal punto di vista fisico, ma anche e soprattutto biologico.

La presenza della vita costituisce infatti un'eccezione unica nel Sistema Solare e comprendere i delicati equilibri creatisi nel corso dei miliardi di anni non è per niente semplice.

Purtroppo ci sono così tante informazioni da dare che ho dovuto fare una selezione degli argomenti da trattare, per di più in modo semplificato.

Il primo tema è più semplice e cerca di chiarire la dinamica delle stagioni, tanto importanti quanto spesso non comprese fino in fondo.

L'altro argomento esamina brevemente le proprietà e la struttura dell'atmosfera, l'involucro gassoso così prezioso per tutti gli esseri viventi. Quest'ultimo ci darà poi lo spunto per una breve digressione sull'esistenza della vita e sulle incredibili "coincidenze" che l'hanno resa possibile nel modo in cui la conosciamo.

La Terra è un pianeta unico nel Sistema Solare, e per ora anche nell'Universo (ma non siamo così presuntuosi da dire che lo sia davvero; più semplicemente, non abbiamo ancora trovato un pianeta simile!).

La presenza di acqua allo stato liquido, un'atmosfera ricca di ossigeno, con il giusto effetto serra per avere una temperatura ideale, una tettonica a zolle in grado di generare continuamente nutrimenti preziosi per flora e fauna, un campo magnetico che protegge la superficie dalle particelle del vento solare, e per finire la presenza di un grande satellite come la Luna in grado di stabilizzare l'inclinazione dell'asse di rotazione, sono tutti ingredienti che hanno reso possibile lo sviluppo imponente della vita. La stabilità dell'equilibrio raggiunto ha concesso il tempo necessario (miliardi di anni) per l'evoluzione delle specie viventi, fino allo sviluppo dell'essere umano, una forma di vita davvero molto diversa rispetto a tutte le altre.

Qualcuno lo definirebbe intelligente, ma questo termine è ambiguo e soggetto a molte critiche.

Intelligente o no, l'uomo è sicuramente un essere vivente che ha consapevolezza di se stesso e dell'Universo che lo circonda. Può porsi domande, cercare risposte, inseguire i propri sogni per migliorare se stesso e la sua condizione.

Questi ultimi sono la speranza per i nostri figli di un mondo migliore, e l'ingrediente fondamentale della nostra futura evoluzione. Senza i sogni e la voglia di superare i propri limiti, l'uomo è destinato a venir soffocato dal mondo artificiale che si è creato per ripararsi dai pericoli e dalle insidie di un pianeta per il quale noi siamo solamente inquilini senza particolare voce in capitolo (nonostante molti pensino il contrario).

Come tutte le specie viventi, siamo la conseguenza delle particolari condizioni e proprietà di questo pianeta, degli inquilini che hanno approfittato dell'ospitalità di un padrone di casa che potrebbe benissimo sopravvivere senza la nostra ingombrante presenza, anzi, forse se la caverebbe pure meglio, visti i continui tentativi di sfruttarlo e modificarlo a nostro vantaggio.

Le stagioni

Il susseguirsi delle stagioni permette all'intera superficie di be-
neficiare degli influssi positivi della radiazione solare, il motore
di ogni attività terrestre e dell'intero ciclo dell'acqua.
Siamo sicuri di sapere da cosa sono causate le stagioni?
Di sicuro non dalla distanza variabile dal Sole lungo l'orbita
leggermente ellittica della Terra, anche perché d'estate,
nell'emisfero nord, quando fa più caldo, il nostro pianeta è più
distante dal Sole rispetto all'inverno di circa 5 milioni di km.
Il susseguirsi delle stagioni è determinato unicamente
dall'inclinazione dell'asse terrestre rispetto al piano
dell'eclittica, che altri non è che il piano orbitale terrestre.
L'asse ha un'inclinazione di 23° e 27' rispetto alla retta perpendicolare all'eclittica. Questa particolare configurazione fa si
che durante il moto di rivoluzione intorno al Sole i due emisferi
terrestri ricevano una quantità variabile di energia solare.

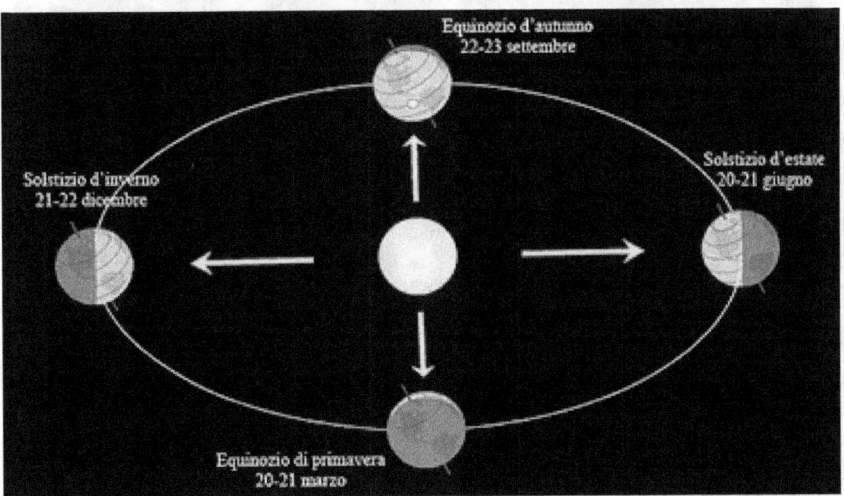

Le stagioni sono causate dall'inclinazione dell'asse di rotazione rispetto all'orbita terrestre

In estate, alle nostre latitudini, il Sole si trova molto alto sull'orizzonte e le giornate durano di più. L'orientazione dell'asse terrestre fa si che il polo nord terrestre sia inclinato nella direzione del Sole: i raggi solari arrivano in modo più diretto, scaldando l'atmosfera e la superficie. Nello stesso periodo, nell'emisfero sud è inverno. Il polo sud è orientato nella parte opposta al Sole e si trova al buio completo. I raggi solari che giungono alle medie latitudini sono molto inclinati e vengono assorbiti dall'atmosfera terrestre in modo più efficiente, producendo minore riscaldamento del suolo.

Nel solstizio d'estate, il Sole si trova sulla verticale del tropico del Cancro (a una latitudine di 23°,27' nord) il 21 giugno di ogni anno, determinando l'inizio dell'estate per l'emisfero nord e dell'inverno per il sud.

La nostra stella si trova prospetticamente nella costellazione del Toro, al confine con i Gemelli.

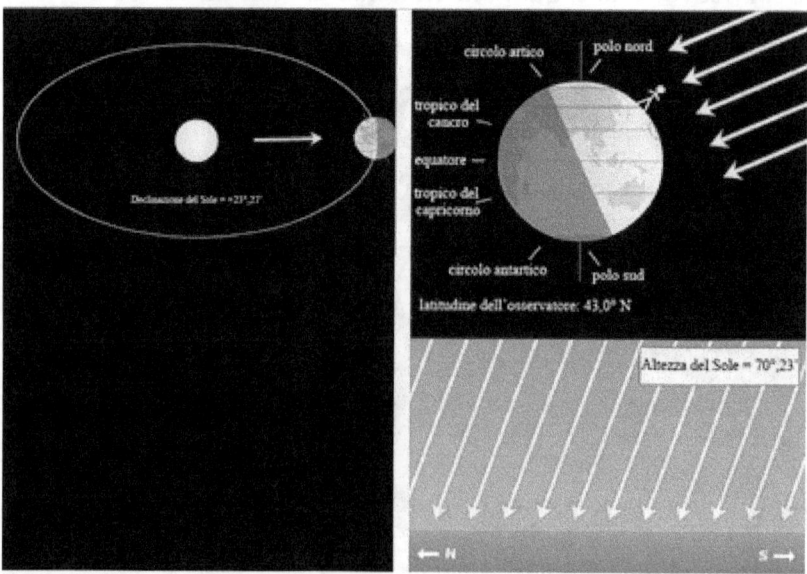

Estate nell'emisfero boreale

Raggiunto il punto più alto, il Sole sembra tornare indietro. L'orientazione dell'asse terrestre rispetto alla nostra stella cambia e allontana il polo nord dal Sole.

Durante l'equinozio di autunno l'asse terrestre è perfettamente parallelo al Sole; giorno e notte hanno la stessa durata e la nostra stella è perpendicolare, quindi allo zenit, all'equatore. Il polo nord sta per salutare il Sole, dopo averlo avuto sempre presente nel cielo per 6 mesi, mentre al polo sud, finalmente, si rivede la luce dopo altrettanto tempo. Il Sole non tramonterà più fino al prossimo equinozio di primavera.

Nel giorno dell'equinozio d'autunno, il Sole si trova nella costellazione del Leone; questa e le zone adiacenti sono quindi inosservabili, mentre le costellazioni nella parte opposta (Acquario, Pesci) risultano visibili per tutta la notte.

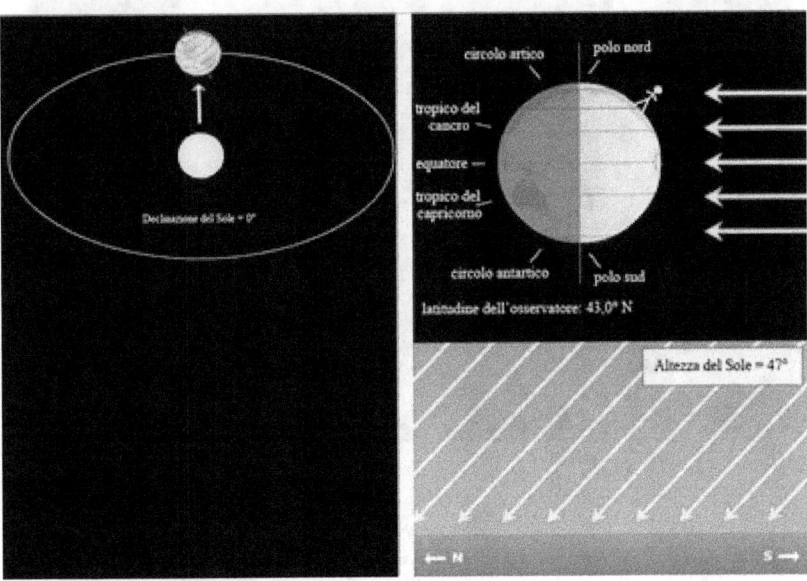

Autunno nell'emisfero boreale

Trascorsi altri tre mesi, l'orientazione dell'asse terrestre fa sì che ora il Sole, per l'emisfero boreale, raggiunge il punto più basso sull'orizzonte. Adesso è il polo nord a essere inclinato nella direzione opposta al Sole e avvolto dal buio totale. Alle nostre latitudini il Sole è molto basso e pallido.

L'assorbimento da parte dell'atmosfera, l'inclinazione dei raggi solari e la minore durata del giorno mantengono basse le temperature: siamo in pieno inverno.

Nell'emisfero sud, invece, è arrivata l'estate; il Sole è alto sopra l'orizzonte e al polo sud non tramonta mai fino alla fine della stagione estiva. Il Sole è perpendicolare al tropico del Capricorno (latitudine 23°,27' sud) e si trova al confine tra le costellazioni dello Scorpione e del Sagittario.

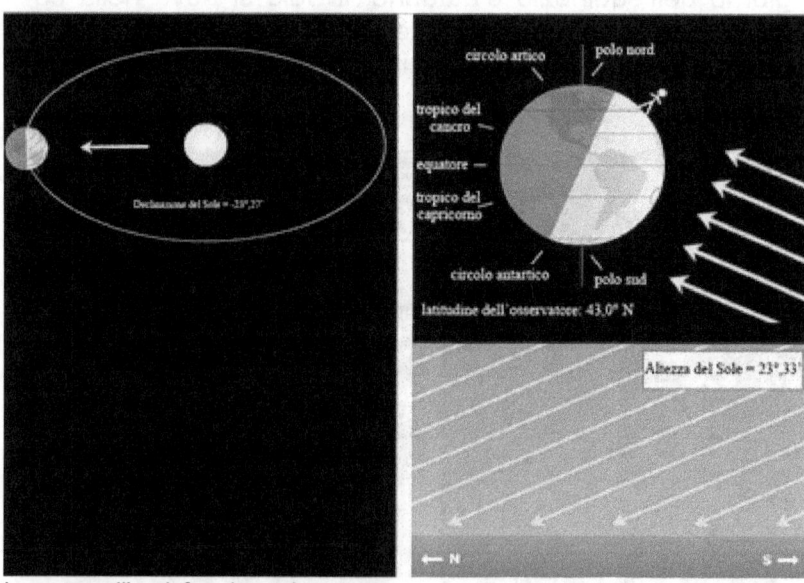

Inverno nell'emisfero boreale

Passato il giorno del solstizio, il cammino apparente del Sole si inverte di nuovo e la nostra stella comincia a risalire lentamente nel cielo, fino al giorno dell'equinozio di primavera.

Tra il 20 e il 21 marzo si verifica l'equinozio di primavera: il Sole è allo zenit all'equatore, giorno e notte hanno di nuovo la stessa durata ovunque. Il polo nord vede finalmente sorgere il Sole dopo 6 mesi e non vi tramonterà più per altrettanti.

Il polo sud, invece, piomba nell'oscurità e nel freddo fino all'equinozio d'autunno.

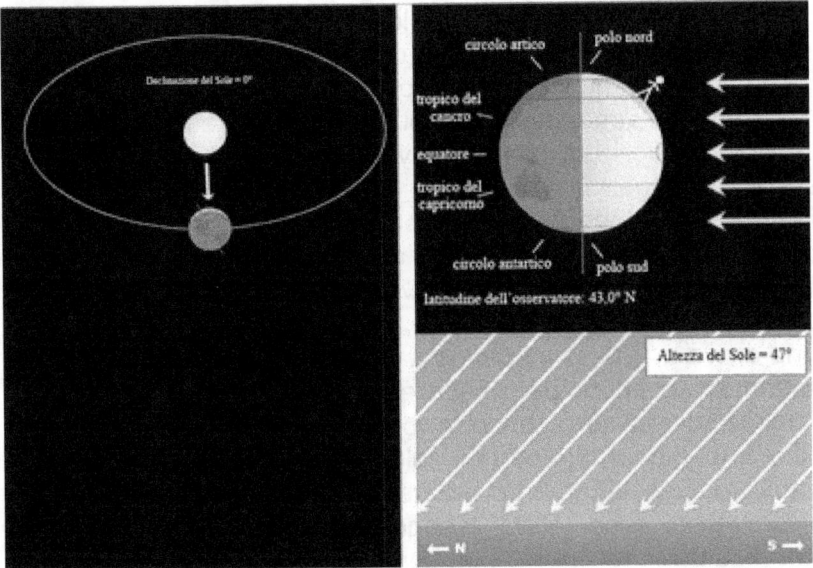

Primavera nell'emisfero boreale

Il Sole lentamente ritornerà alto per le nostre latitudini e l'estate ci ricorderà che un anno è già passato e il ciclo è pronto per iniziare di nuovo.

Il perfetto alternarsi delle stagioni ha rappresentato e rappresenterà un fattore essenziale per lo sviluppo biologico del pianeta. Senza la distribuzione del prezioso calore solare garantita dalle stagioni, la Terra avrebbe probabilmente ospitato condizioni estreme, con le zone equatoriali estremamente calde e aride per tutto l'anno e quelle temperate destinate a una perenne glaciazione. La stessa circolazione atmosferica sarebbe risultata profondamente diversa e sicuramente molto meno dinamica di quella che per miliardi di anni ha invece garantito alla vita acqua a sufficienza per potersi evolvere.

81

L'atmosfera

L'atmosfera terrestre è lo strato di gas che circonda il nostro pianeta e permette la vita a tutti gli esseri viventi.

Senza questo involucro gassoso ogni processo biologico, così come lo conosciamo, sarebbe impossibile.

Le funzioni dell'atmosfera sono numerose: è direttamente fonte di energia per tutti gli esseri viventi (per noi esseri umani l'ossigeno è il gas che permette la sopravvivenza), protegge dalle radiazioni dannose provenienti dal Sole (raggi UV in particolare); attraverso un moderato effetto serra rende la temperatura adatta allo sviluppo della vita e limita le escursioni termiche (sulla Luna, in assenza di atmosfera, la temperatura di giorno arriva a 100 °C e scende a -150 °C di notte).

Fermiamoci un attimo per riflettere su quanto detto.

Se nell'atmosfera terrestre non fossero stati presenti gas serra, che imprigionano in parte il calore riemesso dalla superficie a causa del riscaldamento solare, la temperatura media sarebbe stata di circa -18°C. L'acqua non sarebbe esistita allo stato liquido, se non per brevi periodi in prossimità dell'equatore, la vita non si sarebbe sviluppata e il nostro pianeta avrebbe somigliato molto all'aspetto attuale di Marte.

Grazie alla presenza di una modesta quantità di gas serra di origine naturale, tra cui vapore acqueo, anidride carbonica e metano, la temperatura media del nostro pianeta è di 14°C, sufficientemente alta per rendere possibile l'esistenza di acqua liquida sulla quasi totalità del globo.

L'effetto serra, quindi, è un fenomeno estremamente importante per l'intera storia evolutiva del nostro pianeta.

Il problema attuale ruota attorno al ruolo dell'uomo e delle sue attività nel modificare o meno l'equilibrio del pianeta.

La grande quantità di gas serra emessa dalle attività umane, a partire dalle rivoluzione industriale, potrebbe essere potenzialmente in grado di aumentare l'intensità dell'effetto serra e conseguentemente innalzare la temperatura media del pianeta nel corso degli anni.

Un aumento di temperatura, anche di qualche grado, è capace di modificare radicalmente il pianeta. È sufficiente lo scioglimento delle calotte polari per creare profondi cambiamenti sul clima terrestre. La fusione dei ghiacci presenti al polo nord potrebbe provocare modificazioni nelle correnti marine, tra cui la famosa e calda corrente del golfo. Questo grandissimo fiume caldo sottomarino parte dal golfo del Messico e giunge fin sulle coste atlantiche europee, riscaldando l'intero continente. Se questa corrente calda dovesse scomparire, il continente europeo somiglierebbe molto al Canada o alla steppa siberiana (tutti luoghi posti a latitudini simili), gelando quasi completamente durante i freddi inverni.

Lo scioglimento dello strato di ghiaccio spesso circa 3 chilometri che copre il continente Antartico farebbe innalzare il livello delle acque di tutti i mari di qualche metro, sommergendo le città costiere.

Sebbene nessuno metta in dubbio che l'intervento umano sicuramente arrechi danni all'intero ecosistema terrestre, ancora si discute su quanto pesante sia il suo contributo nel complicato puzzle del cambiamento climatico.

In gioco ci sono molte variabili: le grandi eruzioni vulcaniche, che periodicamente scuotono il pianeta, immettono quantità di anidride carbonica molto superiori a quelle prodotte dall'intero genere umano. L'attività solare sicuramente ha un ruolo importante, perché modifica anche gli ecosistemi degli altri pianeti che ancora non siamo riusciti fortunatamente a inquinare.

Come se non bastasse, il cambiamento climatico ha da sempre accompagnato la storia del nostro pianeta: basti pensare alle grandi glaciazioni o ai periodi ben più caldi di quello attuale, susseguitesi ciclicamente nel corso della lunga storia della Terra.

Conclusioni scientifiche a parte, che verranno solamente tra qualche anno, è indubbio che se riducessimo le emissioni di gas serra e agenti inquinanti, e cominciassimo a rispettare di più questo pianeta, faremmo un grande favore a tutte le generazioni future alle quali lo lasceremo in eredità.

La composizione precisa della nostra atmosfera varia con il tempo e da luogo a luogo, ma è formata dal 78% di azoto molecolare, 21% di ossigeno molecolare e il restante 1% da altri gas, tra i quali anidride carbonica, argon, vapore acqueo e metano.

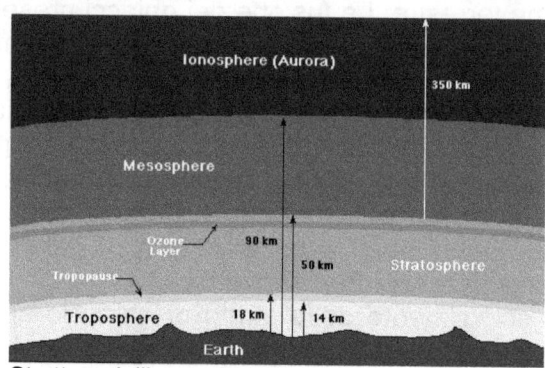

Il vapore acqueo, nonostante sia presente in minima parte dell'atmosfera, svolge un ruolo fondamentale per lo sviluppo della vita.

Struttura dell'atmosfera terrestre.

La struttura atmosferica è abbastanza complessa e viene classificata secondo le proprietà del gas presente e la temperatura.

1)   Troposfera: da 0 a 7(poli) -17(equatore) km.

È la parte più interna dell'atmosfera, a diretto contatto con la superficie e per questo notevolmente influenzata da essa. La troposfera è lo strato più dinamico, con moti convettivi costanti. Al suo interno avvengono tutti i fenomeni meteorologici: venti, precipitazioni e riscaldamento.

La troposfera contiene quasi l'80% della massa totale atmosferica ed è fondamentale per lo sviluppo della vita sulla Ter-

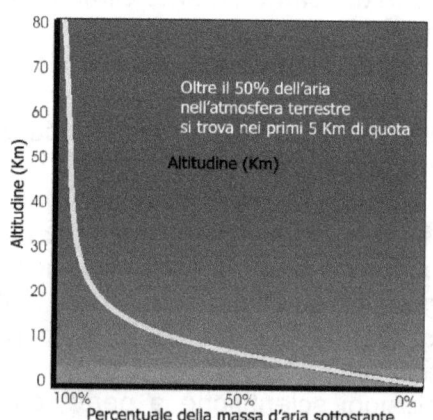

Distribuzione dell'aria in funzione dell'altezza. Gran parte dell'atmosfera terrestre si trova entro i primi 10 km di altezza.

ra.

La temperatura decresce fino a qualche decina di gradi sotto lo zero (circa -57°C) nella parte più alta.

Al confine superiore si incontra una sottile zona attraversata da veri e propri fiumi d'aria; queste correnti, dette *jet-stream* (correnti a getto), viaggiano ad alte velocità a causa della mancanza di attrito con la superficie e possono arrivare fino a 400 km/h. Sono queste correnti a essere in gran parte responsabili della turbolenza atmosferica, molto dannosa per le osservazioni astronomiche;

2)   Stratosfera: da 15-20 km a circa 50 km.

L'andamento della temperatura è abbastanza costante, almeno fino all'altezza di 30 km. La presenza dell'ozono è la principale caratteristica della stratosfera. A questa altezza le radiazioni UV provenienti dal Sole e ancora non filtrate dalle regioni a quota maggiore vengono assorbite dal gas, che quindi protegge la superficie da particelle potenzialmente letali per ogni essere vivente.

È curioso il fatto che l'ozono sia un gas estremamente tossico se respirato dagli esseri viventi, ma è indubbio che alle alte quote atmosferiche è lo scudo protettivo di ogni forma di vita.

Nella stratosfera l'aria comincia a diventare così rarefatta che è possibile osservare le stelle anche di giorno. Il cielo,

Nella stratosfera il cielo diventa quasi nero e si rendono visibili le stelle anche di giorno. La curvatura della terra comincia a notarsi e la visione è spettacolare.

infatti, appare di un blu cupo tendente al nero.

Questa quota è raggiunta solamente da palloni sonda automatici, le cui immagini mostrano la bellezza del nostro mondo quasi come si fosse nello spazio, con la curvatura planetaria evidente ed emozionante;

85

3)   Mesosfera: da 50 a 80-85 km.
La temperatura inizia a scendere di nuovo (dopo aver raggiunto gli 0° alla sommità della stratosfera) e raggiunge valori prossimi a -100°C. In questa parte di atmosfera bruciano la maggioranza di meteoriti e tutti i detriti cosmici (satelliti, stadi di razzi esauriti) che provengono dallo spazio; solamente i corpi più grandi riescono a superare indenni questa parte atmosferica e a raggiungere la stratosfera.

Le nubi nottilucenti si sviluppano nella mesosfera, a quote superiori ai 50 km.

Nonostante sia una zona particolarmente tranquilla, da qualche decennio a questa parte non è raro osservare delle sottili strutture nuvolose simili ai cirri, chiamate nubi nottilucenti, tenui sistemi nuvolosi a quote di circa 80-85 km, composti (probabilmente) da cristalli di ghiaccio d'acqua e polveri. Il loro nome è da imputare al periodo del giorno nel quale si rendono visibili, qualche decina di minuti dopo il tramonto, quando vengono illuminate direttamente dalla nostra stella e la loro luce viene riflessa a Terra.

Il fenomeno non è ancora ben capito, così come la precisa composizione chimica; alcune ipotesi avanzano la mano dell'uomo, responsabile del rapido mutamento climatico, ma non si sa in che modo possa aver influito su questo fenomeno, osservato per la prima volta nel 1885. Il periodo migliore di visibilità di queste strutture è l'estate; la posizione migliore si trova alle latitudini medio-alte, oltre i 50° .

Recentemente, strutture simili, ma composte da cristalli di anidride carbonica, sono state scoperte anche su Marte, a una quota di 100 km;

4)   Termosfera: ultimo livello atmosferico, si estende da 85 a 200-300 km, contiene gas molto rarefatto, estremamente secco e stratificato.

Con l'aumentare dell'altezza la temperatura sale a causa dell'assorbimento da parte di ossigeno e azoto di radiazione ultravioletta solare, passando dai circa -80°C della mesopausa ai 1.700°C della parte superiore.

L'assorbimento di radiazione molto energetica da parte delle molecole produce come risultato la rottura dei legami e la ionizzazione del gas monoatomico risultante.

La composizione atmosferica a queste quote è quindi abbastanza diversa e regolata proprio dalle radiazioni UV assorbite.

Nella termosfera, a partire da 100 km, l'aria è così rarefatta che diventa possibile effettuare voli orbitali abbastanza stabili senza troppo attrito. Questa quota è considerata in ambito astronautico il confine atmosferico e l'inizio dello spazio;

5)   Esosfera: è l'involucro più esterno e rarefatto. Si estende da 200-300 km fino al limite atmosferico che possiamo considerare attorno a 1000 km.

La temperatura sale ancora, fino ad arrivare a circa 2000°C; il gas presente è quasi totalmente ionizzato, cioè nello stato di plasma.

I costituenti principali sono l'idrogeno, l'elio e l'ossigeno ionizzati.

L'esosfera include anche le fasce di *Van Allen*, anelli toroidali che circondano il nostro pianeta contenenti plasma catturato dal campo magnetico terrestre e proveniente dal vento solare. La loro base si trova nell'esosfera (prima fascia di *Van Allen*), mentre la più esterna si estende molto oltre, a circa 65.000 km.

Le fasce di Van Allen, teorizzate poco prima dell'inizio dell'era spaziale ma scoperte solamente dopo l'invio nello spazio dei primi satelliti, sono serbatoi di radiazioni potenzialmente molto dannosi per le missioni spaziali con equipaggio che le attraversano. Per le missioni lunari, le uniche della storia che hanno attraversato questo anello con uomini a bordo, non si sono prese precauzioni. La grande velocità di attraversamento rendeva tollerabili i bassi livelli di radiazioni a cui venivano sottoposti gli astronauti.

Per future missioni umane continuative verso la Luna e di lunga durata, i tecnici dovranno prevedere uno schermo alla navetta che ospiterà gli astronauti durante le traversate.

Oltre ai diversi livelli atmosferici presentati in base all'andamento della temperatura, gli scienziati hanno effettuato un altro tipo di suddivisione, forse più interessante per i nostri scopi perché consente di iniziare a prendere confidenza con concetti delicati come il campo magnetico e il vento solare.
Se ad esempio consideriamo la dinamica e la composizione chimica, possiamo suddividere le porzioni più elevate dell'atmosfera in due grandi regioni:
-      **Ionosfera:**
Si estende dalla parte superiore della mesosfera in poi, a partire quindi da circa 85 km. Da queste altezze la luce UV del Sole è in grado di rompere i legami molecolari e ionizzare il gas monoatomico. Questo strato atmosferico è fondamentale ai fini della vita, tanto quanto l'ozono presente a livelli più bassi.
Se la radiazione UV, soprattutto quella più energetica, raggiungesse la superficie, lo sviluppo di qualunque forma di vita come noi la conosciamo sarebbe del tutto impossibile;
-      **Magnetosfera:**
Una regione che si estende all'interno dell'esosfera, dominata dal campo magnetico terrestre.
Il campo magnetico è in grado di bloccare tutte le particelle altamente energetiche provenienti dallo spazio, come le particelle alfa (nuclei di elio), beta (elettroni) e protoni (nuclei di idrogeno), completando la protezione che il gas e l'ozono offrono per la radiazione solare.
Queste particelle cariche ed estremamente pericolose per la vita vengono deviate dal campo magnetico e non possono raggiungere la superficie.
Alcune, a causa della forma particolare della magnetosfera terrestre, modellata dallo stesso vento solare, riescono a penetrare negli strati più alti dell'atmosfera attraverso le regioni polari.

La collisione con gli atomi di ossigeno provoca la ionizzazione e la successiva ricombinazione di quest'ultimi, dando vita alle spettacolari aurore polari visibili alle alte latitudini: uno degli spettacoli più intensi di questa magnifica Natura che i nostri sensi abbiano la possibilità di assaporare.
Come visto già nelle pagine precedenti, i campi

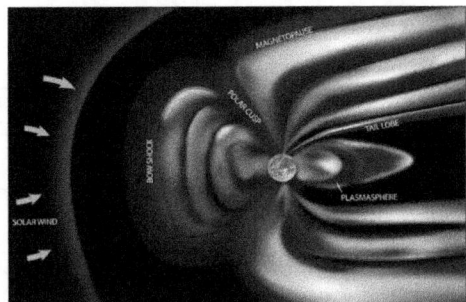

La magnetosfera è una regione dell'atmosfera terrestre nella quale si fanno sentire gli effetti del campo magnetico prodotto dal nostro pianeta, una protezione indispensabile dalle numerose particelle letali provenienti dal Sole.

magnetici sono molto comuni tra i corpi del Sistema Solare.
I meccanismi alla base della loro esistenza, però, non sono perfettamente conosciuti. Per quanto riguarda i pianeti, si ritiene che il campo venga generato nei pressi del nucleo, regione nella quale le elevate temperature mantengono liquidi gas e rocce. La veloce rotazione attorno all'asse incide poi sull'intensità.
Non è infatti un caso che i corpi celesti privi di campo magnetico siano quelli che non dovrebbero avere un nucleo liquido, o che come Venere ruotano troppo lentamente su loro stessi.
A prescindere dalle proprietà, tutti i corpi che possiedono un campo magnetico sono nella realtà delle gigantesche, seppur deboli, calamite, comportandosi quindi nel medesimo modo, ma naturalmente su scala cosmica.
Per provare l'esistenza del campo magnetico terrestre è sufficiente una bussola, il cui ago magnetico (una piccola calamita capace di muoversi liberamente) sentirà la debole attrazione del grande magnete terrestre.
Questo semplice oggetto, però, così importante per orientarsi sul nostro pianeta, si rivelerà del tutto inutile se portato su Marte o Venere, perché senza il campo magnetico planetario l'ago non verrà attratto in nessuna direzione specifica.

89

Perché siamo qui?

Prima di concludere questa lunga parte dedicata al nostro pianeta e passare all'esplorazione dello spazio circostante, poniamoci una domanda e cerchiamo di darci una risposta:
Perché la Terra? Perché questo pianeta è così adatto per la vita e ha caratteristiche che non si ritrovano in nessun'altro corpo del Sistema Solare?

Poco dopo la formazione del Sistema Solare, la Terra era molto diversa dall'ambiente che conosciamo attualmente.
L'atmosfera era simile a quella di Titano, con una consistente quantità di azoto e la quasi totale assenza di ossigeno, fuggito nello spazio o legatosi all'idrogeno per formare l'acqua.
Contrariamente a Venere e a Marte, che rappresentano gli antipodi dell'evoluzione planetaria, la fortuna iniziale della Terra è stata probabilmente quella di trovarsi alla giusta distanza dal Sole e di avere le dimensioni adatte.
La distanza dal Sole inferiore a quella di Venere, ha impedito lo sviluppo di un effetto serra così marcato e consentito alle rocce di catturare l'anidride carbonica presente in cospicue quantità nell'atmosfera primordiale. Le dimensioni maggiori di quelle di Marte, hanno permesso di trattenere l'atmosfera, anche grazie alla persistenza del campo magnetico, al contrario di quella del pianeta rosso che nel corso di un miliardo di anni si è persa per gran parte nello spazio, alterando profondamente un ecosistema probabilmente ricco di acqua liquida.
Le prime forme di vita sono presumibilmente nate nelle calde acque di quel grande e unico oceano che veniva chiamato brodo primordiale.
La diffusione della vita anaerobica e fotosintetica ha lentamente cambiato l'atmosfera del pianeta, trasformando l'anidride carbonica in prezioso ossigeno e moderando nella giusta quantità l'effetto serra.
Dopo miliardi di anni di evoluzione, l'atmosfera della Terra si è scoperta profondamente cambiata e pronta a ospitare le prime

forme di vita che utilizzano l'ossigeno per i loro processi metabolici.

L'equilibrio che si è andato a creare tra la produzione di anidride carbonica e di ossigeno ha permesso alle specie vegetali e animali di continuare a sopravvivere in armonia.

Senza il prezioso contributo di entrambi, l'atmosfera della Terra non avrebbe mai raggiunto un punto di equilibrio stabile.

Senza l'apporto della vita vegetale tutto l'ossigeno creatosi si sarebbe di nuovo trasformato in anidride carbonica, facendo estinguere le specie che lo utilizzano in favore di un nuovo sviluppo delle forme di vita anaerobiche. Probabilmente la vita non si sarebbe mai estinta, ma l'evoluzione delle specie non avrebbe potuto procedere.

Fortunatamente le cose non hanno seguito questo poco piacevole ciclo, ma si sono stabilizzate su un periodo di tempo sufficientemente lungo da consentire l'evoluzione di specie sempre più complesse e intelligenti.

Questa analisi non è naturalmente completa, né vuole esserlo, anche perché tutte le variabili in gioco non sono chiare neanche ad astronomi e biologi.

Quello che ci appare è un incastro così perfetto che alcuni potrebbero vederci una mano divina. Qualunque sia il vostro pensiero a riguardo, merita rispetto e proprio per questo non esprimerò la mia opinione personale.

Mi piace però fare un ragionamento logico molto semplice.

Solamente nella nostra Galassia gli astronomi hanno stimato almeno altri 100 miliardi di sistemi planetari, arrivando alla conclusione che il numero di pianeti potrebbe essere addirittura superiore alle stelle.

L'Universo a noi accessibile, detto Universo osservabile, contiene almeno 300 miliardi di galassie. Se ognuna ha circa 100 miliardi di sistemi planetari, il numero di pianeti esistenti in questa porzione di Universo è davvero inimmaginabile.

Se lo sviluppo della vita così come la conosciamo ha richiesto la perfetta combinazione di condizioni così particolari, nelle infinite possibilità che l'Universo si è creato con un numero di pianeti superiore alla nostra immaginazione, non appare affatto impossibile che una di queste combinazioni abbia portato alla nostra nascita, in qualche angolo dell'Universo.

Perché proprio la Terra allora? Perché siamo qui a discutere delle nostre origini e delle meraviglie del cosmo?

Noi siamo il risultato cosciente di una delle infinite combinazioni provate dall'Universo. Se ci sembra tutto così unico e straordinariamente perfetto è semplicemente perché non potrebbe essere altrimenti, poiché questa è l'unica combinazione che ci ha dato la possibilità di esistere per porci queste domande.

Mi spiego meglio aiutandomi con un esempio.

Vincere al superenalotto è un'impresa molto difficile.

Ci sono circa 622 milioni di combinazioni possibili e solamente una è quella esatta. Se giocassimo una schedina, la probabilità che i sei numeri estratti combacino con i nostri sarebbe quasi nulla, con il rischio molto alto di non vincere neanche tentando per 100 anni.

Se invece 622 milioni di persone si accordassero per giocare ognuno una combinazione differente, allora sicuramente una, in qualche parte del mondo, avrà indovinato la sestina vincente di quella specifica estrazione.

È certo che quel fortunato vincitore si chiederà perché proprio a lui è capitato un evento al limite dell'impossibile.

Il ragionamento razionale ci dice che doveva per forza verificarsi, perché tutte le combinazioni erano state tentate.

L'analisi logica suggerisce che qualsiasi vincitore si sarebbe posto esattamente le stesse domande.

Questa esperienza ci fa capire meglio quello che è stato detto poche righe sopra: per quanto improbabile, se un evento non è impossibile a priori prima o poi nella vastità dell'Universo si realizzerà.

È normale sentirsi fortunati a essere il risultato di questa combinazione vincente, proprio come il vincitore della lotteria. E proprio come in quel caso prima o poi a qualcuno doveva pur succedere!

Il problema è, piuttosto, un altro.

Nelle estrazioni del superenalotto siamo coscienti del fatto di non aver vinto e magari un po' delusi; nel caso della lotteria che crea la vita senziente, invece, solamente la combinazione vincente crea esseri in grado di porsi queste domande.

I "perdenti" non hanno la possibilità di rendersene conto, perché semplicemente non esistono.

Questo ragionamento ci porta anche a un'altra deduzione logica. Il fatto che almeno sulla Terra esista vita intelligente è di un'importanza fondamentale: significa che questo evento nell'Universo non è impossibile. Se si è verificato una volta, pur con tutte le numerose variabili richieste, potrebbe verificarsi benissimo altre volte.

L'Universo ha spazio e tempo in abbondanza per provare a indovinare la sestina vincente più di una volta; anzi, probabilmente il numero di combinazioni giocate è di gran lunga superiore a quelle possibili, cioè al numero totale di pianeti.

Non sappiamo quanto valga il rapporto tra il numero delle combinazioni giocate e quelle possibili, altrimenti avremmo un'idea abbastanza chiara del numero di pianeti abitati nell'Universo.

Sarebbe però presuntuoso considerarsi gli unici vincitori della lotteria che ci ha regalato la vita.

Tutto questo non si scontra affatto con il lato spirituale e religioso, perché scienza e logica non potranno mai rispondere in modo adeguato alle domande fondamentali, che in questi casi potrebbero essere: "Perché tra le innumerevoli combinazioni possibili c'è anche quella che genera vita senziente? Perché l'Universo esiste e funziona in questo modo? Chi o cosa ha deciso le combinazioni e fa le estrazioni?"

Per queste domande la logica rappresenta nient'altro che una delle infinite risposte, tutte ugualmente vere e allo stesso tempo false, che il nostro straordinario intelletto è in grado di regalarci.

L'esplorazione della Terra

Tutti prima o poi nella vita abbiamo almeno una volta alzato gli occhi al cielo e cercato di immaginare cosa ci sia lassù, oltre il sottile involucro che protegge le nostre fragili vite dall'inospitalità dello spazio.

Il sogno dell'uomo di alzarsi in volo sopra la Terra ha radici profondissime e forse risale addirittura alla famosa notte dei tempi. Uno sguardo veloce alla letteratura antica ci fa capire quanto questo desiderio sia stato presente nella storia umana, reso ancora più forte dall'impossibilità tecnologica di poterlo realizzare.

Lasciare la superficie terrestre è il primo passo verso lo spazio, ma è sicuramente anche il più difficile.

Le condizioni particolari che troviamo sul pianeta, fondamentali per la nostra esistenza, si scontrano frontalmente con il desiderio di spingersi lontano per iniziare a esplorare quell'ignoto tappeto di stelle che possiamo vedere ogni notte.

Eppure lo spazio è lì, a portata di mano.

L'atmosfera terrestre diventa eccezionalmente rarefatta ad appena 100 km di altezza, una distanza che sulla superficie possiamo percorrere con le nostre automobili in meno di un'ora e senza particolari sforzi.

La Luna dista 380.000 km; sembrano effettivamente tanti, ma quante automobili nel corso della loro esistenza percorrono una distanza totale ben superiore a questa?

Perché le distanze sulla superficie si percorrono senza problemi, ma alzarsi di appena 100 km è stato possibile solamente a partire dagli anni 50 del secolo scorso, a fronte di enormi costi e innumerevoli difficoltà?

Il problema principale è la forza di gravità della Terra.

Spostarsi sulla superficie è relativamente semplice, perché le ruote delle automobili devono vincere solamente la resistenza dell'asfalto e dell'aria nella quale ci muoviamo.

Quando però cerchiamo di andare verso l'alto le cose cambiano, perché è necessario vincere la ben più forte resistenza del campo gravitazionale della Terra, quella particolare proprietà che ci fa avere i piedi ben saldi al suolo.

La differenza di energie è semplice da notare.

Proviamo a percorrere 100 metri in pianura e altrettanta distanza in verticale, magari scalando la ripida parete di una montagna: lo sforzo necessario per compiere questo piccolo tragitto è incommensurabilmente maggiore.

Per sollevarsi dalla superficie terrestre sono richiesti quindi motori molto più potenti di quelli delle nostre comuni automobili, che abbiano sufficiente spinta per farci alzare in volo.

Aerei, elicotteri, mongolfiere riescono finalmente a sollevarsi dalla superficie senza troppi problemi, ma essi sfruttano semplicemente le proprietà dell'aria che respiriamo.

Sebbene rarefatta, l'aria si comporta alla stregua di ogni altro fluido, come l'acqua. Se costruiamo apparati più leggeri (mongolfiere e dirigibili) o con dei profili particolari (gli aerei), possiamo utilizzare i bassi strati dell'atmosfera per galleggiarci dentro, proprio come un sommergibile nell'oceano.

Purtroppo, però, questo "trucco" non ci permette di andare nello spazio, perché mano a mano che l'atmosfera si assottiglia con l'aumentare dell'altezza diventa sempre più difficile galleggiarci, fino al momento in cui non è più proprio possibile.

In effetti nessun pallone aerostatico riesce a raggiungere una quota maggiore di appena 50 km.

Va ancora peggio per gli aerei. Oltre al problema della rarefazione dell'aria che rende molto difficile galleggiarci per rimanere in volo, il funzionamento dei motori dipende dalla quantità di ossigeno presente in atmosfera. Ad altezze superiori ai 20 km le turbine smettono di funzionare perché non hanno abbastanza ossigeno per bruciare il carburante.

Se vogliamo raggiungere lo spazio, che per definizione è tutto quello che c'è oltre l'atmosfera terrestre, non possiamo pensare di sfruttare le proprietà dell'aria, perché altrimenti rimarremmo sempre imprigionati a pochi chilometri dal suolo.

I voli nello spazio hanno quindi richiesto la costruzione di apparati specifici in grado di fornire l'enorme spinta necessaria per vincere la forza di gravità, senza l'aiuto di nessun agente esterno e con un sistema in grado di funzionare anche in assenza di aria.

I motori a razzo sono gli unici che attualmente riescono a garantire una spinta sufficiente per raggiungere i nostri desiderati obiettivi, ma hanno richiesto diversi anni per essere sviluppati e adattati al volo, specialmente con equipaggio umano.
I primi razzi videro la luce in Germania durante la seconda guerra mondiale per scopi puramente bellici.
Lo sviluppo di questa nuova tecnologia derivava dalla mente geniale dello scienziato tedesco Wernher von Braun.
I temibili missili V-2 potevano percorrere diversi chilometri in aria per raggiungere il bersaglio e aiutarono non poco la Germania nazista nel conquistare buona parte dell'Europa durante le prime fasi della seconda guerra mondiale.
Nessun altro paese disponeva di una tecnologia così tragicamente efficiente.
Le potenti e distruttive bombe trasportare dagli aerei alleati venivano fatte precipitare sugli obiettivi e non potevano essere controllate in volo.
Con la fine della seconda guerra mondiale, Stati Uniti e Unione Sovietica si spartirono le avanzate conoscenze tecnico-scientifiche della sconfitta Germania.
Gli americani vennero in possesso dei potenti razzi V-2 tedeschi che furono studiati e adattati anche al volo nello spazio dallo stesso Von Braun, che dal suolo americano sarebbe ben presto entrato nella storia come la mente dietro al programma spaziale più grande della storia. Tutti i grandi razzi, tra cui il mastodontico Saturn V destinato allo sbarco lunare, furono creati e sviluppati dalla sua mente.
I primi lanci verso lo spazio vennero eseguiti già nell'immediato dopoguerra dal deserto del Nuovo Mexico, sotto lo stretto controllo militare.

Il 24 ottobre 1946 un razzo V-2 modificato, e con a bordo una macchina fotografica, raggiunse un'altezza di circa 150 km, entrando di fatto nello spazio, sebbene per pochi secondi.

Il razzo infatti era molto semplice e non prevedeva né un sistema di guida, né uno di rientro. Esso seguì una traiettoria rettilinea al massimo della sua potenza, fino all'esaurimento del carburante.

La prima immagine della Terra vista dallo spazio. 24 ottobre 1946.

La macchina fotografica inserita nella parte superiore riprese per la prima volta nella storia le immagini della Terra vista dallo spazio.

L'entusiasmo di questa impresa fu grande tra gli scienziati e gli ingessati militari, che vedendo queste immagini liberarono parte delle loro emozioni con sorrisi e applausi.

Nessun manufatto umano era arrivato così in alto fino a quel momento. La visione da questa particolare prospettiva era davvero unica. Poco importava che le immagini fossero sgranate e naturalmente in bianco e nero: per la prima volta nella sua storia, l'uomo stava ammirando il proprio pianeta, finalmente sferico, dallo spazio.

Dopo aver dimostrato che la tecnologia era in grado di garantire i viaggi nello spazio con il lancio di altri razzi V-2 modificati e più complessi (programma Bumper), la ricerca proseguì a ritmi serrati.

L'Unione Sovietica, l'altra superpotenza con abbastanza risorse per un programma spaziale, si sarebbe presto presa la sua rivincita.

Questa purtroppo sarebbe rimasta per diversi anni una gara a due: Europa e Giappone stavano ancora cercando di rimarginare le ferite della guerra più atroce e sanguinosa della storia.

Sebbene possa non risultare immediato, lo scopo dello sviluppo dei motori a razzo per raggiungere lo spazio aveva un fine politico-militare molto chiaro: chiunque dall'orbita terrestre disponesse di una flotta di satelliti aveva il controllo sul mondo intero.

Dallo spazio si potevano controllare tutte le mosse nemiche ed

Il razzo americano Bumper 8 fu il primo a essere lanciato dalla nuova base di Cape Canaveral, in Florida.

eventualmente lanciare attacchi missilistici verso ogni punto del globo, per non parlare del lato psicologico che poteva avere una flotta di satelliti su tutti i potenziali nemici, che non avrebbero potuto ribellarsi a una nazione che aveva il controllo dell'intero pianeta.

La seconda guerra mondiale era ufficialmente finita, ma si stava arrivando pericolosamente vicini a un nuovo e forse definitivo conflitto planetario.

Il resto è una storia già conosciuta, almeno in parte.

Parallelamente allo sviluppo di razzi sempre più sofisticati, in grado di compiere manovre delicate e raggiungere mag-

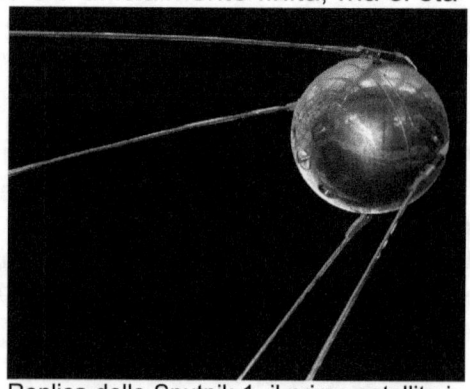

Replica dello Sputnik 1, il primo satellite in orbita della storia.

giori quote, furono studiati i satelliti che sarebbero stati lanciati a bordo dei vettori.

Il programma spaziale americano però non era ben organizzato, né finanziato, così il regime sovietico ebbe vita facile nel mettere in orbita il 4 ottobre 1957 il primo satellite, il celeberrimo Sputnik 1.

Un mese più tardi, all'interno della piccola capsula Sputnik 2, venne inviato nello spazio il primo essere vivente: la famosa cagnolina Laika.

La storia di questo tenero animale non è però a lieto fine, sacrificata per testare l'effetto dell'assenza di gravità sugli organismi viventi.

Lo Sputnik 2 infatti era una missione di sola andata e la povera Laika morì presumibilmente già poche ore dopo l'immissione in orbita, a causa di un guasto nell'impianto di climatizzazione della capsula.

La risposa americana non si fece attendere, tanto che in pochi anni il programma Apollo avrebbe addirittura portato i primi uomini a passeggiare sulla Luna.

Quello che non si conosceva del programma spaziale faceva però più paura di quello che, invece, veniva sbandierato nell'ambito di una campagna spesso utilizzata come propaganda durante i logoranti anni di guerra fredda.

Al di là delle missioni civili, come lo sbarco sulla Luna o l'invio di sonde automatiche verso altri pianeti, gran parte dei voli spaziali erano inizialmente riservati a tecnologie militari.

Flotte di satelliti spia, sia da parte dei russi che degli americani, cominciarono a popolare soprattutto le basse orbite.

Fortunatamente nessuno trasportava armi (almeno per quanto ne sappiamo). Gli sforzi erano concentrati su satelliti muniti di potenti teleobiettivi e strumenti che permettevano di monitorare le attività nemiche.

Famoso è diventato il caso dei satelliti spia americani Vela, perché ha avuto dei risvolti scientifici davvero importanti.

La flotta dei satelliti Vela era composta da 12 sonde lanciate a partire dal 1963 in un'orbita molto alta, a circa 100.000 km dalla Terra. Queste avevano il compito di monitorare gli esperimenti nucleari russi e di rilevare se qualche altra potenza mondiale avesse sviluppato un arsenale nucleare.

Per raggiungere questo obiettivo i satelliti disponevano di un rivelatore di raggi gamma, radiazioni emesse in grande quantità nell'esplosione di un ordigno nucleare.

Il 2 luglio 1967 i sensibili strumenti di Vela 3 e Vela 4 rilevarono un flash gamma molto diverso rispetto a quelli emessi dagli ordigni nucleari a quel tempo conosciuti.

Gli avvistamenti di questi strani flash continuarono anche negli anni seguenti, alimentando il mistero su chi o cosa fosse in grado di produrre un'emissione con quelle proprietà.

I militari pensarono al risultato di qualche esperimento segreto condotto dai sovietici, ma l'incertezza, fortunatamente, durò poco.

Nei primi anni 70 la determinazione della posizione di alcune sorgenti escluse l'origine terrestre.

I satelliti militari Vela avevano scoperto i feno-

I satelliti Vela 5A e 5B lanciati in orbita terrestre dagli Stati Uniti per il monitoraggio dei test nucleari scoprirono fortuitamente i Gamma Ray Bursts (GRB)

meni più violenti dell'Universo, i cosiddetti gamma ray burst (GRB), uno dei misteri più intriganti dell'astrofisica moderna.

Solamente da pochi anni gli scienziati hanno capito che questi lampi si verificano in lontane galassie e sono associati sia all'esplosione di stelle molto massicce (supernove), che allo scontro e fusione di due oggetti ancora più particolari: le stelle di neutroni.

Parallelamente alle missioni militari, delle quali si conosce ancora ben poco, anche il programma civile andò avanti a ritmi serrati. Negli anni settanta, terminata l'epopea lunare, gli obiettivi da raggiungere nello spazio attorno alla Terra erano molteplici.

Le grandi compagnie televisive e telefoniche svilupparono armate di satelliti, disseminati principalmente nella preziosa orbita a circa 36.000 km di altezza.

I satelliti che orbitano a questa altezza sono detti geostazionari in quanto il loro periodo orbitale è esattamente uguale al periodo di rotazione della Terra.

Ogni satellite in questa zona rimane quindi sempre fisso nel cielo se osservato dalla superficie, un vantaggio enorme per tutte le telecomunicazioni.

Ancora oggi la TV satellitare si riceve con una parabola puntata in direzione sud, a circa 45° di altezza, laddove per le nostre latitudini si trovano i satelliti televisivi.

Fino a 50 anni fa tutto questo sembrava fantascienza, ma ora è realtà, così comune ai nostri occhi che difficilmente pensiamo di stare ricevendo le trasmissioni di un manufatto distante oltre 36.000 km nello spazio. Ogni volta che si guarda la TV satellitare è affascinante pensarci; è un giusto tributo alle generazioni di scienziati che negli anni passati hanno lavorato duramente anche per migliorare le nostre vite.

Sebbene i satelliti commerciali sono sviluppati da compagnie private, i lanciatori, ovvero i razzi, vengono messi a disposizione dalle agenzie spaziali governative. La situazione, però, è probabilmente destinata a cambiare velocemente. Nel maggio 2012 è partita la prima capsula privata a bordo di un vettore anch'esso privato. La compagnia SpaceX ha realizzato la navicella Dragon, che spinta da un razzo Falcon ha volato con successo e raggiunto la stazione spaziale internazionale, inaugurando finalmente l'era dei viaggi spaziali commerciali.

Benché la strada sia ancora lunga, SpaceX, con un programma di ricerca serio ed efficiente, ha dimostrato la fattibilità dell'esplorazione dello spazio anche da parte di agenzie non governative, addirittura riducendo a 1/3 i costi rispetto alla fortemente burocratizzata NASA.

Prima di questo storico evento, tuttavia, per andare incontro alla domanda di lanci da parte di agenzie civili e private la NASA sviluppò negli anni 70 il più grande e lungo programma di volo umano della storia.

Lo Space Shuttle era la prima navicella riutilizzabile, con il preciso compito di fare da traghettatrice tra la superficie terrestre e le basse orbite fino a circa 1000 km di altezza, con lanci periodici a intervalli di 10-15 giorni.

La flotta degli Space Shuttle americani ha scritto la storia del volo spaziale umano degli ultimi 30 anni.

Per raggiungere questo scopo fu creata una flotta iniziale di 5 navette, tutte identiche: Enterprise, utilizzata solo in voli di test, Challenger, Columbia, Discovery e Atlantis.

Nel 1992 venne inaugurata una nuova navetta chiamata Endevour costruita dai pezzi riciclati dalle navicelle dei test.

Può sembrare strano, ma tutti gli altri mezzi per mandare nello spazio astronauti potevano (e tuttora possono) volare solo una volta e dovevano essere ricostruiti a ogni nuovo volo.

In apparenza questo può sembrare un incredibile spreco di risorse: sarebbe come costruire un nuovo aereo dopo ogni volo
intercontinentale, invece di trovare una soluzione per riutilizza-
re il precedente. Teoricamente quindi è molto meglio costruire
una navicella in grado di fare molte missioni, magari in rapida
successione, per contenere al massimo i costi. Questo fu il
pensiero, condivisibile, della NASA.
Purtroppo però, quando si progetta qualcosa di unico, in un
ambito ancora non esplorato, le sorprese sono sempre dietro
l'angolo e molto raramente i piani vengono rispettati.
La NASA ben presto si accorse che le attenzioni e i controlli di
sicurezza che richiedevano le navette per essere pronte al volo successivo facevano lievitare i costi più della costruzione di
una capsula "usa e getta" ex-novo.
Non dobbiamo poi dimenticare che la navicella Shuttle rappresenta solamente un pezzo della complessa configurazione di
lancio, formata da due grandi razzi laterali (booster) e da un
enorme serbatoio pieno di carburante. Quest'ultimo non poteva essere riutilizzato e doveva venir costruito ogni volta.
Queste complicazioni ritardarono di molto anche la frequenza
dei voli. Pur con tutta la buona volontà, una navetta doveva
aspettare almeno un mese per essere pronta per il volo successivo.
In effetti l'abbandono del programma Space Shuttle è derivato
in gran parte dal costo elevatissimo di ogni missione.
Il programma è iniziato ufficialmente il 12 aprile 1981 con il
primo volo della navicella Columbia, ed è terminato il 21 luglio
2011 con l'atterraggio della navicella Atlantis.
Sono ben 135 le missioni con equipaggio umano all'attivo della flotta, anche se non sono mancati momenti molto difficili.
Nel 1986 la navicella Challenger esplose appena 72 secondi
dopo il decollo, distruggendo le vite dei sette astronauti a bordo. Per la prima volta gli Stati Uniti avevano perso degli uomini
nello spazio.

Nel 2003 Columbia si disintegrò al rientro in atmosfera, a causa di un danneggiamento nello scudo termico subito nelle violente fasi della partenza.

Se la tragedia del Challenger era stata prodotta da un circuito difettoso, quindi evitabile in futuro, quella del Columbia rivelò una sorprendente fragilità strutturale e progettuale che costrinse la NASA ad anticipare la fine di un programma già duramente provato dai tagli al budget e dalla crescente pressione dell'opinione pubblica dopo l'inaspettata fine del Columbia.

Nonostante due incidenti e costi molto superiori alle aspettative, il programma Shuttle ha lasciato segni molto positivi nell'esplorazione spaziale umana, sia dal punto di vista dei risultati che delle innovazioni.

Nella capiente stiva delle navette trovarono posto sonde interplanetarie, satelliti per telecomunicazioni, il telescopio spaziale Hubble e molti moduli della stazione spaziale internazionale.

Le navette potevano accogliere fino a 7 astronauti, contro i tre delle missioni lunari e delle capsule monouso russe; potevano portare in orbita satelliti fino a 3,5 tonnellate nella stiva e avevano un sistema di volo unico nella storia.

Il decollo avveniva in verticale sulla rampa di lancio, come tutti gli altri vettori.

I razzi laterali e il grande serbatoio rosso servivano per l'ascesa e venivano espulsi pochi minuti dopo la partenza, ormai privi di carburante.

La navicella raggiungeva l'orbita terrestre con i propri motori e completava la sua missione di 10-15 giorni.

Il momento più delicato era rappresentato dal successivo rientro in at-

L'emozionante partenza di uno Shuttle. Tutto quel fumo visibile non è altri che vapore acqueo prodotto dai razzi e dall'impianto di raffreddamento della piattaforma di lancio.

mosfera.

Senza più carburante per effettuare una discesa controllata e lenta lo Shuttle, come tutte le altre capsule, precipitava letteralmente. Per perdere quota dall'orbita azionava per pochi minuti i razzi di manovra che ne rallentavano la velocità orbitale. A questo punto il campo gravitazionale terrestre faceva perdere rapidamente elevazione all'astronave. L'impatto con gli strati superiori dell'atmosfera, a una quota di 120 km, avveniva a circa 8 km/s.

A una velocità così sostenuta l'aria diventa un ostacolo davvero pericoloso da attraversare.

Proprio come un sasso che viene lanciato velocemente al pelo dell'acqua rimbalza invece di affondare, anche lo Shuttle e tutte le capsule che rientrano in atmosfera devono avere la giusta angolazione, altrimenti potrebbero rimbalzare sullo strato d'aria come una grande pietra e perdersi nello spazio. D'altra parte, un ingresso troppo diretto nel mare d'aria vorrebbe dire la distruzione dell'astronave a causa dell'eccessivo calore generato dall'attrito. Per questo motivo la discesa in atmosfera doveva avvenire secondo una particolare angolazione e orientazione, rigidamente controllata dai computer di bordo.

Si potrebbe immaginare che il computer dedicato ai controlli in tempo reale dell'assetto dell'astronave e dei suoi movimenti dovesse avere una potenza di calcolo inimmaginabile, ma non è così. I computer delle navette Shuttle fino al 1991 disponevano solamente di 500 KB di memoria, ampliata successivamente ad 1 MB. Di fatto, il sistema informatico nato con il progetto Shuttle, sul finire degli anni 70, non si è più evoluto, nonostante la rivoluzione informatica, ma è stato sempre all'altezza della situazione.

Il computer di un'astronave non necessita di una pesante interfaccia grafica che richiede grandi quantità di memoria, limitandosi solamente a fare un gran numero di calcoli su un sistema operativo il più semplice e affidabile possibile. Di conseguenza, non sono necessari processori super veloci, né, soprattutto, grandi quantità di memoria.

Ci sono un paio di massime che sembrano adattarsi perfettamente a questi casi: ciò che non c'è non si può rompere; finché qualcosa funziona, meglio non sostituirla.

I vecchi sistemi informatici degli Shuttle si sono dimostrati sempre affidabili e capaci di portare a termine, senza ritardi o problemi, tutti i compiti dedicati, quindi perché i tecnici della NASA avrebbero dovuto sostituire tutto il sistema informatico, spendendo decine di milioni di dollari e diverso tempo per fare tutti i test necessari a evitare pericolosi crash di sistema?

Questa filosofia è stata seguita anche dalle capsule russe Soyuz, che fino al 2003 utilizzavano un computer con una memoria di appena 6 KB! Proprio la sostituzione del computer di bordo con uno più performante ha fatto schiantare la prima capsula che lo utilizzava, a testimonianza di quanto sia importante un sistema informatico semplice e affidabile, e non un computer super potente in grado di mostrare contemporaneamente filmati di diversi milioni di pixel!

Il rientro violento in atmosfera dello Shuttle aveva la funzione fondamentale di rallentare l'astronave e prepararla per l'atterraggio, che sarebbe avvenuto a oltre 8000 km di distanza dal punto di rientro in atmosfera.

Con una velocità sufficientemente bassa, l'assetto della navetta a poche decine di chilometri dalla superficie cambiava, trasformandosi in un gigantesco aliante che planava nell'aria e rallentava ulteriormente la sua corsa, senza mai utilizzare i razzi, totalmente inadatti all'assetto da aereo di queste fasi.

L'atterraggio avveniva a una velocità di circa 350 km/h, sensibilmente maggiore di quella dei grandi aerei di linea (circa 260 km/h), tanto da richiedere una pista più lunga e un paracadute per frenarne la corsa.

Certo, le possibilità di manovra non erano simili a quelle di un normale aereo, tanto che dai tecnici fu definito un mattone con le ali, ma osservando gli atterraggi così naturali delle navicelle su una pista di asfalto, invece di un tuffo incontrollato in mezzo all'oceano di una piccola capsula alta neanche tre metri, per la prima volta nella storia si è avuta la sensazione che la conquista dello spazio non fosse più al limite delle nostre capacità tecnologiche.

Forse il problema dello Shuttle fu quello di aver anticipato troppo i tempi, con un concetto di volo spaziale potenzialmente vincente, ma che non è riuscito a sfruttare risposte tecnologiche sostenibili dal punto di vista economico e della sicurezza dei voli (2 fallimenti su 135 missioni, davvero troppi!).

Proprio per questi motivi i russi non hanno mai portato a termine la loro navicella riutilizzabile.

Il progetto Buran era una copia quasi identica dello Shuttle, ma dopo il primo volo di prova nel 1988 venne abbandonato.

Benché l'era degli Shuttle sia irreversibilmente terminata, queste restano le navicelle simbolo dell'esplorazione spaziale, sebbene nello

Fase di atterraggio dello Shuttle Endevour, con il paracadute dispiegato per frenarne la corsa.

spazio profondo non ci siano mai arrivate.

La bassa orbita terrestre, costi a parte, è un luogo relativamente semplice da raggiungere con missioni umane. Non richiede razzi potenti come quelli che servono per andare sulla Luna (lo Space Shuttle era molto più piccolo del Saturn V), può essere raggiunta in pochi minuti ed è abbastanza vicina per programmare eventuali missioni di soccorso.

A parte la breve parentesi delle missioni lunari, tutto il programma spaziale con equipaggio umano si è svolto e continua a svolgersi a non più di 500 km dalla superficie terrestre. Può sembrare riduttivo, e in parte lo è, ma questa è la zona di spazio più vicina e sicura che possiamo sfruttare per numerosi esperimenti scientifici, ricerche, osservatori astronomici, comunicazioni, studio della superficie terrestre. Se non si ha l'obiettivo di visitare altri corpi celesti, mandare astronauti in zone di spazio molto più lontane rispetto alla bassa orbita terrestre non porta alcun vantaggio, ma solamente una lunga serie di difficoltà.

Le stazioni spaziali

Con il programma Apollo che aveva prosciugato le casse della NASA e la mancanza di volontà politica nel continuare a immettere grandi quantità di denaro pubblico nel volo spaziale (dopo lo sbarco lunare era già pronto il piano per Marte, ma non ricevette mai alcun finanziamento), i sovietici si tolsero una bella soddisfazione assemblando negli anni 80 la prima stazione spaziale permanente della storia, chiamata MIR.

Le prove generali di un ambiente nello spazio per condurre studi ed esperimenti su un periodo di tempo maggiore dei 12 giorni delle missioni Apollo (le più lunghe fino a quel momento) c'erano in realtà già state, sia con il progetto Salyut che con la

risposta americana Skylab.

Le Salyut erano delle astronavi concepite per una lunga permanenza degli astronauti, da pochi mesi fino a qualche anno. La struttura rigida limitava però il carico che poteva essere lanciato con una sola missione.

Anche lo Skylab americano era un modulo

Lo Skylab era il prototipo delle moderne stazioni spaziali. Un'astronave decisamente più spaziosa delle precedenti, destinata alle lunghe permanenze.

unico trasportato in orbita terrestre dall'ultimo volo del razzo Saturn V utilizzato per le missioni lunari. Uno degli stadi del razzo venne modificato e trasformato nella prima e unica stazione spaziale americana, attiva tra il maggio 1973 e il febbraio 1974 ma afflitta da numerosi problemi strutturali.

Con la progettazione della stazione MIR i sovietici dettarono la filosofia alla base della seconda era dell'esplorazione spaziale umana: non più lunghi e pericolosi viaggi di breve durata, piuttosto un avamposto nello spazio vicino costituito da diversi moduli, permanentemente abitato da alcuni astronauti e funzionante per molti anni.

La sfida era davvero impegnativa: bisognava costruire una struttura molto più grande di tutte le precedenti per ospitare in modo più confortevole gli astronauti e i numerosi esperimenti scientifici. Di conseguenza era necessario pensare allo sviluppo e gestione di tutti i sistemi vitali: energia elettrica, sistema idrico, pressurizzazione, controllo della temperatura, della ventilazione, ma anche a come lanciare nello spazio l'intera struttura.

Non esistevano razzi in grado di portare una stazione spaziale in orbita con un solo lancio, così i russi scelsero di lanciare i diversi moduli e assemblarli direttamente in orbita.

Le difficoltà, però, non erano certamente finite qui.

La bassa orbita terrestre richiedeva un rigido controllo dell'assetto e correzioni periodiche. Fino a circa 500 km di altezza, infatti, vi sono ancora quantità apprezzabili di atmosfera che lentamente frenano per attrito le astronavi in orbita, fino a farle precipitare nell'arco di poche settimane.

La MIR, quindi, doveva disporre di un sistema di propulsione e controllo dell'assetto in grado di correggere il decadimento orbitale da parte dell'atmosfera terrestre e capace di trainare l'intera massa della stazione. La struttura, inoltre, doveva prevedere vari punti di attracco per le navicelle con gli equipaggi e le provviste (principalmente acqua e cibo).

Con la caduta del regime sovietico e il disgelo dei rapporti con l'occidente, le porte della stazione MIR si aprirono anche a europei e americani.

Storico fu l'attracco dello Space Shuttle Atlantis il 29 giugno 1995: per la prima volta russi e americani si ritrovarono nello spazio sancendo una tregua che di colpo sembrò spazzare via le tensioni accumulatesi durante la guerra fredda.

Progettata per restare nello spazio solamente 5 anni, la MIR restò abitata per ben 15 anni, ospitando un totale di 104 astronauti in gran parte russi, ma provenienti anche da altri paesi.

Dalle dimensioni pari a 19X31X27,5 metri, era formata da diversi moduli tubolari che convergevano verso la zona centrale. Lo spazio all'interno era descritto dagli stessi astronauti simile a un labirinto, con stretti tunnel che collegavano i diversi moduli, per un volume totale di 350 metri cubi, non molti per la vita dei tre astronauti a bordo.

Per avere un termine di paragone, lo spazio nella MIR era equivalente a quello di un appartamento di 120 metri quadrati, occupato però da cavi, strumenti e oggetti per la vita di bordo, distribuito in ambienti tubolari larghi al più un paio di metri.

Fortunatamente la posizione in orbita terrestre, quindi in assenza di gravità, rende sfruttabile anche il soffitto: un vantaggio non da poco!

La stazione aveva un'orbita leggermente ellittica il cui punto più distante si trovava a 374 km dalla superficie e il più vicino a 354 km. Alla velocità orbitale di 27.700 km/h (7,7 km/s) impiegava appena 91 minuti a compiere un giro completo intorno alla Terra. Gli astronauti potevano vedere il Sole sorgere e tramontare ben 16 volte al giorno.

Dopo aver compiuto 86.331 orbite ed essere scampata a diversi incidenti, tra cui un incendio a bordo e una collisione con una navetta di rifornimento Progress, la MIR, ormai priva di equipaggio, fu fatta rientrare in atmosfera e precipitare nell'oceano Pacifico il 21 marzo 2001.

La fine della MIR era stata preceduta già da tre anni dal lancio dei primi moduli per la costruzione della nuova stazione spaziale, nata per la prima volta dalla collaborazione di tutte le principali agenzie spaziali del mondo e per questo ribattezzata stazione spaziale internazionale (ISS).

Lo storico incontro tra lo Shuttle Atlantis e la stazione spaziale MIR nel 1995.

Grazie alle navette russe e americane, la stazione spaziale internazionale è diventata l'emblema della collaborazione tra stati e l'oggetto più grande mai collocato nello spazio.
Alla costruzione dei numerosi moduli hanno partecipato molte agenzie, tra cui l'Agenzia Spaziale Italiana (ASI) sotto l'egida dell'agenzia spaziale europea.
I moduli Cupola, Leonardo e Raffaello portano orgogliosamente nei loro nomi traccia del nostro contributo all'esplorazione dello spazio.

Le dimensioni della ISS, ormai quasi completata dopo diversi anni di lavori, sono davvero impressionanti: 72,8X108,5X20 metri, per un volume pressurizzato (abitabile) di ben 837 metri cubi.

A bordo possono vivere al massimo 6 astronauti contemporaneamente, sempre impegnati in numerosi progetti di ricerca, da quella spaziale al campo medico e biologico.

I cambi di equipaggio sono attualmente garantiti solamente dalle navicelle russe denominate Soyuz, una classe di astronavi il cui progetto iniziale risale ai primi anni 60, ma che si è dimostrata la più affidabile, sicura ed economica della storia dell'astronautica, a riprova che le astronavi monouso sono attualmente più vantaggiose di quelle riutilizzabili.

L'astronave russa Soyuz è l'unica attualmente in grado di trasportare astronauti sulla ISS dopo la fine del programma Shuttle americano.

Con gli Space Shuttle che hanno terminato la loro missione il programma spaziale umano americano non dispone più di mezzi propri. Per raggiungere quindi la stazione spaziale tutti gli astronauti americani sono costretti a "chiedere un passaggio" ai russi.

Sembra incredibile ma vero: la grande superpotenza spaziale che in pochi anni ha portato gli uomini sulla Luna ora è completamente dipendente dagli (ex) nemici russi. Un decadimento che a quanto pare non sembra vedere un rallentamento e che nessuno si sarebbe mai immaginato.

Il programma spaziale americano non possiede neanche navicelle automatiche per portare sulla ISS strumenti e rifornimenti. Attualmente questo compito è svolto dalle astronavi russe Progress, da quelle europee denominate Automated Transfer Vehicle e dalle navette giapponesi H-II Transfer Vehicle.

La stazione spaziale internazionale, nonostante il (forse) momentaneo disinteresse degli Stati Uniti, continuerà ad ampliarsi grazie al contributo europeo e il forte impegno russo, e resterà in orbita almeno fino al 2020, forse anche di più.

Arrivati a questo punto, però, forse è meglio lasciar perdere queste questioni tecnico/politiche sul futuro dell'esplorazione spaziale di cui abbiamo parlato già abbastanza.

Piuttosto rilassiamoci un attimo, prendiamo un bel respiro e voliamo con la fantasia immaginando quale panorama fantastico possono osservare gli astronauti a bordo della stazione spaziale internazionale.

Il nostro pianeta che si mostra sferico e dal colore azzurro sembra correre via regalandoci tutta la sua bellezza in appena 90 minuti.

Il Sole sorge e tramonta nell'arco di una giornata per 16 volte e le stelle si possono osservare anche in pieno giorno, da un cielo nero come la pece.

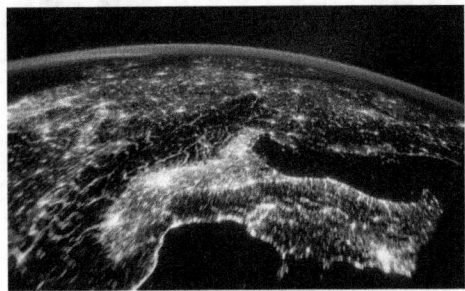

L'Italia settentrionale di notte ripresa dalla stazione spaziale internazionale. Da notare l'enorme quantità di luci artificiali.

Di notte, poi, la visione della Terra diventa ancora più magica: le migliaia di luci artificiali delle nostre città si rendono perfettamente visibili. Noi astronomi, o semplici appassionati di astronomia, non possiamo non provare un profondo senso di tristezza per coloro che dagli illuminati cieli cittadini si perdono lo spettacolo delle stelle, che qui sembrano davvero più vicine.

Come se non bastasse, quando ci avviciniamo alle regioni polari possiamo osservare le aurore da una posizione unica: invece di guardare quei lunghi fiumi di luci alti nel cielo, come i nostri fortunati amici delle alte latitudini terrestri, li vediamo scorrere poco sotto di noi riuscendo quasi a toccarli.

Non è un sogno; è la meravigliosa avventura dell'esplorazione spaziale. Nessun problema economico o politico potrà fermare del tutto l'istinto dell'uomo di voler conoscere l'infinita bellezza dell'Universo e superare se stesso.

Se un giorno dovessimo smettere di sognare, la nostra stessa esistenza sarebbe messa in pericolo.

Il telescopio spaziale Hubble rappresenta al meglio le grandi potenzialità dello spazio attorno all'orbita terrestre. Senza il disturbo dell'atmosfera riesce a condurre osservazioni uniche e importantissime per tutta l'astronomia.

L'astronauta italiano Paolo Nespoli nel giugno 2011 ha scattato a bordo della navicella Soyuz questa incredibile ripresa della stazione spaziale internazionale alla quale era attraccato lo Shuttle Endevour.

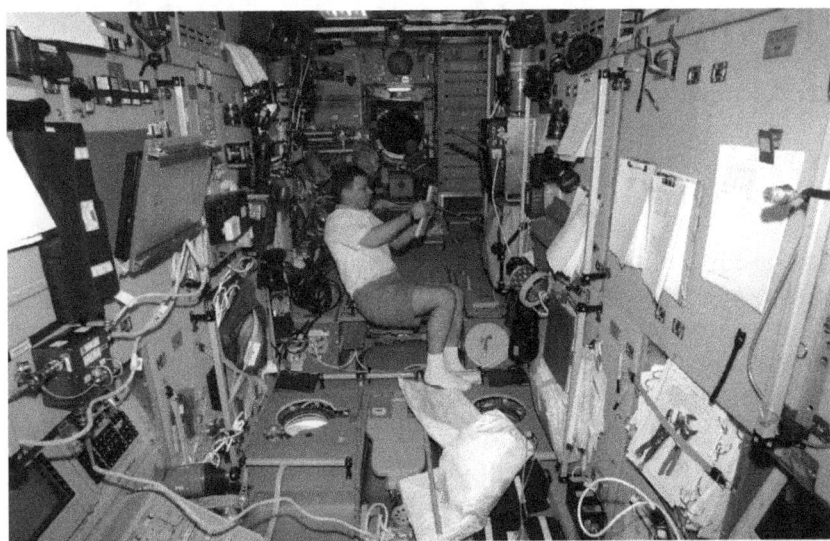

Il cosmonauta russo (così vengono chiamati gli astronauti russi) Yuri Gi-
dzenko al lavoro nel modulo di servizio Zvezda della stazione spaziale internazionale.

Sono migliaia i satelliti attualmente in orbita. Sebbene non in scala, ogni
punto ne identifica uno. L'anello che circonda il nostro pianeta è formato dalle centinaia di satelliti geostazionari, molti dei quali per usi commerciali.

115

Come sopravvivere nello spazio

Lo spazio è un ambiente estremamente inospitale per l'uomo, il cui fisico si è sviluppato e adattato alle particolari condizioni presenti sulla superficie della Terra.

Fuori dall'atmosfera nessun essere umano può resistere alle condizioni estreme che ci sono.

Prima di tutto nello spazio non c'è aria respirabile. La quantità di gas presente è davvero infinitesima, pari a poche particelle ogni centimetro cubo, contro le miliardi di miliardi dell'atmosfera terrestre.

Di conseguenza, nello spazio non c'è pressione.

La mancanza di un involucro gassoso, come quello terrestre, fa venir meno la fondamentale azione di regolazione della temperatura tra giorno e notte. Nello spazio, in prossimità della Terra, si passa dai circa 150°C delle zone illuminate dal Sole agli oltre -100°C delle parti in ombra.

Tuttavia, contrariamente a quanto si possa credere e a quello che ci hanno trasmesso i film di fantascienza, un astronauta esposto allo spazio aperto morirebbe semplicemente soffocato per mancanza di ossigeno.

Il nostro corpo, in effetti, si dimostra essere estremamente (e sorprendentemente) resistente a queste condizioni.

La mancanza di pressione non fa andare in ebollizione il sangue o esplodere il corpo, come si può credere. Fluidi e organi interni sono tenuti in pressione dalla nostra pelle, che è particolarmente efficiente nell'isolarli dall'esterno.

Quando il corpo viene esposto a pressioni estremamente basse o nulle, la pelle si espande facendoci sembrare dei body builder ma non si lacera, garantendo quindi il perfetto funzionamento degli organi interni e dell'apparato circolatorio.

Per quanto riguarda le temperature estreme non bisogna farci spaventare, perché quello che conta è la trasmissione e dispersione del calore. Nello spazio, il calore viene trasferito solamente per contatto e irraggiamento, non per convezione.

In effetti il vuoto è l'isolante termico migliore che esista.

La nostra pelle, quindi, cambia temperatura molto lentamente, non bruciandosi al Sole e non congelando all'ombra. Al massimo si prende una scottatura a causa dei raggi ultravioletti non schermati, ma ci vuole probabilmente qualche minuto.

Un problema potrebbe invece riguardare l'apparato respiratorio. Se prima di uscire per una passeggiata nello spazio non protetta, provassimo a prendere aria per poter trattenere il respiro più a lungo, faremmo un grande errore.

I polmoni sono gli unici organi interni a diretto contatto con l'ambiente esterno. Nel momento in cui usciamo fuori, la pressione dell'aria accumulata al loro interno potrebbe danneggiarli o farli letteralmente a pezzi.

Evitando questa pericolosa manovra, un corpo umano potrebbe restare nello spazio senza protezione per oltre 30 secondi prima di riportare danni irreversibili.

A causa della mancanza di ossigeno, dopo 15-20 secondi si perderebbe però conoscenza, perché il cervello non avrebbe più rifornimenti energetici. Entro due-tre minuti giungerebbe la morte; lo stesso tempo richiesto per un più classico soffocamento.

Come si può ben immaginare, nessuno si è avventurato nello spazio o in una camera a vuoto per sperimentare cosa succederebbe al proprio fisico non protetto, quindi le informazioni di cui disponiamo non possono essere precise al 100%.

Nel corso della storia, tuttavia, un paio di incidenti hanno aiutato a comprendere gli effetti del vuoto sul fisico umano.

Il primo si è verificato in una camera pressurizzata della NASA durante i test di una tuta spaziale.

A causa di una perdita di pressione della tuta il malcapitato che la indossava è rimasto cosciente per 14 secondi prima di svenire per la mancanza di ossigeno al cervello.

Quando i tecnici hanno ripristinato la pressurizzazione della camera, il soggetto ha ripreso coscienza autonomamente e ha affermato che l'ultima cosa che ricordava era la sua saliva in ebollizione sulla sua lingua.

Questo non significa che la saliva si era scaldata, piuttosto che nel vuoto dello spazio l'acqua bolle anche a temperatura ambiente, anzi, non può proprio esistere stabilmente allo stato liquido.

Nonostante si sia rivelato un ambiente meno duro del previsto, l'esplorazione umana dello spazio richiede degli accorgimenti che permettano agli astronauti di sopravvivere e di non riportare seri danni dopo lunghe esposizioni.

Le astronavi devono essere quindi pressurizzate in modo da ricreare all'interno condizioni simili all'atmosfera della Terra. L'aria deve contenere ossigeno nella giusta quantità, la temperatura deve mantenersi su valori costanti e accettabili per il fisico.

Estremamente importante è un efficiente sistema di ventilazione. In assenza di gravità, infatti, l'aria tende a ristagnare senza rimescolarsi. Uno dei risvolti più gravi è che un astronauta potrebbe addirittura soffocare nel sonno, poiché l'anidride carbonica prodotta dal respiro resterebbe nelle sue vicinanze, sostituendosi lentamente all'ossigeno e uccidendolo senza che se ne accorga.

Dal punto di vista ingegneristico, progettare un'astronave con supporto vitale non è particolarmente difficile. Più complicato, invece, costruire una tuta in grado di consentire agli astronauti l'esplorazione dello spazio e garantire un'accettabile libertà di movimento.

Le prime tute per proteggere il fisico dallo spazio furono messe a punto già negli anni 30 come protezione per gli escursionisti d'alta quota.

Con l'avvento dell'esplorazione spaziale i progetti si sono naturalmente evoluti, ma il principio alla base non è cambiato.

La strada migliore dal punto di vista tecnologico e di sicurezza si è rivelata essere la costruzione di una tuta che ricreasse un ambiente simile alla Terra, in particolare per quanto riguarda la pressione.

Se il corpo riesce a sopravvivere anche senza pressione, l'apparato respiratorio ha bisogno di una certa quantità di os-

sigeno per mantenere in vita tutti gli organi. Per risparmiare risorse e peso, si fa respirare agli astronauti ossigeno quasi puro in modo da mantenere la pressione più bassa possibile, pari
a circa 1/3 di quella presente sulla Terra a livello del mare.
Le tute spaziali utilizzate dagli astronauti sono formate da diversi strati (almeno 10) di tessuti sintetici in grado di isolare
dall'ambiente esterno e provvedere al mantenimento della
pressione all'interno.
Un sistema di riscaldamento liquido regola la temperatura interna; una visiera in grado di schermare i pericolosi raggi ultravioletti del Sole protegge gli occhi e il viso da scottature e
danni più gravi.
Per assicurare le comunicazioni, vista la totale assenza di
suono, nel casco dell'astronauta trova posto un auricolare e un
microfono per comunicare con gli altri colleghi e con i tecnici a
Terra.
In alcuni modelli, sulle spalle, come fosse uno zaino, viene trasportata la riserva di ossigeno e tutto il sistema per la respira-
zione. Lo zaino è necessario per le tute destinate alle passeggiate spaziali, ma non è previsto nei modelli di sicurezza, quelli
indossati ad esempio all'interno dell'abitacolo nelle fasi di partenza e rientro delle astronavi.

La struttura esterna
della tuta deve essere
abbastanza resistente
da schermare uno dei
pericoli maggiori dello
spazio aperto: i micro
meteoriti.
Sulla Terra non ab-
biamo questo pro-
blema   perché
l'atmosfera blocca tut-
te le piccole pietre fa-
cendole   splendere
come   meravigliose

Buzz Aldrin sembra stare in piedi a fatica
all'interno della sua ingombrante e rigida tuta
spaziale.

meteore, ma nello spazio la situazione è ben diversa.

Un micro meteorite grande come un granello di sabbia ha velocità di diversi chilometri al secondo. Se dovesse colpire un astronauta sarebbe in grado di trapassare il suo corpo come un potentissimo proiettile e provocare gravi danni, perché oltre alle ferite dirette la tuta verrebbe perforata e in breve tempo l'astronauta soffocherebbe.

Lo strato più esterno della tuta è costruito di materiale in grado di bloccare questi pericolosissimi micro proiettili, generalmente teflon o kevlar. La sua funzione è anche quella di isolare il corpo e schermare le pericolose radiazioni ultraviolette provenienti dal Sole.

I problemi delle tute spaziali così costituite sono due: non permettono movimenti fluidi e pesano molto, soprattutto nelle versioni con le riserve di ossigeno e di depurazione dell'aria sulle spalle.

La tuta utilizzata dagli astronauti delle missioni Apollo per le passeggiate spaziali

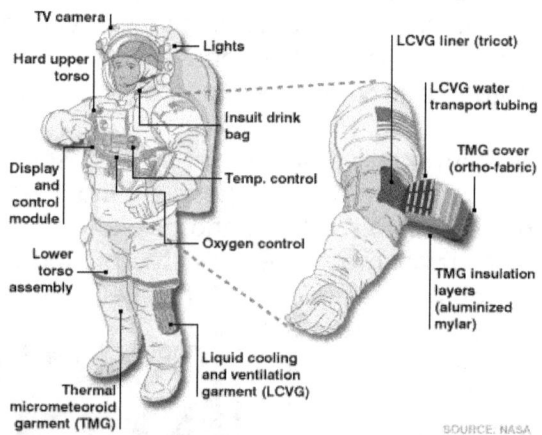

Proprietà e struttura della tuta spaziale utilizzata dagli astronauti dello Shuttle per le passeggiate spaziali.

sul nostro satellite aveva una massa complessiva di circa 96 kg, di cui una frazione consistente era riservata al supporto vitale in grado di garantire un'autonomia di 7 ore.

Se il peso in assenza di gravità non è un problema, e sulla Luna è molto ridotto rispetto alla Terra, la massa non cambia, così che la forza necessaria per muovere i 96 kg della massa della tuta non è per niente trascurabile, limitando i già precari movimenti.

La struttura spessa e semi rigida, in grado di garantire una tenuta ermetica, complica ancora di più la situazione, tanto che resta difficile compiere movimenti anche molto naturali, come maneggiare uno strumento con le mani o rialzarsi da una caduta sul suolo lunare.

Proprio questi piccoli incidenti che si sono verificati sulla Luna rendono bene l'idea di quanto sia difficile anche semplicemente camminare e rialzarsi dopo un'innocua scivolata.

Per rendere più fluidi i movimenti e le operazioni, la ricerca sta studiando nuove tute spaziali, magari anche più economiche dei 12 milioni di dollari ciascuna delle attuali in dotazione alla NASA.

Il futuro sembra essere riservato alle cosiddette tute biomeccaniche. Questa tecnologia, attraverso l'utilizzo di materiali speciali, si fonda su un concetto rivoluzionario: invece di creare un indumento semi-rigido riempito di aria e riscaldato, perché non costruire una specie di seconda pelle sottile e leggera che aderisce al corpo simulando l'effetto della pressione atmosferica e fornisce la protezione necessaria per le radiazioni e gli sbalzi di temperatura? Con un piccolo scafandro per garantire protezione alla testa e aria respirabile, questa tuta potrebbe rap-

Confronto tra il prototipo di tuta bio meccanica ideata dal MIT (a sinistra) e una delle tute utilizzata per le passeggiate spaziali degli astronauti dello Space Shuttle.

presentare una vera rivoluzione quanto a leggerezza e fluidità nei movimenti, che sarebbero molto simili a quelli di tutti i giorni.

5. Luna

La Luna ripresa al telescopio mostra montagne e crateri.

La Luna è il nostro unico satellite naturale e di gran lunga il corpo celeste che più attrae l'attenzione.
Data la sua vicinanza, in media 380.000 km, ci appare di generose dimensioni anche all'osservazione a occhio nudo, su-

perando il mezzo grado, diametro angolare simile a quello solare (ma da tenere presente le enormi differenze in termini di distanze!).

Una più attenta osservazione a occhio nudo ci consente di notare che la Luna orbita intorno alla Terra in poco meno di un mese e che durante il suo tragitto ci mostra le fasi.

Questo fenomeno è da attribuire semplicemente alla geometria del sistema Terra-Luna, che vediamo riassunta nella figura seguente.

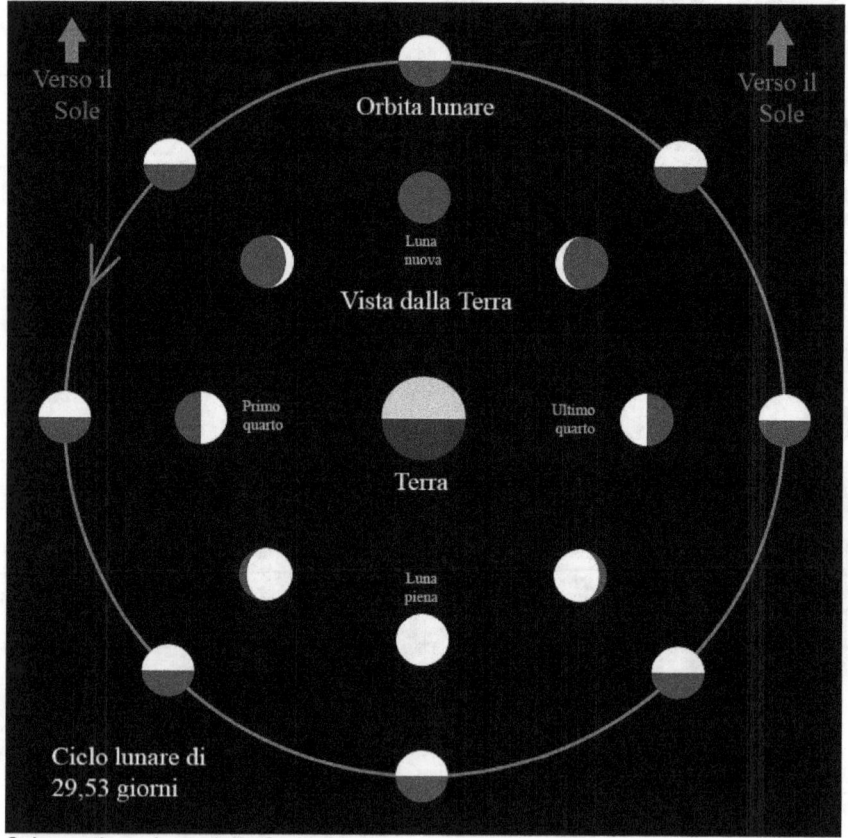

Schematizzazione delle fasi lunari.

Per capire il meccanismo delle fasi è sufficiente considerare alcune posizioni della Luna rispetto al Sole.

È facile intuire, ad esempio, che quando il nostro satellite naturale si trova tra la Terra e il Sole, noi non lo possiamo osservare perché risulta illuminato "di fronte": siamo nella fase di Luna nuova o novilunio.

Mano a mano che percorre la sua orbita intorno alla Terra, ci appare illuminata una superficie gradualmente maggiore, fino alla fase di primo quarto, quando si mostra illuminata esattamente a metà perché forma un angolo di 90° con il Sole e la Terra.

Dopo circa 7 giorni la Luna si trova dalla parte opposta al Sole, tanto che possiamo vederla completamente illuminata: siamo nella fase di luna piena o plenilunio. Trascorsi poco più di sette giorni arriviamo all'ultimo quarto: la falce lunare è esattamente metà, ma dalla parte opposta rispetto al primo quarto. Dopo poco più di un'altra settimana, si ha la luna nuova e il ciclo lunare inizia di nuovo.

Ogni giorno la Luna ritarda il suo sorgere nel cielo di circa 50 minuti, compiendo un percorso a ridosso dell'eclittica.

L'inclinazione dell'orbita lunare pari a 5° rispetto all'equatore celeste, impedisce che a ogni lunazione si verifichi un'eclisse solare e una lunare. Questi eventi si manifestano quando la Luna si trova in fase nuova (eclissi solari) o piena (lunari) e allo stesso tempo quasi esattamente sullo stesso piano contenente il Sole e la Terra. Questo punti si chiamano nodi.

L'osservazione a occhio nudo non ci permette di scoprire solamente le fasi, ma anche un altro fenomeno molto particolare, che magari al primo sguardo ci è sfuggito.

Nel Sistema Solare, ma anche nell'Universo, tutti i corpi celesti possiedono una rotazione attorno al proprio asse.

Non c'è bisogno di spingersi lontano con potenti telescopi per scoprire che la Terra ruota su se stessa in circa 24 ore, e che anche il Sole compie una rotazione attorno al proprio asse in 26 giorni.

Recenti speculazioni suggeriscono addirittura che lo stesso Universo abbia una rotazione attorno a un ipotetico asse.

Non c'è motivo, quindi, per pensare che la Luna non debba ruotare su se stessa.

Per misurarne il periodo di rotazione è sufficiente osservarla e annotare con quale velocità angolare ruotano i dettagli visibili a occhio nudo, a prescindere dalla fase.

Con nostro immenso stupore, dopo qualche giorno di osservazione ci accorgiamo che i dettagli lunari restano sempre al loro posto, non ruotano.

In effetti, se facciamo uno sforzo di memoria possiamo ricordare che ogni volta che abbiamo osservato la Luna, anche lontano negli anni, ci ha mostrato sempre e soltanto la stessa faccia, con i dettagli sempre nelle medesime posizioni.

Come si interpreta questa osservazione? Com'è possibile che la Luna ci mostri sempre la stessa faccia?

La conclusione più immediata potrebbe essere che non ruoti attorno al proprio asse e ci mostri quindi sempre la stessa faccia, ma in realtà le cose non stanno così. Tutto dipende dal nostro sistema di riferimento situato sulla superficie terrestre.

Se la Luna non ruotasse attorno al proprio asse, ci penserebbe il movimento orbitale attorno alla Terra a mostrarci tutta la superficie. In questo particolare caso i dettagli visibili avrebbero le stesse posizioni rispetto alle fasi lunari (ad esempio la stessa faccia in Luna piena e sempre la faccia opposta di Luna nuova) ma saremmo comunque in grado di notare il loro spostamento mano a mano che il satellite percorre l'orbita attorno alla Terra.

Poiché i dettagli lunari non cambiano posizione a seconda delle fasi, dobbiamo concludere che la spiegazione a questo fenomeno è ancora più sottile.

Poiché la Luna orbita intorno alla Terra, quale dovrebbe essere il periodo di rotazione sul proprio asse affinché gli osservatori terrestri vedano sempre la stessa faccia?

Il periodo deve essere esattamente uguale a quello di rivoluzione intorno alla Terra.

In questo modo effettivamente la Luna ci mostra sempre e soltanto la stessa faccia.

Non è semplicissimo né comprendere, né spiegare questa apparente coincidenza cosmica; io ci provo con un esempio.

Io sono la Terra, mio fratello la Luna, un amico osserva la scena fermo (e divertito!) sul divano. Mi metto al centro della stanza e faccio ruotare mio fratello intorno a me, a circa due metri di distanza, in due diversi modi simulando la rivoluzione della Luna.

I primo prevede che mio fratello non ruoti attorno al proprio asse durante la sua rivoluzione: questo significa che mentre percorre l'orbita, la sua orientazione deve restare fissa rispetto all'altro amico seduto sul divano ed esterno al sistema. A causa del percorso circolare, dal mio punto di vista vedrò ruotare su se stesso mio fratello, anche se visto dall'esterno non compie alcuna rotazione.

Questo è lo scenario in cui la Luna non dovesse ruotare sul proprio asse, cosa evidentemente non vera.

Adesso decido di farlo orbitare dicendogli di mantenere lo sguardo fisso su di me.

In questo particolare caso, io al centro lo vedrò fermo ma l'osservatore esterno, non condizionato dal moto orbitale, osserverà una rotazione completa attorno all'asse esattamente nello stesso istante in cui compie la prima orbita.

Per la Luna succede esattamente la stessa cosa.

Sulla superficie terrestre vediamo sempre la composizione di due movimenti: orbitale e intorno al proprio asse. Di questo dobbiamo tenere conto nell'interpretazione delle osservazioni.

In realtà le cose sono rese un po' più complicate dal fenomeno della librazione. Benché i periodi di rotazione e rivoluzione coincidano, l'orbita lunare è ellittica e questo implica che la velocità cambi a seconda della distanza dalla Terra, consentendo di osservare più di metà superficie (circa il 59%).

A prescindere dalle considerazioni fisico-geometriche, a me impressiona moltissimo pensare al fatto che il nostro satellite naturale, così grande nel cielo, così luminoso e vicino, osservato da migliaia di generazioni di esseri umani, sia visibile sempre e solo per metà da tutti gli abitanti della Terra, dal tempo della loro nascita, ormai miliardi di anni fa. Per quanti sforzi possiamo fare, per quanto potenti siano i nostri telescopi, non c'è modo alcuno di osservare l'altra faccia della Luna.

Milioni di anni di evoluzione, migliaia di anni di contemplazione del cielo; fiumi di parole ispirate dalla Luna e mai nessuno è riuscito a osservarne l'altra metà: com'è incredibile (e beffardo) l'Universo!

La faccia nascosta è stata osservata per la prima volta nella storia degli esseri viventi terrestri solamente a partire dalla fine degli anni 50 del 900, quando l'uomo ha conquistato le capacità tecnologiche per lanciare sonde che riuscissero a uscire da questo punto di vista limitato rappresentato dalla superficie terrestre.

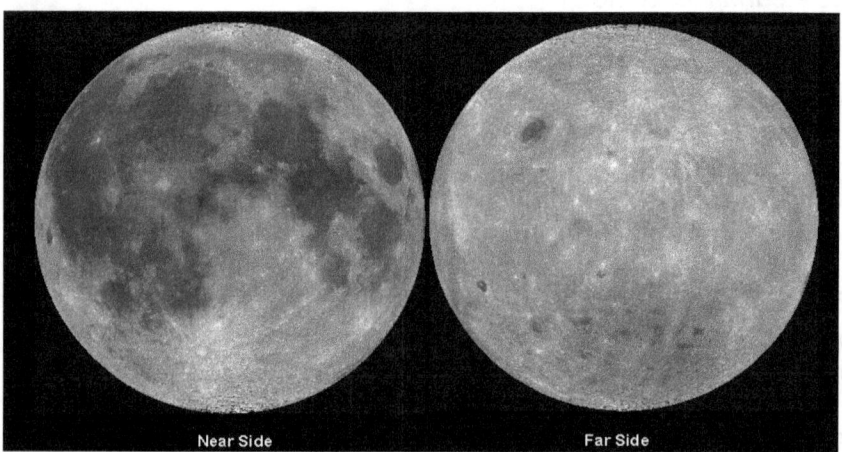

Confronto tra la faccia vicina (visibile) e quella lontana (far side, invisibile) della Luna riprese dalla sonda della NASA Clementine.

Fa una certa impressione rendersi conto che in tutta la storia meno di 30 uomini abbiamo potuto ammirare direttamente la faccia nascosta della Luna, osservandola stupefatti ed emozionati dall'oblò delle loro capsule spaziali in quei lontani, e per molti aspetti irripetibili, anni 60-70.

Uno sguardo d'insieme ci mostra un mondo sostanzialmente grigio e statico, ricchissimo di crateri da impatto.

Un telescopio amatoriale ne mostrerà diverse migliaia, dalle dimensioni e forme più disparate: dai grandi bacini, come Clavius, dal diametro eccedente i 200 km, ai più piccoli che è possibile identificare con uno strumento da 20-25 cm, di dimensioni inferiori a un chilometro.

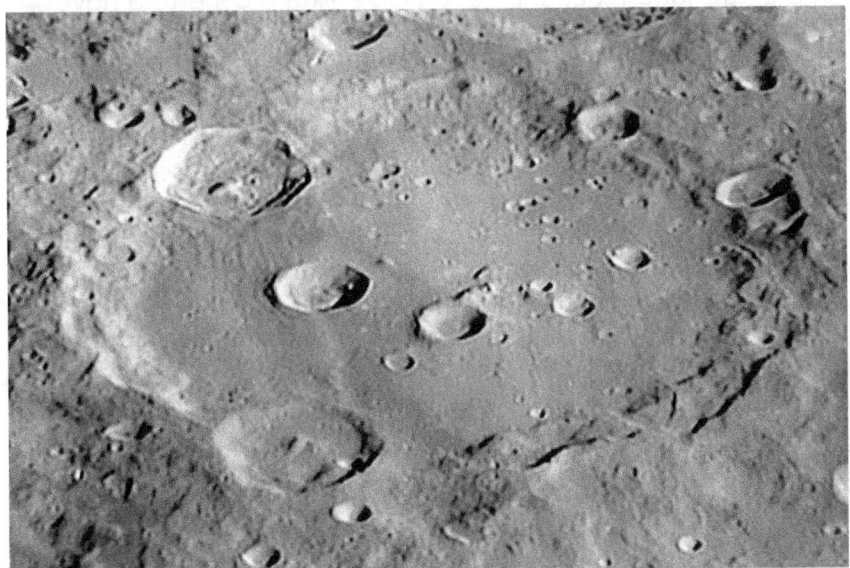

Il nostro unico satellite naturale è pieno di crateri, grandi voragini causate dall'impatto di asteroidi. Molti di questi risalgono a miliardi di anni fa; l'assenza di atmosfera ha preservato anche i segni più piccoli.

Quando la Luna è in fase sottile, la superficie in ombra sembra brillare di una debole luminosità: si tratta della luce cinerea.

Quale può esserne la spiegazione?

Semplice: la Terra vista dalla Luna appare quasi completamente illuminata e la luce riflessa dal nostro pianeta è sufficiente a illuminare la parte in ombra del nostro satellite naturale.

Il primo a dare questa spiegazione fu il grande genio Leonardo da Vinci, agli inizi del sedicesimo secolo.

129

Egli aveva capito che sia la Terra che la Luna riflettevano la luce del Sole, e che la luce della Terra era riflessa a sua volta dalla parte non illuminata della Luna.

La luce cinerea non rappresenta solamente un curioso fenomeno di riflessione, ma anche un utile strumento per indagare le proprietà del corpo celeste che l'ha emessa: la Terra. La quantità di luce riflessa dal nostro pianeta dipende sostanzialmente da tre fattori: oceani, superficie solida e copertura nuvolosa.

Gli oceani, contrariamente a quanto si possa credere, riflettono poca luce solare, non più del 10%, mentre le terre emerse un 20-25%. Il primato spetta alle nubi, in grado di riflettere anche il 50% della luce proveniente dal Sole.

Da queste considerazioni ne consegue che la luminosità della luce cinerea cambia in funzione del tempo, in conseguenza della parte del globo terrestre che riflette la luce solare e della quantità di nubi presenti.

Quest'ultimo dato può essere molto utile per studiare la copertura nuvolosa media globale nel corso degli anni.

Sembra incredibile, ma uno studio attento della Luna ci rivela importanti informazioni sulla Terra.

L'elevato tasso di craterizzazione della superficie selenica dovrebbe far venire un legittimo dubbio in merito al nostro pianeta: è possibile che la Terra sia stata oggetto di un bombardamento meteoritico analogo, se non superiore, date le dimensioni 4 volte maggiori?

Gli scienziati hanno capito che la gran parte degli impatti si è verificata in un'era compresa tra 3 e 4 miliardi di anni fa, quando le regioni del Sistema Solare erano affollate di meteoriti di dimensioni superiori a qualche chilometro.

Ma questo però ancora non risponde alla nostra domanda.

Perché il nostro pianeta non si mostra come la Luna?

La risposta è semplice: il nostro satellite è pressoché privo di atmosfera e acqua liquida, quindi di qualsiasi fenomeno di erosione a essi associato. Inoltre è un corpo celeste geologicamente inattivo nel quale sono assenti fenomeni come vulcanesimo e tettonica a zolle, in grado di rigenerare continuamente la crosta superficiale: esattamente il contrario del nostro pianeta.

Qualsiasi evento che modifica la superficie lunare provoca dei segni che possono durate per milioni o miliardi di anni, cancellabili solamente da altri eventi esterni. Sulla Terra, invece, un'impronta lasciata sulla sabbia del deserto, che somiglia per consistenza alla superficie lunare, ha vita breve, giusto l'intervallo di tempo tra una folata di vento e l'altra.

Oltre ai numerosi crateri da impatto, risultano evidenti i mari, grandi regioni più scure e meno craterizzate, risultato della fuoriuscita di grandi colate laviche risalenti a circa 3,5 miliardi di anni fa. Il nome non deve quindi ingannare: i mari lunari non hanno nulla in comune con le distese d'acqua terrestri!

Imponenti catene montuose, piccole colline o montagne isolate, valli e scarpate, sono i testimoni di un mondo una volta irrequieto, per il quale il tempo sembra essersi fermato.

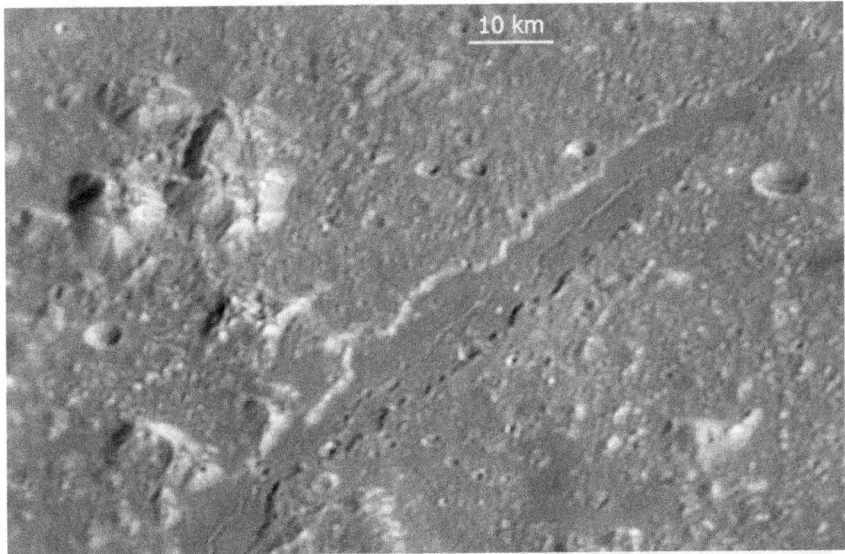

10 km

La Vallis Alpes è una grande scarpata incastonata nella catena montuosa delle Alpi lunari. Qui come appare con un telescopio amatoriale da 36 cm.

131

Il problema della formazione della Luna è uno dei grandi interrogativi che i planetologi si sono portati dietro per molto tempo;
solamente in questi ultimi anni sembra essersi trovato un accordo tra la comunità internazionale.

Il sistema Terra-Luna è infatti estremamente raro nel Sistema
Solare. Molti pianeti possiedono satelliti, ma tutti di massa migliaia di volte inferiore rispetto a essi.

Il rapporto tra le masse della Luna e della Terra è invece di
1:81 (la Luna è 81 volte meno massiccia della Terra), quello
tra raggi solamente 1:4. Questo, rafforzato dal fatto che la
composizione chimica lunare povera di elementi pesanti ricorda quella del mantello terrestre, ha portato gli scienziati a ipotizzare che la Luna si sia formata da una "costola" della Terra,
a seguito di un immane impatto di un planetoide delle dimensioni di Marte con il nostro pianeta, qualche decina di milioni di
anni dopo la formazione del Sistema Solare. L'impatto avrebbe strappato alla Terra parte della sua massa, che si sarebbe
stabilizzata su un'orbita e aggregatasi nel corso degli anni fino
a formare la Luna.

I veri colori della Luna indicano una diversa composizione chimica del suolo.

L'osservazione della Luna

Non c'è bisogno di descrivere la bellezza e le sensazioni che comunica la Luna, vero e proprio faro del cielo, così vicino che il suo disco sottende un angolo di circa mezzo grado.

Quando osservata la prima volta al telescopio regala emozioni indescrivibili, esplodendo di dettagli che mai si sarebbero immaginati.

Uno strumento da 100 mm di diametro consente di identificare formazioni di circa 2 km sulla superficie del nostro satellite, ovvero oltre 200 crateri, diverse spaccature e catene montuose.

In effetti le considerazioni fatte per i pianeti in merito alla debolezza dei dettagli e basso contrasto, in questo caso non valgono.

Già nel cercatore del telescopio, o con un piccolo binocolo, è possibile individuare i principali

Lo spettacolo offerto dalla Luna è visibile con ogni strumento, anche a ingrandimenti modesti.

Disegnare le formazioni lunari è un'arte veramente splendida. In questa immagine i crateri Alphonsus e Arzachel visti con un telescopio da 150 mm.

crateri, mentre un telescopio con un ingrandimento di circa 50 volte permette di ammirare già centinaia di fini dettagli.

133

Aumentando l'ingrandimento oltre le 100-150 volte possiamo osservare montagne, valli e spaccature (chiamate rimae).

Sono migliaia i crateri osservabili con un piccolo strumento, anche quando la turbolenza atmosferica è elevata e non permetterebbe l'osservazione proficua dei piccoli dischi planetari.

La Luna è veramente un parco di divertimenti.

Non limitiamoci ad ammirarla a bassi ingrandimenti, sebbene sia lo stesso suggestiva; la parte divertente è inserire un oculare da almeno 150 volte e scorrazzare sulla superficie come se ci trovassimo a bordo di una navetta spaziale.

La superficie lunare, priva di qualsiasi atmosfera, porta tutte le cicatrici subite nel corso dei 4,5 miliardi di anni di storia: non si riuscirà a trovare facilmente un angolo che non meriti la nostra attenzione.

Ma qual è il periodo migliore per osservare la Luna e tutti i dettagli che generosamente mette a nostra disposizione?

È una credenza abbastanza diffusa che il periodo di migliore osservazione si abbia in prossimità della fase di Luna piena. In effetti a cavallo del plenilunio il nostro satellite naturale è bello grande, luminoso e apparentemente pieno di dettagli. Purtroppo questo è il periodo peggiore per osservare!

Quando la Luna è piena, il Sole illumina i dettagli di fronte, rendendoli piatti perché privi di ombre e di contrasti.

È facile comprendere meglio questa delicata situazione geometrica con un esempio molto comune. Immaginiamo di dover cercare di notte uno spillo caduto sul pavimento. Se utilizziamo la luce del lampadario sopra di noi, probabilmente non vedremo mai lo spillo, soprattutto se il pavimento ha una colorazione scura. Se invece ci muniamo di una torcia, la poggiamo sul pavimento e lo illuminiamo in modo radente, riusciremo a vedere anche i residui di polvere depositatisi nel corso del tempo, proprio perché l'illuminazione radente produce ombre su tutti gli oggetti in rilievo, ne aumenta il contrasto e li rende molto più visibili.

I momenti migliori per l'osservazione lunare si hanno da due giorni prima a due giorni dopo la fase di primo e ultimo quarto.

Le zone da osservare si trovano vicino al terminatore, la linea di demarcazione tra il giorno e la notte lunare.
Crateri e valli compariranno però quasi sempre, tranne nelle serate di plenilunio.

Panorama lunare visibile con ogni telescopio circa 2 giorni dopo il primo quarto o prima dell'ultimo quarto.

Nei momenti di migliore visibilità lungo il terminatore appariranno gli imponenti crateri e catene montuose che dominano la superficie e proiettano lunghe ombre, generando giochi di luce davvero suggestivi. Particolarmente interessante è la zona attorno al polo sud lunare nei pressi del primo e ultimo quarto. Questa è la più antica, quindi la più ricca di crateri.
Due giorni dopo il primo quarto o prima dell'ultimo nella parte nord sono visibili le grandi catene montuose, in particolare gli

Appennini, splendidi e imponenti con ogni strumento che mostrerà addirittura dettagli delle cime e dei pendii.
Un buon atlante lunare è d'obbligo per riconoscere tutte le
formazioni presenti e andare alla caccia delle più curiose.
Se dovessimo decidere di dedicare parte del tempo
all'osservazione della Luna, probabilmente non basteranno
dieci anni per scoprire tutti i segreti che custodisce.
Un'ottima alternativa a un atlante cartaceo è rappresentata da
un programma gratuito e liberamente scaricabile dalla rete:
Virtual Moon Atlas.

Il polo sud lunare è una delle regioni con la più alta concentrazione di crateri.

L'esplorazione della Luna

Sono stati scritti interi volumi in merito alla straordinaria epopea dell'esplorazione lunare.

La Luna è infatti l'unico corpo celeste esterno alla Terra raggiunto dagli esseri umani, proprio all'inizio della nostra avventura tra le stelle negli anni 60-70.

Ad oggi (agosto 2012) sono ben 102 le missioni dedicate allo studio del nostro satellite, molte delle quali organizzate dall'agenzia spaziale americana e dall'ex Unione Sovietica.

I tentativi di raggiungere la Luna con piccole sonde automatiche si susseguirono frenetici già nel 1958.

L'onore del primo lancio spettò agli americani, con la sonda Pioneer 0 il 17 agosto 1958, ma il razzo non lasciò mai l'atmosfera terrestre a causa di un'avaria.

Nei mesi successivi e fino al nuovo anno, americani e russi si passarono il testimone dei fallimenti, come un perfetto scambio in una partita di tennis. In totale altri 6 lanci per la Luna fallirono già in partenza.

Il primo successo arrivò il 2 gennaio 1959.

I sovietici, finalmente, lanciarono con esito positivo la sonda Luna E-1, che raggiunse il nostro satellite naturale dopo un viaggio di due giorni.

L'obiettivo era quello di impattare sulla superficie, ma non fu mai raggiunto perché la sonda, dopo un avvicinamento minimo a circa 6.000 km, si perse nello spazio.

Altre 4 missioni, due russe e altrettante americane, si susseguirono fino al settembre dello stesso anno, con un'incoraggiante percentuale di successi (un solo lancio fallì).

Furono però ancora i sovietici ad accaparrarsi un altro ghiotto record.

Luna 3, partita il 4 ottobre 1959, raggiunse la destinazione due giorni dopo e inviò a Terra per la prima volta nella storia le immagini della faccia nascosta.

137

Фотография 1

La prima immagine della storia della faccia nascosta della Luna.

Gli americani accusarono il colpo e non poterono porvi rimedio: ben 7 sonde lanciate tra l'ottobre 1959 e il gennaio 1964 fallirono tutti gli obiettivi.

Poco importava se anche i russi non raggiunsero più il satellite in quegli anni per altrettanti fallimenti; il gap ingegneristico e tecnologico era diventato davvero difficile da colmare.

Proprio nel momento più difficile dell'esplorazione lunare americana, con i russi che non solo avevano raggiunto la Luna con le sonde automatiche e inviato le immagini della faccia nascosta, ma anche inviato il primo uomo nello spazio (Yuri Gagarin, 12 aprile 1961), il presidente John F. Kennedy annunciò in una storica seduta plenaria del congresso degli Stati Uniti (25 maggio 1961) che l'America avrebbe portato entro la fine del decennio degli uomini sul suolo lunare e li avrebbe fatti tornare a casa sani e salvi.

L'annunciò stupì il mondo e presumibilmente anche i russi (ma dal regime sovietico filtrava ben poco), che probabilmente avevano anche loro questo ambizioso progetto, vista la flotta di sonde automatiche mandate sul satellite.

Il gap americano però era davvero grande: non solo i tentativi falliti di raggiungere con sonde automatiche la Luna, ma soprattutto il ritardo nel programma di esplorazione spaziale umana. All'epoca del discorso di Kennedy nessun americano aveva mai raggiunto neanche l'orbita terrestre: com'era possibile immaginare un progetto così complesso come l'atterraggio di uomini sul suolo lunare in pochi anni?

Dopo il via libera del congresso, alla giovane agenzia spaziale americana (la NASA era stata fondata nel 1958 in risposta al programma spaziale russo) fu destinata una quantità di fondi impressionante per lo sviluppo di un programma spaziale finalizzato alla conquista della Luna.

Si accelerò il progetto Mercury, già in corso, che aveva il compito di portare finalmente i primi astronauti americani nello spazio.

Si proseguì a ritmi serrati con il progetto Gemini (1965-1966), finalizzato allo sviluppo di tecniche ingegneristiche e di volo per il successivo programma Apollo, che avrebbe dovuto portare finalmente i primi uomini sulla Luna.

La capsula Gemini 6 in manovra orbitale con la Gemini 7 dalla quale è stata ripresa questa immagine.

Le capsule Gemini dovevano sperimentare la resistenza del fisico umano a missioni spaziali di diversi giorni, la possibilità

139

di fare passeggiate spaziali e le delicate manovre necessarie per lo sbarco lunare, come l'aggancio tra diversi veicoli e gli assetti di volo in questa configurazione.

Le piccole astronavi Gemini ospitavano due astronauti ed erano lanciate nello spazio da un razzo chiamato Titan II GLV, il più potente dell'epoca, ma non ancora abbastanza per una missione lunare completa, che avrebbe richiesto un'astronave molto più capiente e pesante.

Nel frattempo i sovietici raggiunsero un altro importante traguardo. La sonda Luna 9 il 5 febbraio 1966 atterrò per prima sulla superficie lunare, marcando un'altra tappa fondamentale dell'esplorazione dello spazio: per la prima volta nella storia un manufatto umano era atterrato su un altro corpo celeste e aveva inviato le prime immagini di un mondo alieno.

5 febbraio 1966: la sonda russa Luna 9 invia a Terra la prima immagine ripresa dalla superficie lunare.

Il silenzio americano però era solo apparente, poiché tutte le energie si stavano concentrando sulla preparazione della missione umana.

La fine positiva del progetto Gemini segnò finalmente l'inizio dei test per il programma Apollo.

Parte importante del progetto riguardava la costruzione del razzo che avrebbe portato gli astronauti sulla Luna nell'astronave vera e propria.

Per questo scopo fu sviluppato il più grande e potente vettore della storia dell'esplorazione spaziale, denominato Saturn V, pronto per i primi test a partire dal novembre 1967.

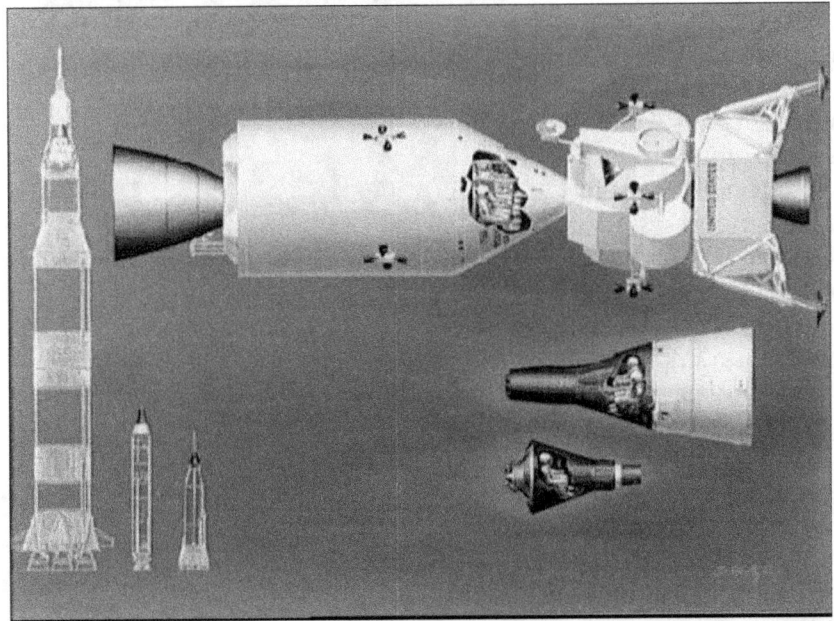

Confronto tra le dimensioni delle astronavi (in primo piano) e dei rispettivi lanciatori (a sinistra). L'astronave Apollo era molto più grande delle capsule Gemini (al centro) e delle Mercury (in basso). A sinistra, il Saturn V svetta sui precedenti lanciatori.

Il Saturn V

Difficile riuscire a immaginare cosa si possa provare nel tro-varsi di fronte all'imponente Saturn V, a meno che non si abbia la fortuna di visitare il museo Smithsonian, negli Stati Uniti, e capire che in uno degli scarichi dei motori del primo stadio po-trebbe tranquillamente viverci una persona, tanto è grande.

Difficile anche comprendere come questo gigantesco agglo-merato di metallo, cavi e carburante, dal peso di 3 mila tonnel-late, potesse far volare tre impavidi uomini e portarli in una re-gione di spazio dove nessuno era mai arrivato e soprattutto nessun'altro si è più avventurato.

E si fatica non poco ad accettare il fatto che questo manufat-to, così enorme e im-ponente, sia stato partorito interamente dalla genialità della mente umana.

Il Saturn V, l'unico a portare uomini oltre la bassa orbita terre-stre, era un imponen-te razzo costituito da oltre 3 milioni di pez-zi, alto 111 metri, ca-pace di portare in or-bita lunare un peso di circa 45 tonnellate.

Gran parte della sua struttura era piena di carburante e riserva-ta a lasciare la superficie e l'atmosfera terrestre, un'impresa molto più difficile di quanto si possa pensare, soprattutto se si deve trasportare un'astronave con equipaggio umano dal peso di diverse tonnellate.

L'ideatore del Saturn V Werner Von Braun po-sa orgoglioso vicino alla sua immensa creatu-ra.

Ben 80 metri del Saturn V servivano proprio per questo scopo. Con un consumo massimo di circa 15 tonnellate di carburante al secondo, il razzo doveva portare in orbita la "parte superiore" che alloggiava la vera e propria astronave Apollo.

Il vettore aveva tre stadi, ovvero era formato da tre unità che avevano diversi compiti.

Il primo stadio era individuato dalla parte inferiore ed era il più potente, riservato al decollo e ai primi istanti di salita in atmosfera terrestre.

Alto 42 metri e con un diametro di 10, era pieno di ossigeno liquido e cherosene e dotato di 5 motori.

L'accensione durava 168 secondi, dalla partenza fino a un'altezza di circa 65 km, quando finito il propellente veniva espulso e ricadeva in pieno oceano.

L'espulsione liberava il secondo stadio alto 24 metri e formato da 5 motori, con il compito di fornire la spinta necessaria all'astronave per raggiungere gli strati più alti dell'atmosfera.

Esaurito il carburante, veniva espulso per liberare il terzo e ultimo stadio, alto circa 18 metri.

Il terzo stadio era l'unico razzo del complesso sistema modulare del Saturn V che poteva essere riacceso. Questo infatti serviva inizialmente per porre l'astronave in orbita terrestre di parcheggio, in attesa del via libera da parte del controllo missione per la seconda e ultima accensione che avrebbe portato l'astronave verso la Luna.

Se il Saturn V era indubbiamente il gigante dello spazio, il rimorchio cingolato che doveva trasportarlo dalla base alla rampa di lancio era sicuramente il gigante della strada.

Pochi giorni prima della partenza, l'enorme vettore in configurazione di lancio veniva trasportato verso la rampa da questo super rimorchiatore dal peso di oltre 2500 tonnellate, dotato di due motori da 2700 cavalli e altrettanti da 1000, che alla velocità di crociera di 1,7 km/h impiegava diverse ore per giungere a destinazione.

Rimorchi simili sono stati utilizzati per trasportare lo Space Shuttle e per tutti gli altri razzi diretti verso la rampa di lancio.

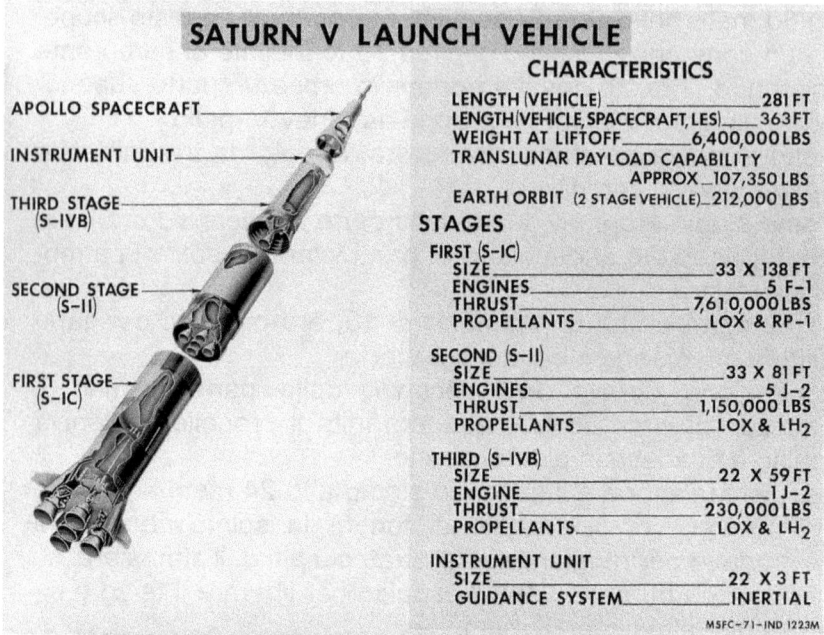

Struttura e proprietà del grande razzo Saturn V in un'illustrazione d'epoca.

L'astronave Apollo

L'astronave vera e propria era installata nella parte superiore del razzo. Protetta dall'involucro esterno del Saturn V sarebbe stata liberata solamente dopo aver lasciato l'orbita terrestre.

Anche l'astronave Apollo era composta da diverse parti, ognuna con un preciso scopo: il modulo di comando, il modulo di servizio e il modulo lunare (LEM).

Il modulo di servizio rappresentava la struttura portante, contenente i motori per la spinta e la manovra, gran parte del sistema elettrico e delle riserve di ossigeno e acqua, nonché tutta la strumentazione da utilizzare sulla Luna.

Il modulo di comando era la parte terminale del modulo di servizio. Con una forma a cono, costituiva lo spazio, un po' angusto, in cui gli astronauti vivevano e pilotavano l'astronave.

Ogni missione verso la Luna prevedeva di affidare un nome particolarmente significativo al modulo di comando. Quello di Apollo 11 si chiamava Columbia.

Il modulo lunare, abbreviato in LEM, era contenuto nella parte superiore del terzo stadio del Saturn V e doveva quindi essere estratto e poi agganciato alla parte anteriore del modulo di comando. Anche al modulo lunare veniva affidato un nome per ogni missione. Quello di Apollo 11 era chiamato Eagle (Aquila).

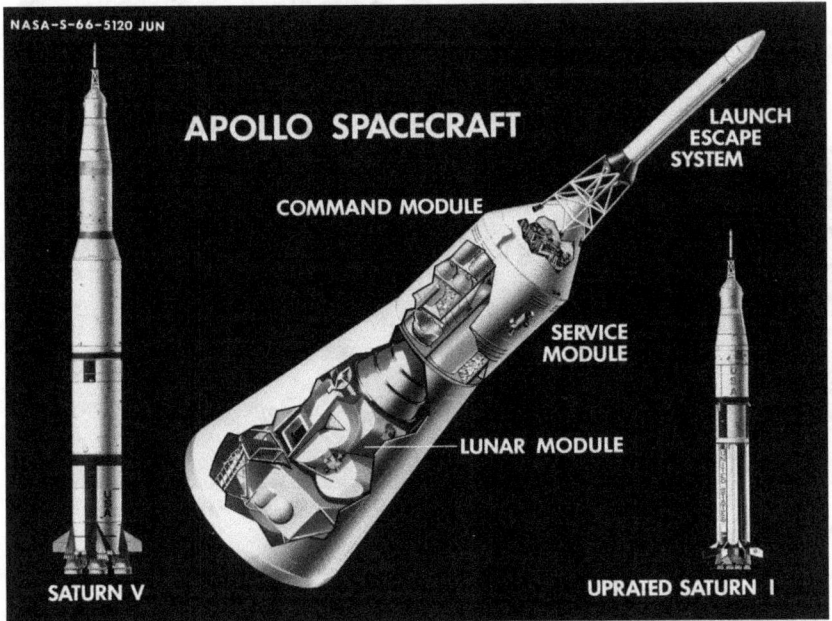

La piccola astronave Apollo era installata sulla cima del razzo Saturn V.

Poco dopo la fine dell'accensione di sei minuti del terzo stadio che portava l'astronave Apollo dall'orbita terrestre verso la Luna, il modulo di servizio si liberava dell'involucro del Saturn V e si separava dal terzo stadio esaurito contenente anche il modulo lunare. A questo punto doveva ruotare di 180°, avvicinarsi alla parte superiore del terzo stadio, agganciare il LEM e toglierlo dall'involucro del razzo in una manovra estremamente delicata. Tutto questo mentre l'astronave era già nella traiettoria di traversata, con una velocità di diverse decine di migliaia di chilometri l'ora.

Con il LEM agganciato nella parte superiore del modulo di comando, l'astronave Apollo continuava il viaggio verso la Luna, ruotando di nuovo, ma questa volta molto lentamente, di quasi 180°.

La delicata manovra di aggancio del modulo lunare da parte dell'astronave Apollo all'inizio della traversata Terra-Luna.

Il modulo lunare, soprannominato ragno negli ambienti della NASA, era la piccola astronave dedicata unicamente alla discesa sulla Luna e alla successiva ripartenza.

La struttura del LEM era così leggera, e i motori così poco potenti, che sulla Terra non avrebbe né volato e neanche sostenuto il peso degli astronauti a bordo.

La scarsa gravità lunare, sei volte inferiore a quella terrestre, aveva consentito un prezioso risparmio sul peso di una struttura che altrimenti avrebbe richiesto un razzo ben più potente per essere spedita sulla Luna.

Nel LEM trovavano posto i due astronauti destinati a scendere sulla superficie lunare, e anche esso era composto di due stadi. La struttura completa era dedicata alla discesa, mentre il secondo stadio, formato dalla parte superiore, era dedicato alla risalita.

Alla partenza dalla superficie selenica delle piccole cariche esplosive tagliavano i collegamenti con la parte inferiore, che fungeva da rampa di lancio per il modulo di ascesa. Dopo pochi minuti, quello che rimaneva del "ragno" agganciava il modulo di comando rimasto ad aspettarlo in orbita.

Una volta effettuato il ricongiungimento il secondo stadio del LEM veniva sganciato e fatto schiantare sulla superficie.

Per tornare verso la Terra, l'astronave Apollo (o meglio, quello che ne restava) aveva a questo punto bisogno di una spinta in grado di aumentare la velocità di 1 km/s.

Questo era il momento più delicato di tutta la missione.

Affinché l'astronave si immettesse sulla giusta traiettoria di ritorno, il motore del modulo di servizio doveva accendersi per due minuti e mezzo, mentre gli astronauti si trovavano a orbitare sopra la faccia nascosta della Luna, posizione nella quale erano impossibili le comunicazioni radio con il controllo missione. Con la Terra oscurata dal nostro satellite, nessuna comunicazione radio può infatti essere trasmessa o raggiungere qualsiasi astronave in questa posizione. Se qualcosa sarebbe andato storto, nessuno da Terra avrebbe potuto porvi rimedio e gli astronauti non sarebbero più tornati a casa.

Intrapresa la traiettoria di ritorno, il viaggio procedeva tranquillo per circa 70 ore, durante le quali gli astronauti raccoglievano le pellicole fotografiche rimaste all'esterno del modulo di comando e ispezionavano l'astronave per controllarne l'integrità strutturale.

In prossimità della Terra e con il rientro imminente in atmosfera il modulo di comando si liberava del modulo di servizio.

147

La piccola capsula conica che restava non era provvista di motori ma solamente di uno scudo termico, fondamentale per resistere al grande calore generato dall'impatto con l'atmosfera terrestre, di un sistema di paracadute per rallentare la discesa a partire da circa 7000 metri di quota e di una riserva elettrica e di ossigeno per mantenere in vita gli astronauti per i pochi minuti che li separavano dalla fine della missione.

Rallentato da tre paracadute, il modulo di comando si gettava nelle calde acque dell'oceano pacifico ponendo fine alla missione lunare.

Il modulo di ascesa proveniente dalla superficie lunare si prepara ad agganciarsi all'astronave madre durante la storica missione Apollo 11.

Le missioni Apollo e lo sbarco sulla Luna

Dopo la prima fase di progettazione finalmente il 27 gennaio 1967 l'astronave Apollo era pronta per il primo test di volo, agganciata alla cima di un più piccolo razzo Saturn Ib.

Purtroppo, quel giorno si rivelò il peggiore della storia della NASA, che fino a quel momento non aveva perso mai un astronauta. Poco dopo essersi seduti nel modulo di comando, pronti per la partenza, i tre astronauti scoprirono un incendio sviluppatosi nel modulo di comando. Le fiamme divamparono così velocemente, che i tecnici nella sala di controllo fecero in tempo solamente a sentire una breve e concitata comunicazione: "Fuoco! Sento odore di fuoco!" seguita da un grido di dolore e da un assordante silenzio.

I resti del modulo di comando di Apollo 1 dopo il tragico incendio che pose fine alla vita dei tre astronauti a bordo.

I tre astronauti: Virgil I. Grissom, Edward White II, e Roger B. Chafee morirono soffocati dai fumi in appena 15 secondi. All'apertura dei portelli i tecnici non poterono che constatare l'entità della tragedia. Le tute protettive degli astronauti vennero ritrovate parzialmente fuse, ma avevano comunque protetto i corpi dalle ustioni, che non sarebbero state mortali. Purtroppo l'apertura del portellone dall'interno era impossibile senza depressurizzare la cabina di comando, operazione per la quale erano richiesti circa 90 secondi.

149

I soccorsi dall'esterno, con la rampa di lancio libera, avrebbero richiesto molto più tempo. La capsula Apollo, che doveva rappresentare l'inizio dell'avventura dell'uomo verso la Luna, si trasformò in una trappola mortale dalla quale non c'era alcuna possibilità di fuga.

Questo gravissimo incidente impose un severo stop al programma. Furono rivisti tutti gli standard di sicurezza, i sistemi vitali del modulo di comando, nonché i materiali con cui era fabbricata la cabina, compresi i circuiti elettrici e le coperture isolanti.

Fu scoperto infatti che a scatenare il mortale incendio era stata una scintilla partita da una piccola porzione degli oltre 50 km di cavi, che aveva perso l'isolamento. Il fuoco poi si era propagato molto rapidamente a causa dell'aria costituita da ossigeno puro, un gas estremamente infiammabile.

In tutte le successive missioni l'atmosfera all'interno del modulo di comando e del modulo lunare (LEM) non fu mai più composta da ossigeno puro, ma diluito al 60%.

Il programma Apollo riprese qualche mese più tardi, testando in modo particolare tutte le delicate procedure, dal lancio allo stazionamento in orbita terrestre per prepararsi poi al viaggio verso la Luna.

I primi test furono eseguiti senza equipaggio di bordo e diedero fortunatamente risposte positive.

Il programma ripartì ufficialmente con la missione Apollo 4, priva di equipaggio, nella quale si testò per la prima volta il nuovo razzo Saturn V. La missione fu un successo sia per il razzo che per la resistenza del modulo di comando e dello scudo termico, ma i tecnici della NASA sottovalutarono gli effetti sull'ambiente circostante di questo enorme vettore.

Testimoni involontari della violenza della partenza del Saturn V furono alcuni dipendenti di una stazione televisiva, a circa 6 km dalla rampa di lancio.

Il rumore e le vibrazioni prodotte durante il decollo furono così forti da rompere le finestre e far cadere alcuni pannelli dal soffitto!

Nelle missioni successive vennero installati sulla rampa di lancio degli smorzatori in grado di attenuare sia il rumore che le vibrazioni prodotte nell'ambiente circostante.

Nonostante questi accorgimenti, la partenza del Saturn V continuava a essere un evento spettacolare e surreale allo stesso tempo. Con una potenza inimmaginabile e una lingua di fuoco lunga diverse decine di metri, il razzo era così pesante che sembrava facesse fatica a staccarsi da Terra. In effetti i primi istanti della partenza sembravano avvenire al rallentatore, con la sensazione che la battaglia contro la forza di gravità della Terra dovesse essere persa da un momento all'altro.

Fortunatamente questa era semplicemente una sensazione: dei trenta lanci eseguiti nella storia di questo vettore nessuno fallì, dimostrando un'affidabilità fondamentale per delle delicatissime spedizioni umane.

Apollo 5 e 6 furono le ultime missioni senza equipaggio, con il compito di testare il modulo lunare e le manovre necessarie per lasciare l'orbita terrestre, senza mai raggiungere la Luna.

I test riguardavano anche una tecnologia ancora tutta da sviluppare: quella informatica. Lo sviluppo di computer affidabili, in grado di controllare e gestire i complessi sistemi di bordo, è probabilmente ciò che ha permesso agli americani di vincere la sfida con la potenza sovietica.

Le accensioni dei motori, la separazione degli stadi del Saturn V, la potenza erogata, la durata, le eventuali correzioni di traiettoria, sia del razzo che soprattutto del modulo di comando, le manovre del modulo lunare che sarebbe sceso sulla superficie, l'erogazione di ossigeno, la gestione della corrente elettrica, dovevano essere controllate dai computer di bordo. Sembra un gioco da ragazzi ora, ma non dobbiamo dimenticare che al calendario di quel periodo mancavano oltre 30 anni alla fine del millennio.

Con Apollo 7 cominciarono i test con equipaggio, sempre nell'orbita terrestre; in particolare le manovre di estrazione e aggancio del modulo lunare, nonché l'affidabilità del nuovo modulo di comando, riprogettato dopo il disastro di Apollo 1.

Apollo 8 fu la prima missione a raggiungere l'orbita lunare e testare quindi la sicurezza della traversata, le accensioni dei motori, la manovra orbitale e le procedure di ritorno verso casa.

Con Apollo 9 si inaugurò il nuovo modulo lunare, capace di accogliere gli astronauti (fino a quel momento vi era un prototipo non destinato all'equipaggio) e con Apollo 10 esso addirittura si sganciò dal modulo di comando, arrivando a circa 15 km

La storica partenza di Apollo 11 il 16 luglio 1969.

dalla superficie. Sebbene si potesse tentare già un allunaggio in questa circostanza, non era previsto dal piano della missione. Ai due astronauti a bordo, arrivati così vicini alla storia e al coronamento del loro sogno, non restava che controllare le emozioni e far ritorno verso il modulo di comando.

Finalmente il 16 luglio 1969 decollò dal Kennedy Space Center (Florida) la missione Apollo 11, la prima che avrebbe raggiunto la superficie lunare.

Quasi tutte le televisioni e i giornalisti di tutto il mondo seguirono l'evento trasmesso in diretta.

La partenza del Saturn V, come sempre spettacolare, avvenne senza problemi, proiettando quei tre impavidi uomini stipati all'interno dell'astronave Apollo 11 verso l'appuntamento con la storia, che sarebbe stato raggiunto quattro giorni più tardi.

La Terra si allontana sotto gli occhi degli astronauti di Apollo 11. Questo è lo splendido panorama ammirato dall'oblò del modulo di comando.

I tre astronauti: il comandante Neil Armstrong, il pilota del modulo lunare Edwin "Buzz" Aldrin e il pilota del modulo di comando Micheal Collins raggiunsero l'orbita lunare il 20 luglio.
La missione dell'Apollo 11 entrò quindi nelle fasi più emozionanti e delicate.
Armstrong e Aldrin salirono a bordo del modulo lunare. Collins rimase al comando dell'astronave in orbita attorno alla Luna, aspettando per circa 22 ore il ritorno trionfale dei compagni di viaggio.

Le concitate fasi della discesa furono vissute con il fiato sospeso dagli scienziati della NASA, e da circa mezzo miliardo di persone di fronte a radio e tv di tutto il mondo.

Poco dopo il distacco dal modulo di comando, Armstrong comunicò ai tecnici a terra di essere arrivati lunghi; l'atterraggio sarebbe avvenuto a qualche chilometro di distanza dal punto preventivato dal piano della missione.

In avvicinamento al suolo lunare, Armstrong fu

Il LEM Eagle con Armstrong e Aldrin si sgancia dall'astronave madre e si prepara per la discesa sulla Luna.

costretto a intervenire manualmente più volte, a causa di un sovraccarico del computer di bordo.

In prossimità della superficie, sempre il comandante della missione avvistò il nuovo punto di atterraggio scelto dal computer e prese i comandi del LEM.

Con il prezioso aiuto di Aldrin, che comunicava continuamente velocità ed elevazione, l'Aquila toccò finalmente la superficie lunare alle 20:17, ora americana della costa est, del 20 luglio, con appena 25 secondi di autonomia rimasti nei piccoli serbatoi di carburante del LEM.

Armstrong comunicò ai tecnici di Houston, ormai in rigoroso silenzio e con il cuore in gola: *"Houston, qui base Tranquillità; l'Aquila è atterrata!"*.

Un applauso scrosciante salutò degnamente il più grande momento della storia dell'umanità.

L'uomo era arrivato per la prima volta sulla superficie lunare, atterrando con una complessa astronave nel mare della Tranquillità, un luogo deserto, con il cielo nero anche in pieno gior-

no, reso ricco dalla presenza di una meravigliosa gemma azzurra: la nostra Terra, immensa per noi piccole formiche, mi-
nuscola per quei due uomini lontani.

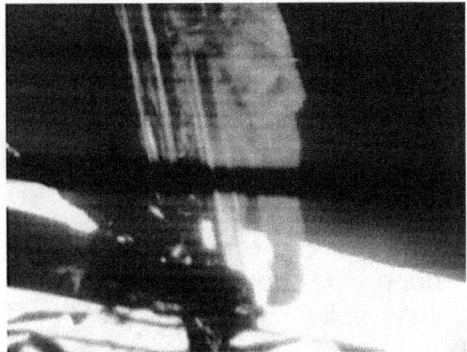

Sei lunghe ore dopo,
addirittura in anticipo rispetto ai programmi ini-
ziali della missione,
l'apertura del portellone
del LEM ufficializzò lo
storico momento.
Il comandante Armstrong
iniziò a scendere la sca-
la che lo separava dalla
superficie lunare tenen-
dosi saldamente per non
rischiare di scivolare.
Alcuni interminabili se-

Armstrong sta per toccare il suolo lunare
per la prima volta. Il suo piccolo passo resterà per sempre nella storia.

condi di attesa prima di posare il suo piede sulla superficie selenica.
Le sue famosissime parole pronunciate con voce visibilmente
emozionata appena sceso dalla scaletta e in diretta mondiale:
"Un piccolo passo per un uomo, un passo da gigante per
l'umanità", suscitano ancora i brividi a oltre 40 anni di distanza
da quello storico momento, anche in coloro che non l'hanno
potuto vivere direttamente.
Poco dopo la discesa di Armstrong, anche Aldrin uscì dal
LEM.
I due astronauti camminarono sulla superficie lunare per circa
due ore e mezzo, raccogliendo campioni di suolo, piantando la
bandiera americana, posizionando diversi apparati per lo studio della Luna e scattando moltissime fotografie.
Sebbene fossero ex militari con un lungo addestramento al volo spaziale e capaci di controllare ogni tipo di situazione, erano
prima di tutto uomini, con delle emozioni e dei sentimenti difficili, se non impossibili, da mascherare.

155

Dopo la tensione di quei momenti concitati dell'atterraggio sulla superficie selenica, negli occhi e nei gesti di quegli uomini straordinari traspariva l'emozione di tutta l'umanità, commossa e orgogliosa di se stessa, forse per la prima vera volta, per il passo da gigante che insieme ad Armstrong aveva compiuto.

Terminata l'unica escursione lunare prevista dalla missione, gli astronauti tornarono nel LEM e appena 21 ore e mezzo dopo lo sbarco la missione sulla Luna terminò.

La parte superiore del modulo lunare decollò dalla superficie selenica per ricongiungersi all'astronave madre in orbita.

La temuta riaccensione del razzo, che avrebbe fornito la spinta per tornare sulla Terra, riuscì

Qui uomini dal pianeta Terra hanno messo per primi piede sulla Luna. Luglio 1969. Siamo giunti in pace a nome di tutta l'umanità.

Questa è la targa collocata su una delle gambe del LEM e rimasta sulla Luna dopo gli straordinari giorni di Apollo 11.

senza problemi e gli astronauti poterono godersi molto più rilassati e felici il trionfale viaggio di ritorno.

In prossimità della Terra il modulo di comando si liberò del modulo di servizio e pochi minuti dopo si tuffò trionfante nelle calde acque dell'oceano Pacifico.

24 luglio 1969: gli uomini del pianeta Terra che per primi avevano messo piede sulla superficie della Luna erano tornati sani e salvi, concludendo nel migliore dei modi la più grande impresa della storia.

Quella piccola sfera luminosa gialla, che a volte si presenta come una simpatica falcetta, è un altro mondo esterno al nostro, posto a una distanza dieci volte superiore a quella necessaria per compiere il giro del nostro pianeta. Quella piccola sfera gialla che ha accompagnato la nostra storia sin dalla notte dei tempi e ha raccolto sogni, poesie, speranze, paure, non è più la stessa. Su quella sfera lontana noi ci siamo andati, abbiamo passeggiato, corso, saltato; siamo anche caduti ma sempre rialzati, proprio come i sogni di un uomo. Nessuno potrà mai distruggerli. Per quanto duri possano essere i tempi e i problemi della vita, ci sarà sempre qualcuno che guarderà le stelle con il desiderio e la speranza di raggiungerle.

Buzz Aldrin, il secondo uomo sulla Luna, posa vicino alla bandiera americana issata sulla superficie selenica. Neil Arsmstrong, il primo uomo a scendere dal LEM, ha ripreso questa bellissima fotografia.

Il programma Apollo prevedeva molte altre missioni lunari sempre più complesse, da lanciare in stretta sequenza.

A neanche 4 mesi di distanza da Apollo 11, il 14 novembre 1969 Apollo 12 lasciò la superficie terrestre dirigendosi verso la Luna, in una missione molto simile alla precedente.

Fu ancora un successo, sebbene alcuni seri problemi alla partenza avevano rischiato di far annullare la missione.

In quei momenti il Kennedy Space Center era interessato da un violento temporale. I tecnici fecero partire lo stesso Apollo 12, che volò attraverso le nuvole.

Due fulmini a distanza di pochi secondi si scaricarono sul Saturn V mettendo temporaneamente fuori uso il computer di bordo del modulo di

Apollo 12 si posò vicino alla sonda Surveyor 3 giunta sulla Luna il 20 aprile 1967. I due astronauti diventarono i primi e attualmente gli unici ad avvicinarsi a una sonda su un altro corpo celeste.

comando, alcuni sensori e l'alimentazione delle celle a combustibile. Queste si ripresero quasi subito, mentre al computer e agli altri sensori di controllo sarebbero serviti preziosi secondi che certamente non si avevano a disposizione in questa delicatissima fase.

Fortunatamente i processori indipendenti del Saturn V dedicati al controllo del volo non subirono danni e fecero volare regolarmente la navicella Apollo in quegli interminabili istanti di black-out del computer di bordo.

Passato lo spavento la missione proseguì tranquilla.

Gli astronauti Charles "Pete" Conrad e Alan Bean scesero nel grande mare lunare denominato Oceano delle Tempeste, che si estende fino al bordo occidentale del lato visibile della Luna.

Il terzo membro dell'equipaggio, Richard Gordon, rimase a bordo del modulo di comando.

Conrad e Bean restarono sulla superficie lunare per un giorno e 7 ore, compiendo due uscite di circa 3 ore ciascuna, un tempo decisamente maggiore rispetto ad Armstrong e Andrin.

Famosa resta la frase pronunciata da Conrad appena sceso dalla scaletta: "*Whoopie! Amici, sarà stato anche un piccolo passo per Neil, ma per me è bello grande!*"

Il terzo uomo sulla Luna, più basso di Armstrong, aveva fatto una scommessa con la giornalista Oriana Fallaci che in un'intervista aveva sollevato il dubbio che ci fosse la mano invadente della NASA nelle frasi che dovevano pronunciare gli astronauti nei momenti importanti. Conrad dimostrò che la grande giornalista si era sbagliata, almeno per quanto riguarda la sua missione!

Con un interesse sempre minore da parte del pubblico, che ormai si era stancato dei "noiosi" viaggi lunari, Apollo 13 decollò l'11 aprile 1970 alle ore 13:13, sfidando tutta una serie di superstizioni che circondano il numero 13 nella cultura anglosassone.

Sfortuna volle, però, che nel mezzo della traversata, durante un normale rimescolamento dei serbatoi di ossigeno, una serpentina difettosa si staccò e produsse una scintilla che fece esplodere uno dei quattro serbatoi, danneggiò seriamente l'altro che in poco tempo si svuotò e costrinse gli altri due alla chiusura forzata.

È entrata nella storia la comunicazione con cui Jim Lovell avvertì il controllo missione, con voce apparentemente fredda e distaccata, che qualcosa di grave e inaspettato era successo all'astronave: "*Ok Houston, abbiamo avuto un problema*".

Ci vollero interminabili minuti per comprendere la gravità della situazione, così imprevedibile che inizialmente si pensò a un errore del computer di bordo. In effetti, cos'altro pensare leggendo improvvisamente sul monitor oltre 30 messaggi d'errore e una presunta quadrupla avaria?

Sfortunatamente non fu così, se non altro perché l'astronave era completamente fuori controllo e gli astronauti a bordo stavano pure osservando dall'oblò del gas incolore uscire dalla parte posteriore del modulo di servizio: il prezioso ossigeno.

La chiusura di tutti i serbatoi di ossigeno lasciò al modulo di comando solamente pochi minuti di aria e causò l'interruzione dell'alimentazione elettrica (che utilizzava proprio l'ossigeno), temporaneamente provvista dalle batterie di emergenza.

In poco tempo Apollo 13 si trasformò in una disperata missione di salvataggio.

Non solo la Luna non si sarebbe potuta raggiungere, ma sarebbe stata una sfida riportare a casa sani e salvi gli uomini a bordo.

Con il modulo di comando che sarebbe presto diventato inabitabile, i dati del computer di bordo furono trasferiti in quello del LEM, che diventò una scialuppa di salvataggio.

Per riportare gli astronauti sani e salvi, fu deciso di far loro raggiungere l'ormai vicina orbita lunare e accendere il razzo nel lato nascosto della Luna, proprio come nelle normali missioni.

Il problema era il motore del modulo di comando: se fosse rimasto danneggiato, la sua accensione avrebbe potuto distruggere l'astronave. Si decise allora di eseguire la manovra utilizzato il LEM e il motore che doveva scendere sulla Luna.

Ma un'operazione del genere non era mai stata tentata fino a quel momento e non si era sicuri dell'esito positivo. Tutto questo, inoltre, sarebbe avvenuto durante il black-out delle comunicazioni che si verifica quando la Luna si frappone tra l'astronave e la Terra.

Fortunatamente la manovra riuscì perfettamente, ma i problemi di Apollo 13 non erano di certo finiti.

Con la poca alimentazione elettrica del LEM, gli astronauti furono costretti a spegnere tutti i sistemi non essenziali, tra cui l'impianto di riscaldamento, passando interminabili giorni con temperature di alcuni gradi sotto lo zero.

Il LEM, inoltre, era stato progettato per ospitare due astronauti per due giorni, ora invece ve ne erano da mantenere in vita tre per quattro giorni.

Uno dei problemi principali fu rappresentato dai filtri per lo smaltimento dell'anidride carbonica, che non erano sufficienti per tre persone. Quelli del modulo di comando non potevano essere adattati al LEM perché di forma diversa.

I tecnici a Terra trovarono una soluzione spartana ma efficace per l'adattamento, utilizzando nastro adesivo, bustine di plastica e un calzino, tutti i pochi materiali a disposizione degli astronauti nell'astronave Apollo.

Seguendo passo passo le istruzioni comunicate in tempo reale, gli astronauti riuscirono ad adattare i filtri ed evitare una fine scontata e ormai prossima.

Un altro momento delicato fu la correzione di traiettoria che si rese necessaria a circa metà della traversata.

Senza l'aiuto del computer di navigazione, che avrebbe consumato le ultime risorse energetiche rimaste, gli astronauti dovevano accendere per 36 secondi il motore del LEM e pilotare manualmente l'astronave, prendendo come riferimento la Terra visibile in uno degli oblò.

Se gli astronauti non fossero riusciti a mantenere la rotta, non avrebbero mai più fatto ritorno a casa e niente e nessuno li avrebbe potuti soccorrere.

Se volare manualmente nello spazio senza possibilità di sbagliare non fosse già abbastanza rischioso, la situazione era resa ancora più pesante e incerta dal fatto che i motori del LEM non erano stati mai testati per una seconda accensione. Si sarebbero quindi riaccesi? Avrebbero resistito a un nuovo e forte sollecito, dopo il già grande stress a cui erano stati sottoposti per abbandonare l'orbita lunare?

Fortunatamente anche questa manovra riuscì tra la tensione degli astronauti e l'apprensione dei tecnici del controllo missione.

Il piccolo LEM Acquarius si era dimostrato più resistente e affidabile di quanto pensassero gli stessi ingegneri che lo avevano costruito.

Superata con successo questa delicata manovra, l'astronave Apollo sarebbe sicuramente tornata sulla Terra, ma le incognite in merito alla reale sopravvivenza degli astronauti erano ancora numerose.

Lo scudo termico del modulo di comando, estremamente delicato e così vicino al luogo dell'esplosione, era stato danneggiato?

Le batterie di rilascio dei paracadute, necessarie per frenare la discesa, erano ancora cariche dopo i giorni passati a diversi gradi sotto zero?

La condensa all'interno del modulo di comando avrebbe mandato in corpo circuito tutto il sistema, una volta riattivato per le operazioni di rientro in atmosfera?

Dopo aver sganciato il modulo di servizio in previsione del rientro in atmosfera, questo è lo scenario che si presentava agli astronauti di Apollo 13: parte dell'astronave era completamente distrutta.

Trovare risposta a tutti questi interrogativi non era comunque utile, poiché nessuno avrebbe potuto intervenire per sistemare il problema.

I tecnici del controllo missione cercarono di rincuorare gli astronauti e scelsero di non comunicare tutte le variabili che rendevano piuttosto incerta la loro sopravvivenza.

Con l'ingresso nell'atmosfera terrestre a decine di migliaia di chilometri l'ora, le comunicazioni tra il modulo di comando e i tecnici si interruppero, come previsto. In queste delicate fasi, il forte disturbo dell'atmosfera terrestre, che riscalda lo scudo termico fino a oltre 1500°C, rende impossibile per circa 3 minuti ogni comunicazione radio.

L'ansia e la preoccupazione dei tecnici seduti su quelle sedie diventate scomode raggiunsero livelli altissimi quando alla fine del previsto silenzio radio tutti i tentativi di contattare l'astronave fallirono. Nessuna missione aveva avuto un blackout radio per più di tre minuti.

Quando il silenzio arrivò a ben cinque minuti, molti ormai pensarono al peggio. L'astronave era stata disintegrata nel rientro in atmosfera?

Una flebile speranza cominciò ad accendersi quando gli uomini addetti al recupero avvistarono il modulo di comando, che lentamente scendeva con i paracadute spiegati.

Purtroppo, ancora nessun segnale radio proveniva dall'abitacolo della capsula Odyssey che sembrava scendere quasi a tempo di una tristissima marcia funebre.

Ma dopo oltre sei interminabili minuti di silenzio, finalmente il saluto del capitano Lovell interruppe l'angoscia della sala di controllo e la litania dell'addetto alle comunicazioni che cercava ancora di mettersi in contatto con l'astronave, ripetendo sempre la stessa frase ormai quasi priva di speranza.

Un applauso scrosciante salutò il tuffo del modulo di comando Odyssey nell'Oceano Pacifico, ponendo fine all'avventura più pericolosa della storia dell'astronautica.

La missione Apollo 13 fu l'unica a fallire l'allunaggio, ma i tecnici della NASA la definirono un fallimento di grande successo.

Le successive missioni subirono un fisiologico ritardo a causa della rigida inchiesta sulle cause dell'esplosione di Apollo 13.
Una volta ripartito, il programma spaziale proseguì senza intoppi fino ad Apollo 17, l'ultima missione umana sulla Luna, partita il 7 dicembre 1972.
Tre giorni sulla Luna

L'equipaggio di Apollo 11: da sinistra a destra: Armstrong, il primo a toccare la superficie lunare, Collins, che sulla Luna non è mai sceso, e Aldrin, il secondo uomo a camminare sul nostro satellite.

con altrettante uscite di oltre 7 ore ciascuna in compagnia, sin da Apollo 15, di una jeep per muoversi più velocemente, poi il ritorno verso la Terra, il 14 dicembre, sancì l'addio definitivo al grande sogno dell'uomo di esplorare il Cosmo con le proprie gambe.

Il Lunar Roving Vehicle (LRV) era un'essenziale jeep con la quale gli astronauti di Apollo 15-16-17 si muovevano sulla superficie selenica.

164

Neil Armstrong fu il primo a camminare sulla superficie del nostro satellite, Eugene Cernan rimane a oggi l'ultimo uomo sulla Luna, a conclusione di un'era di esplorazione spaziale che forse non si ripeterà mai più, ma che resterà per sempre nella memoria del genere umano.

Luoghi di atterraggio delle missioni Apollo, le uniche a portare uomini sulla Luna.

L'esplorazione automatica

Sulla Luna hanno camminato solamente 12 uomini, tutti americani; l'Unione Sovietica, battuta sul tempo, non ha mai portato un cosmonauta sul nostro satellite.

Dopo la straordinaria epopea lunare anche l'esplorazione attraverso sonde automatiche subì uno stop di diversi anni.

Cinque lanci russi tra il 1973 e il 1976, tutti a segno, e sulla Luna non è più giunta alcuna astronave fino al 19 marzo 1990, con l'arrivo in orbita della sonda giapponese Hiten, il primo satellite né russo né americano inviato in orbita lunare.

Gli americani, dopo oltre 22 anni dall'ultima missione, nel 1994 lanciarono la sonda Clementine per mappare in modo ancora più approfondito la superficie.

Parallelamente all'uscita di scena dell'Unione Sovietica si sono affacciate nuove potenze spaziali, tra cui l'India, la Cina, l'Europa e il Giappone.

Il 15 novembre 2004 la prima sonda europea arrivò nell'orbita lunare (SMART-1); nel novembre 2007 toccò alla prima cinese (Chang'e 1), seguita nel novembre 2008 da due sonde indiane, di cui una (Moon Impact Probe) impattò la superficie per evidenziare l'eventuale presenza di ghiaccio.

Stessa tecnica fu adottata dagli americani nell'ottobre 2009, spedendo contro la superficie lunare la missione LCROSS, composta da una sonda e dallo stadio di un razzo Centaur.

Grande fu il successo della sonda giapponese SELENE (rino-

Splendido panorama lunare con la Terra in primo piano ripreso dalla sonda giapponese SELENE.

minata Kaguya) che tra il 2007 e il 2009 mappò ad alta risoluzione la superficie lunare.

Dopo la ricerca e la conferma di ghiaccio sulla Luna, attualmente la missione americana Gravity Recovery and Interior Laboratory, composta da due sonde gemelle, ha il compito di mappare dettagliatamente il campo gravitazionale del nostro satellite.

Una seconda missione cinese è operativa dal 5 ottobre 2010 con il compito di creare una mappa ad alta risoluzione della Luna, che è stata rilasciata nei primi giorni del febbraio 2012.

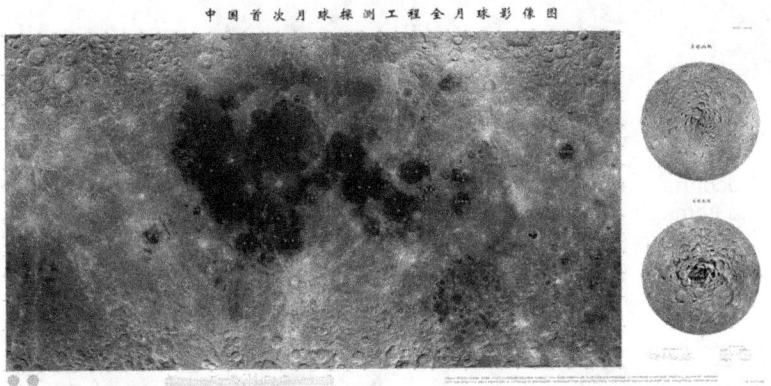

La prima mappa lunare costruita da una sonda cinese in orbita attorno alla Luna.

Che questa concorrenza asiatica rappresenti anche per gli Stati Uniti un incentivo per ritornare all'esplorazione umana della Luna, come peraltro più o meno chiaramente affermato dalle ultime amministrazioni?

Al momento oltre alle dichiarazioni non sono disponibili progetti con date certe. Le stime non sono favorevoli, principalmente per i costi elevatissimi di una missione lunare con equipaggio umano.

Il progetto Apollo ricevette un finanziamento di oltre 25 miliardi di dollari, che equivalgono a circa 170 miliardi di dollari attuali, una cifra che nessuna nazione è disposta a spendere senza avere degli importanti e immediati tornaconti economici e politici.

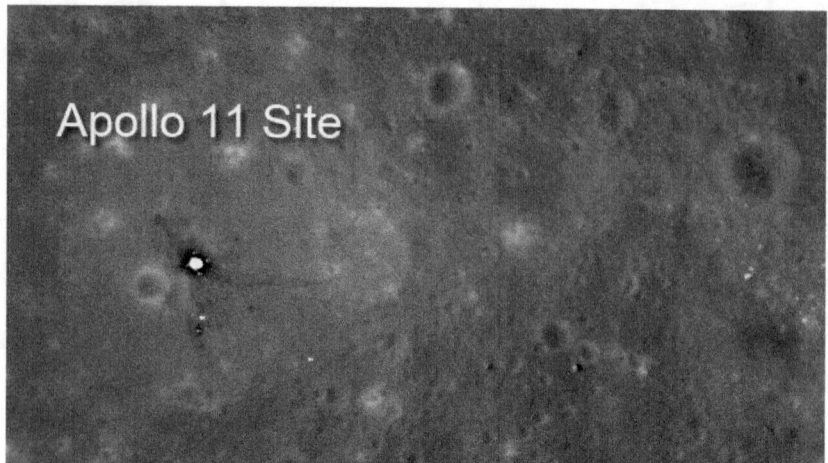

A oltre 40 anni di distanza dal primo sbarco sulla Luna, la sonda automatica Lunar Reconnaissance Orbiter ha ripreso in dettaglio alcuni siti di allunaggio. In questa immagine possiamo osservare il teatro dello sbarco di Apollo 11. Il punto bianco è la parte inferiore del LEM. Le linee scure sono le tracce lasciate dalle passeggiate degli astronauti. I punti luminosi vicino al LEM gli strumenti scientifici depositati sulla superficie.

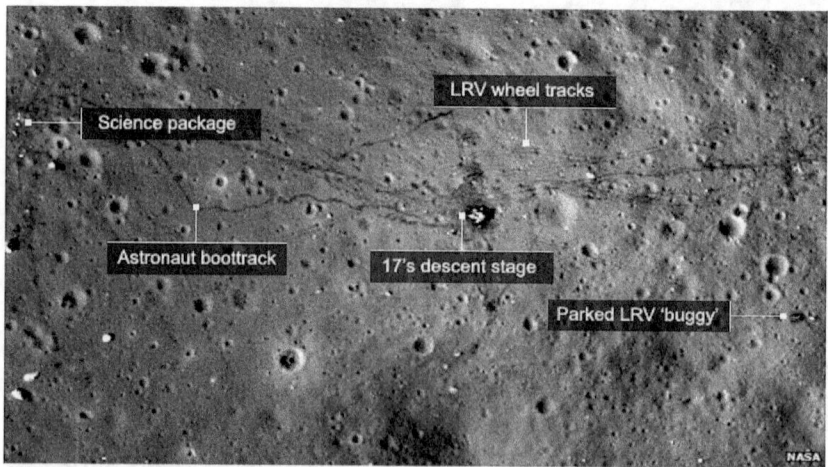

Sito di allunaggio di Apollo 17, l'ultima e più complessa missione, ripreso dalla sonda LRO nel 2011. Sono ben visibili le tracce degli astronauti, gli strumenti scientifici, le tracce della Jeep lunare e il veicolo stesso, parcheggiato nella parte destra di questa immagine.

6. Marte

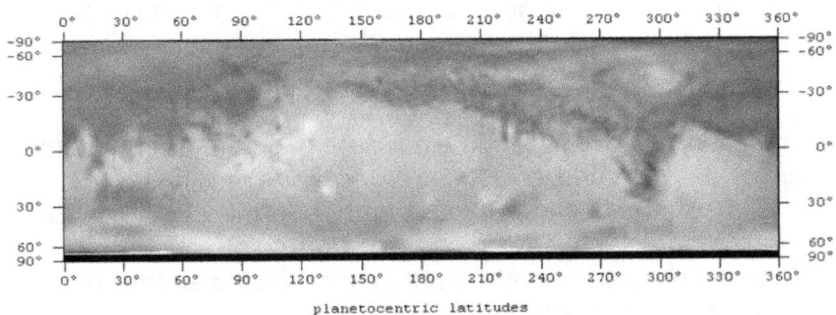

planetocentric latitudes

Planisfero di Marte ottenuto con un telescopio amatoriale. Si possono vedere tutte le principali caratteristiche superficiali e atmosferiche del pianeta.

Con Marte anche le antiche popolazioni avevano capito che stavano osservando un oggetto con proprietà piuttosto diverse rispetto ai corpi visti fino a questo momento.

Nel cielo appare molto più piccolo e debole della Luna e soprattutto può trovarsi in ogni punto a cavallo di una linea immaginaria chiamata eclittica.

L'eclittica non è altri che la proiezione nel cielo del percorso orbitale terrestre.

Poiché tutti i pianeti si trovano all'incirca sullo stesso piano, saranno osservabili sempre a ridosso di questa linea che attraversa le famose costellazioni dello zodiaco (che in realtà sono 13, non 12, con buona pace degli astrologi).

Perché Marte e tutti i pianeti che andremo a vedere nelle prossime pagine si possono osservare in qualsiasi posizione rispetto al Sole, contrariamente a Mercurio e Venere?

Se abbiamo la pazienza e la volontà, proprio come gli scienziati greci, di seguire i movimenti di Marte e compararli a quelli di Mercurio e Venere, possiamo arrivare a un'intuizione molto importante.

Poiché Mercurio e Venere seguono sempre il Sole, non distaccandosene mai più di qualche decina di gradi, e mostrano

169

le fasi, è logico pensare che vi debbano orbitare attorno, per di più in una posizione più interna rispetto a quella della Terra.

Non sto facendo una constatazione dell'ovvio, ma ragionando semplicemente su un fatto che nelle prime pagine abbiamo dato per scontato: come si fa a capire che i pianeti orbitano intorno al Sole?

Benché dalla nostra posizione sia il Sole che sembra muoversi nel cielo, se Mercurio e Venere sono illuminati dalla nostra stella e vi orbitano intorno, possiamo affermare con buona confidenza che anche noi ruotiamo attorno al Sole e che il movimento che osserviamo durante l'anno è solo apparente.

Per averne la certezza possiamo osservare il moto di Marte attraverso le stelle, le cui posizioni reciproche le consideriamo fisse per questo scopo. Bastano poche osservazioni, condotte in almeno un mese, per vedere che il pianeta si sposta abbastanza velocemente nel cielo e notare che la sua luminosità cambia sensibilmente.

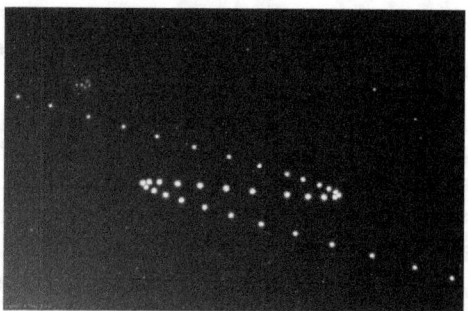

Il moto di Marte osservato dalla Terra non sembra affatto regolare, come mostra questa immagine.

Se Marte ruotasse attorno alla Terra su un percorso quasi circolare, come suggerirebbe l'alternativa teoria tolemaica, non si spiegherebbe affatto come possa variare così tanto di luminosità e come in certi periodi il suo moto cambi addirittura direzione e intensità, come mostrato nell'immagine sopra.

Se invece assumiamo che Marte si muova intorno al Sole, esattamente come la Terra, Mercurio e Venere, ma su un'orbita questa volta più esterna rispetto alla nostra, tutto sembra combaciare perfettamente.

Le variazioni della velocità e direzione del moto sono dovute alla composizione del moto orbitale marziano con quello terrestre, mentre le differenze di luminosità dipendono dalla posizione reciproca dei due pianeti, che evidentemente ruotano attorno al Sole con periodi diversi.

Quando Marte e la Terra sono vicini, la luminosità raggiunge la massima intensità, mentre quando si trovano dalla parte opposta rispetto al Sole, il pianeta rosso è poco più brillante della stella Polare.

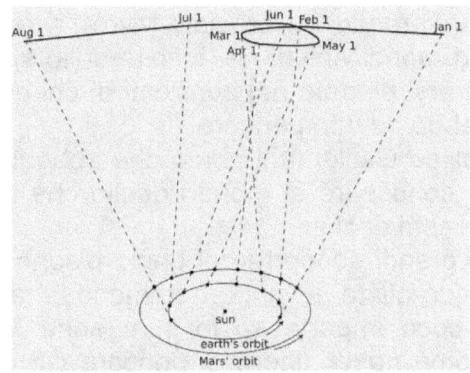

Questo piccolo ragionamento sulla meccanica del Sistema Solare ci ha portato a dare una consistenza maggiore (almeno spero!) alla cosiddetta teoria copernicana, quella secondo cui il Sole si trova al centro del Sistema Solare e tutti gli altri pianeti vi ruotano intorno.

Se assumiamo che tutti i pianeti ruotano intorno al Sole, il particolare percorso nei nostri cieli si spiega con la composizione dei moti orbitali di Marte e della Terra, che evidentemente hanno periodi diversi.

A questo punto potremmo dire, con un sussulto d'orgoglio: tutto ciò lo sappiamo già, lo sanno persino i bambini oramai.

Se un'osservazione di questo tipo ora sembra così semplice e banale, lo dobbiamo unicamente a generazioni di uomini che hanno osservato attentamente il cielo per anni e hanno avuto il coraggio di lottare per le proprie idee, anche a costo di umiliazioni o addirittura la morte.

Gli antichi greci, pensatori liberi e geniali, erano arrivati a capire che il centro del Sistema Solare fosse il Sole, proprio come ci siamo riusciti noi, senza telescopi, ma con un po' di logica.

Purtroppo questo grandissimo livello di pensiero e conoscenza venne in parte offuscato dal lungo periodo medievale.

La teoria tolemaica fu imposta come l'unica rispondente all'amore e alla legge di Dio, che doveva aver per forza creato la Terra e l'uomo al centro del Sistema Solare e dell'Universo.

Fortunatamente il genio della mente umana e la sua voglia di libertà non si possono tenere imbrigliati a lungo nelle maglie dell'ignoranza e della violenza.

Il grande pensatore Giordano Bruno pagò con la vita e indicibili sofferenze (fu bruciato vivo) l'aver teorizzato l'esistenza di altri mondi abitati nell'infinità dello spazio, e soprattutto il non essersi piegato nei confronti di chi gli imponeva quello che avrebbe dovuto pensare.

Galileo Galilei fu il primo che ebbe il coraggio di dimostrare e far conoscere al mondo quello che ora sembra così evidente ai nostri occhi.

Le grandi scoperte del genio pisano sopravvissero al periodo oscurantista e vennero tramandate alle generazioni future.

E poco importa se le sue teorie fossero corrette o meno: l'uomo nasce libero di pensare ciò che vuole. Nessuno ha il diritto di imporre le proprie idee.

Con la speranza che mi venga perdonata la digressione appena fatta, torniamo alla descrizione di Marte, proseguendo questa volta spediti fino alla fine.

Marte, detto anche pianeta rosso a causa della sua colorazione, è l'ultimo dei pianeti rocciosi e per certi versi quello più simile alla Terra.

La tipica tonalità rossastra è dovuta a una sostanza che ben conosciamo anche qui sulla Terra: polvere di ossido di ferro, nient'altro che ruggine.

Nonostante le dimensioni inferiori di quasi la metà (0,53) rispetto al nostro pianeta, una massa 1/10 di quella terrestre, quindi una gravità di poco superiore a 1/3 e una durata dell'anno pari a 686 giorni, ha un periodo di rotazione simile (24 ore e 37 minuti), così come l'inclinazione dell'asse di rotazione, di 25,19° contro i 23,27° del nostro pianeta.

Marte possiede un'atmosfera che, seppur molto tenue, può ricordare da lontano, come dinamica, quella terrestre.

In prossimità dei poli possiamo inoltre osservare due calotte polari composte principalmente di ghiaccio secco (anidride

carbonica congelata) e ghiaccio d'acqua, che con il susseguirsi delle stagioni si espandono e ritirano.

Indagando più a fondo con i telescopi, anche amatoriali, le differenze con la Terra cominciano lentamente a emergere.
L'atmosfera, per iniziare, è molto tenue (1/100 di quella terrestre) e composta quasi esclusivamente da anidride carbonica
(95%), azoto (2,7%), con tracce di argon, vapore acqueo, ossigeno: una composizione che ricorda da vicino quella di Venere. Fortunatamente, la minore densità e la maggiore distanza dal Sole producono un effetto serra di gran lunga inferiore.

In effetti Marte è un pianeta freddo, con una temperatura media di circa -60°C, ma che nelle giornate estive, in zone prossime all'equatore, può arrivare anche a +20°C, un clima decisamente sopportabile, se non fosse per la composizione atmosferica piuttosto avversa agli esseri umani.

Questi valori confermano il fatto che la tenue atmosfera debba
essere composta da gas serra che innalza la temperatura media di almeno una decina di gradi.

Le calotte polari
durante le estati
marziane perdono
completamente lo
strato di anidride
carbonica e buona
parte del ghiaccio
d'acqua, provo-
cando imponenti
cambiamenti at-
mosferici.

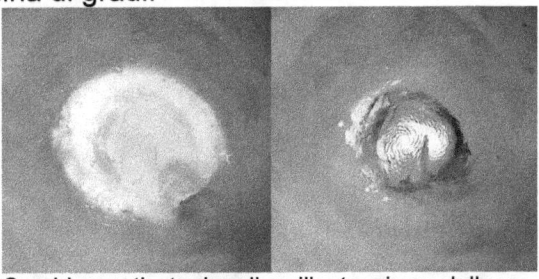

Cambiamenti stagionali nell'estensione della calotta polare nord di Marte. A sinistra come si presenta all'inizio della primavera, a destra alla fine
dell'estate marziana.

L'immissione di
grandi quantità di gas produce un forte squilibrio di pressione
tra le diverse zone superficiali, che può causare forti venti (fino
a 200 km/h) in grado di sollevare ingenti quantità della finissima polvere rossa, generando di conseguenza delle tempeste
che riescono a coinvolgere anche l'intero pianeta, com'è ac-
caduto in tempi recenti nel 2001 e nel 2007.

Le tempeste su scala planetaria sono, a dire la verità, abbastanza rare; molto più frequenti sono quelle locali, che si sviluppano spesso a ridosso delle grandi pianure.

È curioso fermarsi per un momento a pensare a quanto possa essere violento un vento in grado di sollevare per 20 km di altezza ingenti quantità di sabbia, fino a ricoprire tutto il pianeta, con velocità tipiche dei più violenti uragani terrestri.

Se facciamo un paragone con i venti nostrani, potremmo immaginare che una tale tempesta globale possa radere al suolo ogni struttura, addirittura sollevare e uccidere gli eventuali astronauti che un giorno si dovessero trovare a fronteggiare questo enorme problema.

Ma non ci troviamo sulla Terra, piuttosto su Marte, un pianeta con un'atmosfera circa 100 volte meno densa e una gravità decisamente inferiore.

Con una certa sorpresa, quindi, non è difficile scoprire che un violento vento marziano che soffia a 200 km/h produce circa la stessa forza di una brezza terrestre che spira a 20-25 km/h.

Può risultare fastidioso, ma certamente non ha quella portata distruttiva che potevamo credere, salvando le future missioni umane (chissà quando) da un pericolo altrimenti irrisolvibile.

Come prova di questo curioso fatto, i rover Spirit e Opportunity sulla superficie marziana sono stati più volte investiti da dei veri e propri tornado (chiamati dust devils) senza subire alcun danno, anzi, ne hanno tratto giovamento perché il vento ha

Un tornado su Marte ripreso dal rover Spirit.

portato via la polvere che si era depositata sui loro pannelli solari limitandone l'efficienza, restituendo nuova linfa vitale a questi sorprendenti piccoli robot!

Le tempeste di sabbia marziane possono interessare tutto il pianeta e rendere invisibili i particolari superficiali, come testimoniano queste due immagini del telescopio spaziale Hubble.

L'immissione in atmosfera del vapore acqueo sublimato dalla calotta polare all'inizio dell'estate produce una grande quantità di nubi, molto simili ai cirri terrestri.
Nonostante sia molto rarefatta, l'atmosfera è quindi piuttosto dinamica e variabile nel tempo. Spesso intorno ai rilievi si possono formare dense coltri di nubi, mentre foschie, o vere e proprie nebbie, riempiono valli e alcune zone pianeggianti.

Le nubi marziane sono simili ai cirri terrestri. Sono più frequenti durante i cambi stagionali.

Alle medie latitudini non mancano formazioni nuvolose molto dense e stazionarie per diversi giorni, simili alle grandi perturbazioni che solcano il nostro pianeta. A volte è possibile assistere anche allo sviluppo di veri e propri uragani estesi per diverse centinaia di chilometri.

La densità delle nubi e delle nebbie è tuttavia molto bassa, così come estremamente ridotta è la concentrazione di vapore acqueo negli strati atmosferici, non superiore allo 0,1%.

L'atmosfera è quindi un ambiente estremamente secco.

La formazione delle nubi è consentita dal fatto che la soglia di saturazione del vapore acqueo in atmosfera è bassissima: in altre parole, bastano quantità trascurabili di questo gas affinché cristallizzi in ghiaccio e formi le nubi.

La superficie di Marte è molto interessante e si può dividere in due grandi zone.

L'emisfero sud, piuttosto rugoso e craterizzato, quindi antico, presenta grandi bacini da impatto (Hellas, con 1800 km è il più grande), mentre l'emisfero nord è un'enorme depressione molto liscia, 2 km al di sotto della quota media.

Le uniche eccezioni sono rappresentate da alcuni antichi vulcani, tra cui spicca senza dubbio il monte Olimpo, alto oltre 20.000 metri e la regione di Tharsis, caratterizzata da altri tre grandi vulcani.

Da quando le sonde, a partire dagli anni 70, hanno iniziato a inviare immagini in alta risoluzione, alcune provenienti anche dalla superficie, tra gli scienziati è iniziato a serpeggiare il forte dubbio che su Marte un tempo scorresse acqua liquida in abbondanza. Alcuni astronomi si sono addirittura spinti a ipotizzare che tutto l'emisfero nord fosse stato un tempo un grande oceano d'acqua liquida. Alla base di queste considerazioni c'è l'idea che miliardi di anni fa Marte fosse probabilmente un pianeta più caldo e attivo geologicamente, del tutto simile alla Terra odierna.

Marte possiede anche due lune chiamate Phobos e Deimos, che in realtà si pensa siano asteroidi catturati dal suo campo gravitazionale qualche miliardo di anni fa.

Acqua nel passato di Marte?

Il mistero più affascinante di Marte ruota attorno alla presenza o meno di acqua nel suo passato e nel presente.

I dati ricevuti dalle prime sonde giunte sul pianeta, tra cui le gloriose Viking, hanno sollevato un problema di cui ancora se ne discute animatamente a distanza di oltre 30 anni.

Le immagini provenienti dalla superficie e dall'orbita hanno fornito numerosi indizi sul fatto che il pianeta un tempo fosse estremamente diverso dall'arido deserto attuale.

Oltre alle peculiari proprietà dell'emisfero nord, che potrebbero essere spiegabili anche con un gigantesco impatto che avrebbe rimodellato la superficie, nel dettaglio il suolo marziano è percorso da quelli che sembrano resti di decine di fiumi e grandi laghi, come quello riportato nell'immagine a destra.

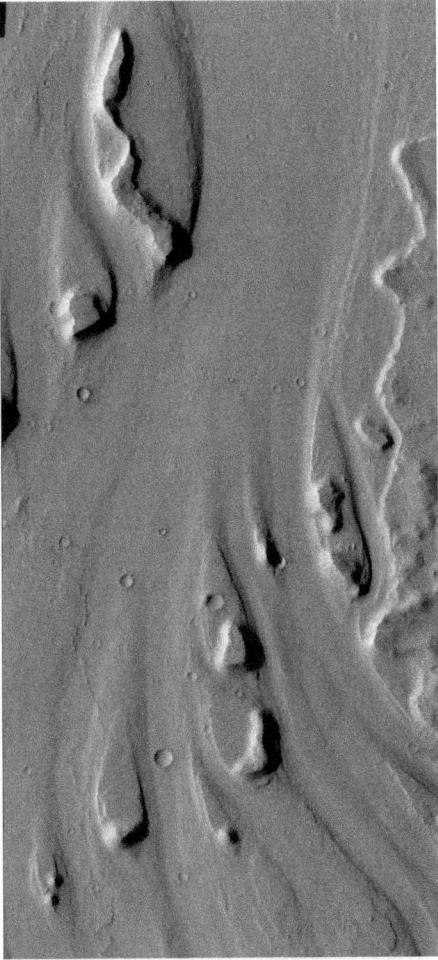

Sulla Terra questo sembrerebbe il letto prosciugato di un grande fiume. Può Marte aver sperimentato un periodo, miliardi di anni fa, ricco di acqua liquida?

Se infatti confrontiamo queste immagini con le situazioni familiari e più conosciute della Terra, gli indizi potrebbero addirittura trasformarsi in prove evidenti.

177

Un fiume che scorre per lungo tempo nel suo letto modella la superficie, leviga le pietre, scava il terreno, muove la sabbia, genera valli e canyon. Molte sono le formazioni di questo tipo scoperte dalle sonde in orbita.

Il fatto che attualmente non vi sia acqua in questi probabili antichi letti, alcuni dei quali davvero giganteschi, è ciò che impedisce agli scienziati di essere certi della loro origine.

Perché così tanta incertezza?

Sostanzialmente perché la nostra analisi si basa solamente su una somiglianza visiva con le strutture geologiche che sulla Terra sono formate dallo scorrere dell'acqua. Siamo proprio sicuri, però, che non potrebbero esserci altri motivi, che attualmente ignoriamo, per cui su Marte si siano formate strutture simili senza dover per forza di cose considerare l'azione erosiva prodotta dal nostro familiare liquido trasparente?

La prudenza resta d'obbligo anche guardando un'immagine apparentemente eloquente come quella della pagina precedente, per un motivo molto semplice: le condizioni di pressione e temperatura sul suolo marziano attualmente impediscono all'acqua pura di esistere stabile allo stato liquido.

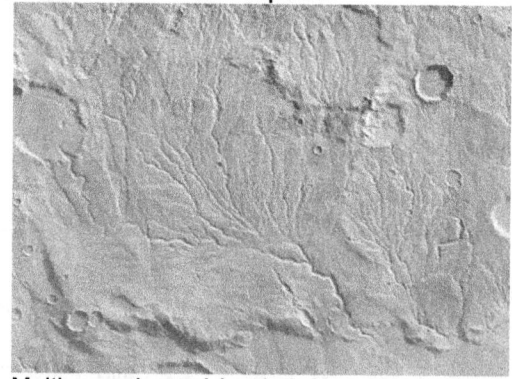

Presso i poli è congelata, alle basse latitudini può esserci solo sottoforma di vapore.

Ammettere che quelle strutture siano letti di antichi fiumi, significa quindi rendere implicito che un tempo l'atmosfera del pianeta rosso fosse profondamente diversa, tanto da consentire all'acqua di scorrere liberamente e in grandi quantità.

Molti sono i segni lasciati da quelli che sembrano antichi letti di fiumi.

Uno scenario del genere solleva, proprio come gli imponenti venti marziani, molte altre domande: come si è modificata l'atmosfera? Perché è cambiata così tanto? E dove è finita tutta l'acqua?

Difficile ancora mettere insieme i pezzi di un puzzle davvero estremamente più complicato di quanto si potesse pensare, anche perché molte delle analisi necessarie per confermare o confutare la teoria devono essere fatte sul luogo.

Fino a questo momento sono stati trovati degli indizi, alcuni a dire la verità davvero forti.

Il rover Opportunity ha trovato rocce sedimentarie, che sulla Terra si formano solamente in presenza di acqua.

La sonda Phoenix ha confermato che alle alte latitudini il terreno è pieno di ghiaccio d'acqua.

Lo strato di permafrost, così viene chiamato il suolo perennemente ghiacciato, potrebbe contenere una riserva grandissima di acqua, tale da ricoprire buona parte dell'emisfero nord del pianeta se diventasse liquida.

La pala meccanica della sonda Phoenix ha scavato solamente pochi centimetri ma ha subito trovato ghiaccio d'acqua, che dovrebbe essere molto abbondante nel sottosuolo marziano. Esposto alle condizioni della superficie lentamente sublima.

Le osservazioni delle sonde in orbita attorno al pianeta, in particolare quelle di Mars Odyssey, hanno mostrato che senza la protezione del campo magnetico, l'atmosfera del pianeta rosso si sta lentamente disperdendo nello spazio a causa dell'azione erosiva del vento solare.

Questa osservazione è fondamentale, perché se riuscissimo a campire il ritmo con cui l'atmosfera evapora e la sua eventuale stabilità nel tempo, potremmo dare forza alla teoria secondo cui l'antico inviluppo atmosferico del pianeta fosse molto diverso da quello attuale. Se l'atmosfera era più spessa e calda, le grandi quantità d'acqua che ora si trovano nel sottosuolo potevano formare laghi e oceani in superficie.

Acqua nel presente di Marte?

Le indagini condotte dalle sonde, come appena visto, non sono in grado di dirci ancora se nel passato di Marte ci fosse con certezza acqua liquida, ma possono sicuramente aiutarci a comprendere se nel presente questo importante liquido possa ancora scorrere.

Se fino a qualche decennio fa gli scienziati erano convinti che le condizioni di Marte impedissero categoricamente l'esistenza di acqua liquida, le osservazioni più dettagliate dell'intera superficie planetaria degli ultimi anni hanno in parte scalfito queste convinzioni, a dimostrare che non bisogna dare mai nulla per scontato nella scienza!

A cominciare dalla sonda Mars Globar Surveyor, la prima che dall'orbita aveva la strumentazione per riprese in alta risoluzione, sulla superficie del pianeta rosso si sono cominciati a osservare dei piccoli canali da scolo lungo le ripide pareti di crateri o di alcune scarpate.

In poco più di dieci anni il loro numero è salito ad alcune centinaia.

Gli scienziati inizialmente pensavano si trattasse di antichi canali da scolo simili ai grandi letti di fiumi precedentemente osservati sulla superficie, sicuri del fatto che l'acqua liquida non potesse scorrere su Marte. Ben presto, però, Mars Global Surveyor riprese delle immagini che spiazzarono i planetologi di tutto il mondo e riaccesero le speranze sulla possibile esistenza di acqua liquida.

Le immagini riprese a distanza di pochi anni mostravano sensibili cambiamenti nella forma e nel materiale contenuto nei canali. Questo era un chiaro indizio che il fenomeno alla base della loro creazione fosse ancora attivo.

Negli anni successivi le sonde dell'ultima generazione, tra cui l'europea Mars Express e l'americana Mars Reconneaissance Orbiter, hanno ripreso centinaia di altri canali, in inglese denominati gully.

Se alcuni gully sembrano attivi, potrebbero essere causati dallo scorrere di acqua che si trova imprigionata nel sottosuolo e che a volte trova una via d'uscita sulla superficie?

Di nuovo, se fossero stati osservati sulla Terra non avremmo avuto alcun dubbio. Ma è bene ricordarsi che stiamo osservan-

Un'immagine in alta risoluzione dei canali da scolo (gully) individuati su Marte e probabilmente generati da recenti fuoriuscite di acqua liquida.

do fenomeni su un altro pianeta sensibilmente diverso dal nostro, per cui lasciarsi trasportare da una facile somiglianza potrebbe essere il modo migliore per cadere in inganno.

C'è poi un problema che non possiamo di certo trascurare: l'acqua liquida sulla superficie di Marte avrebbe vita estremamente breve. Se potessimo aprire una bottiglia sul suolo marziano, questa esploderebbe violentemente perché il liquido inizierebbe a bollire in modo estremamente vigoroso, evaporando completamente in pochi secondi.

181

La situazione è simile a quando si getta acqua su una padella rovente usata per la frittura.

Se dovessimo trovarci in prossimità delle regioni polari, invece, la bottiglia congelerebbe quasi istantaneamente.

Se il liquido che crea i gully fosse acqua pura, non potrebbe mai percorrere le centinaia di metri di lunghezza dei canali alle latitudini cui sono stati osservati.

Ma allora, di quale liquido potrebbe trattarsi? E siamo proprio sicuri che debba trattarsi di liquido?

Nel 2009 gli scienziati dell'università dell'Arkansans hanno condotto una serie di esperimenti in laboratorio per comprendere se la sostanza che alimenta i gully possa essere composta da una miscela di acqua e sali.

Dopo molti tentativi è stata trovata la soluzione, semplice quanto efficace: il liquido misterioso potrebbe essere una specie di salamoia.

I sali disciolti nell'acqua ne alterano sensibilmente il punto di solidificazione; con la giusta concentrazione possono permetterle di esistere liquida anche nelle particolari condizioni marziane, sia pur per brevi periodi di tempo.

La salamoia non è stata generata con il classico sale da cucina ma con uno la cui presenza è stata rilevata in abbondanza sulla superficie di Marte: il solfato di ferro.

Quando l'acqua è mischiata alla giusta quantità di solfato di ferro può solidificare a ben -68°C sulla superficie di Marte, una temperatura compatibile con quelle registrate durante il giorno nelle zone interessate dal fenomeno.

Questo proposto, però, è solo un modello che cerca di replicare le osservazioni sulla distribuzione dei gully e sulle proprietà dell'atmosfera marziana, ma è ancora lunghi dall'essere provato. Esso, in effetti, parte dal principio secondo cui i canali siano generati necessariamente da un liquido. Se così fosse, non può che trattarsi di una soluzione di acqua e sali.

Una dettagliata analisi delle immagini riprese dalle più recenti sonde automatiche in orbita attorno al pianeta rosso, ha però seriamente messo in dubbio questo modello.

Ci sono molte domande alle quali non si trova una risposta convincente: perché l'acqua dovrebbe scorrere alle medie e alte latitudini, laddove si concentra la grande maggioranza dei gully, e non nelle più temperate zone equatoriali?

Com'è possibile che l'attività dei canali si manifesti solamente durante o al termine della stagione invernale, quando la temperatura è più bassa?

La forma dei nuovi canali è compatibile con lo scorrere di un liquido nelle condizioni marziane?

Recenti simulazioni al computer hanno dimostrato, purtroppo, che i gully, almeno quelli recenti e ad alte latitudini, sono probabilmente generati dal rotolamento di detriti in condizioni asciutte. La teoria attualmente più accreditata prevede un ruolo centrale del ghiaccio secco. Durante gli inverni si deposita in discrete quantità al suolo. In prossimità di pareti ripide può generare valanghe che trascinano a valle i detriti e creano i gully. È inoltre plausibile che sul finire dell'inverno il ghiaccio accumulato cominci a sublimare in conseguenza dell'aumento delle temperature, generando sbuffi di gas che producono piccoli smottamenti.

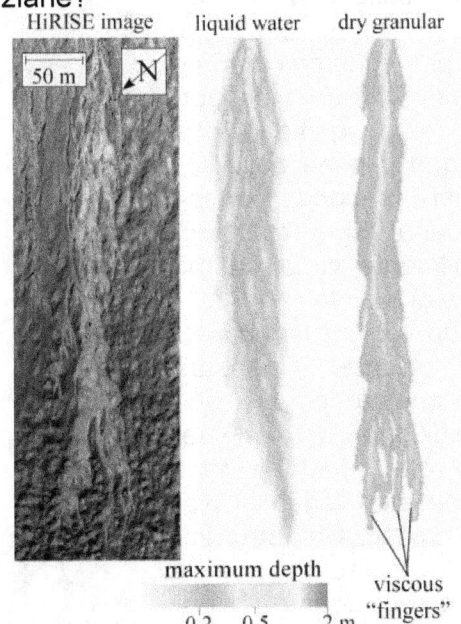

Simulazione di come dovrebbe apparire un canale marziano generato dall'acqua (al centro) e da uno smottamento asciutto prodotto dalla sublimazione di anidride carbonica ghiacciata (a destra). Il confronto con un'immagine reale (a sinistra) non lascia molti dubbi.

183

Certamente un duro colpo per tutti coloro che speravano nell'esistenza di acqua liquida sul pianeta rosso.

Non tutto comunque è perduto. Alcune immagini acquisite a latitudini minori mostrano un'altra famiglia di gully, la cui forma questa volta è compatibile con lo scorrere di acqua liquida in tempi geologicamente recenti. E questo, purtroppo, significa che l'acqua che ha generato questa seconda classe di canali sgorgava probabilmente circa un milione di anni fa.

È un po' frustrante e sconfortante pensare che basterebbe un'unica spedizione umana per risolvere questo e tanti altri misteri legati al pianeta rosso. Un astronauta che dovesse giungere nei pressi di un gully potrebbe raccogliere il terreno e analizzarlo, scoprendo in questo modo

Un gully che sembra essere formato da acqua liquida, probabilmente sgorgata circa un milione di anni fa su Marte.

l'età e l'origine di questi misteriosi dettagli.

Tutto questo, però, al momento non è nient'altro che un sogno irrealizzabile.

Dovremo continuare ad affidarci ai piccoli robot automatici per cercare di completare l'intricato puzzle sul pianeta più simile alla Terra che attualmente conosciamo in tutto l'Universo.

Vita su Marte?

Perché l'acqua liquida è così importante?

Perché è sicuramente uno degli ingredienti fondamentali della vita così come la conosciamo. Trovare bacini di acqua stabili nel tempo potrebbe significare quasi automaticamente scoprire forme di vita, almeno unicellulari.

Allora a questo punto indaghiamo in dettaglio le proprietà del pianeta rosso.

Non esiste davvero angolo del pianeta in cui l'acqua dolce non possa esistere allo stato liquido?

Il rover Sojourner, atterrato nei pressi della zona equato-

Hatched Area = Mars Liquid Water Envelope

In alcune zone di Marte, durante il giorno, l'acqua allo stato liquido può esistere, come dimostra questo diagramma di fase.

riale, ha misurato nel periodo estivo temperature anche di 20°C nelle giornate più calde e una pressione atmosferica compresa tra 6 e 13 millibar.

In questo intervallo di pressione una temperatura così mite consentirebbe l'esistenza di acqua liquida sulla superficie, come mostra il diagramma di fase sopra.

Purtroppo questa è poco più di una curiosità: le escursioni termiche di diversi gradi tra giorno e notte vaporizzerebbero qualsiasi bacino formatosi di giorno.

La presenza di bacini d'acqua sotterranei o nel passato del pianeta contribuisce a rendere ancora fortemente attuale l'interrogativo che tutti si pongono da diversi anni: su Marte c'è , o almeno c'è stata, vita?

Prima di analizzare dati e risultati di alcuni esperimenti meglio precisare che tipo di vita si cerca.

È infatti esclusa la presenza di qualsiasi forma di civiltà intelligente, sia passata che tantomeno presente.

I presunti ritrovamenti di manufatti dalla forma artificiale e dalle sembianze umane non sono altro che leggende metropolitane prive di fondamento e mai confermate da nessun astronomo.

Quello di cui si discute seriamente tra la comunità scientifica è la presenza di vita a livello elementare, come batteri, alghe e in generale semplici organismi unicellulari.

Gli esperimenti e le scoperte susseguitesi negli ultimi decenni, proprio qui sulla Terra o nella bassa orbita, hanno dimostrato che alcuni batteri terrestri possono sopravvivere e riprodursi anche in condizioni impossibili per i complessi organismi pluricellulari. Alcune forme di vita non necessitano né di ossigeno, né di acqua e neanche di luce e possono addirittura sopravvivere alle rigide condizioni dello spazio aperto.

Tutte queste scoperte sorprendenti hanno fatto cambiare prospettiva agli scienziati: la vita ha tutte le carte in regola per poter essere qualcosa di più comune di quanto si potesse immaginare.

In questa nuova visione, le condizioni di Marte non appaiono poi così diverse rispetto ad alcuni luoghi terrestri come l'Antartide, o alcune zone all'interno dei deserti più aridi del globo. Se la vita è possibile in questi posti sul nostro pianeta, perché non può svilupparsi anche su Marte?

Il ragionamento non sembra essere errato dal punto di vista logico, ma la scienza ha bisogno di prove concrete.

Ed è in questo caso che le cose si complicano terribilmente.

In linea di principio basterebbe raccogliere un campione di suolo marziano in una zona con le condizioni più favorevoli alla vita, da analizzare con un microscopio elettronico per scoprire se il terreno è popolato da batteri che si muovono e si riproducono.

Il problema, però, è che nessuno ha potuto raggiungere il pianeta rosso per raccogliere e riportare in un laboratorio biologico terrestre un campione di suolo, e nessuna missione automatica è mai riuscita a inviare verso la Terra una capsula contenente la preziosa polvere marziana.

Gli unici esperimenti sul suolo marziano sono stati effettuati, sul luogo, dalle sonde americane Viking, negli anni 70.

Considerando però che l'equipaggiamento di un laboratorio biologico, soprattutto il microscopio elettronico, è impossibile da trasportare su una piccola sonda interplanetaria, i risultati di questi esperimenti sono ancora, a distanza di oltre 30 anni, oggetto di aspre discussioni tra gli scienziati.

Le prime interpretazioni negarono qualsiasi attività biologica nei campioni di suolo prelevati dalle sonde.

Successive analisi portarono addirittura alla conclusione più odiata dagli scienziati sperimentali: risultato inconcludente.

Cosa significano questi termini?

Sostanzialmente che i dati ricavati dalle analisi delle sonde Viking potevano essere interpretati in modi diversi, tutti perfettamente compatibili. Di conseguenza, era semplicemente impossibile dire quale fosse stato l'esito degli esperimenti.

Grazie alle migliori conoscenze dell'attività biologica, soprattutto quella proveniente da regioni simili alle condizioni di Marte, le più recenti interpretazioni sembrano aver dato una svolta decisiva ai dati registrati oltre trent'anni prima.

Un gruppo di ricercatori delle università di Los Angeles, California, Tempe, Arizona e Siena, è arrivato alla conclusione che i campioni di suolo raccolti dalle sonde Viking contenessero una forte risposta biologica.

Nel piccolo laboratorio delle sonde Viking, il terreno marziano venne innaffiato con una particolare soluzione nutriente che avrebbe stimolato l'attività di eventuali microrganismi. Qualsiasi attività biologica produce dei prodotti di scarto, in particolare gas. Gli strumenti rilevarono proprio la produzione di gas, probabilmente anidride carbonica. Le nuove e profonde analisi mostrano che il modo con cui si è prodotto il gas non è compatibile con nessun processo di natura non biologica. Su Marte, quindi, sembrerebbe probabile l'esistenza di forme di vita microscopiche! Chissà, però, quando sarà possibile approfondire questi sorprendenti risultati e iniziare ad avere tra le mani meno ipotesi e più certezze...

Marte ripreso dal telescopio spaziale Hubble mostra in prossimità del polo nord un grande ciclone molto simile a quelli terrestri. Attualmente il pianeta rosso è ostile alla vita. Ci sono numerosi indizi che testimoniano un passato molto diverso, ricco di acqua liquida e probabilmente anche forme di vita e-lementari. **In basso:** come poteva apparire Marte circa 3 miliardi di anni fa. Forse un tempo era un pianeta vivo, ma poi importanti cambiamenti climatici lo hanno trasformato. Che l'esperienza di Marte ci voglia comunicare che anche per il nostro pianeta l'acqua e la vita non siano altro che un momento transiente nella lunga storia evolutiva? Probabile...

L'osservazione di Marte

Facilissimo da rintracciare a occhio nudo quando è vicino al nostro pianeta, Marte si presenta nelle migliori condizioni di visibilità solamente ogni 26 mesi, quando a causa di un gioco di orbite si trova vicino alla Terra, nel punto opposto alla direzione del Sole, chiamato proprio opposizione.

La finestra di migliore osservabilità si estende da un paio di mesi prima a due mesi dopo.

Il diametro apparente nelle opposizioni è di circa 20", mentre scende a 3,5" quando il pianeta si trova nella parte opposta dell'orbita, nei pressi della congiunzione con il Sole.

Nonostante le difficoltà osservative, le emozioni che regala Marte sono uniche, perché senza dubbio si tratta del pianeta più simile alla Terra.

I dettagli da osservare sono molti, a cominciare dalla bianca calotta polare (solo una è visibile durante ogni apparizione), nubi e nebbie dal colore bianco-azzurro, zone in cui il terreno si presenta più scuro e i maggiori vulcani del Sistema Solare.

Sfortunatamente il contrasto è davvero basso, tanto che spesso è richiesta una grande dose di esperienza e acutezza visiva, oltre a uno strumento di almeno 90-100 mm.

Le prime osservazioni del pianeta rosso potrebbero essere piuttosto deludenti, ma l'emozione di ammirare un mondo che un tempo probabilmente era simile alla Terra, è davvero forte.

Per diminuire la luminosità elevata che contribuisce ad abbassare il contrasto, è consigliabile l'utilizzo di un filtro neutro, come per Venere, o di un filtro lunare. Per aumentare il contrasto dei dettagli superficiali è meglio usare un filtro arancio o un rosso, mentre un azzurro o blu aumentano il contrasto delle formazioni nuvolose.

Marte ben supporta gli alti ingrandimenti, che sono invece indigesti ai pianeti interni, principalmente per la loro ridotta altezza sull'orizzonte e la mancanza di dettagli fini.

A 150X il dischetto assume la tipica e inconfondibile colorazione rossastra e nelle opposizioni intermedie (diametro massimo

18") si mostra già una volta e mezzo più grande della Luna piena vista a occhio nudo. Vale la pena portare l'ingrandimento ad almeno 200 volte e osservare finalmente un disco dalle generose dimensioni (due volte più grande della Luna piena a occhio nudo).

Una delle calotte polari è il dettaglio più facile da osservare, perché di colore bianco candido, in ottimo contrasto con la tipica tonalità rossastra del pianeta.

Mano a mano che il tempo passa la calotta cambia dimensioni, restringendosi con l'approssimarsi dell'estate marziana ed espandendosi con l'avanzare dell'inverno.

Una delle zone più interessanti da osservare al telescopio è Sirtys Major, una grande regione più scura facile da osservare anche con un piccolo rifrattore da 60 mm.

Ingrandimenti di 200-250X sono perfetti per strumenti di 100-150 mm, mentre per telescopi da 200-250 mm possiamo spingerci fino a 350-400 volte.

Marte ruota su se stesso in poco più di 24 ore, periodo simile alla Terra. Ne consegue che i dettagli sembreranno ruotare di circa 10° ogni giorno allo stesso orario, consentendo l'osservazione di una rotazione completa in ben 36 giorni.

Uno strumento da almeno 100-120 mm permette di osservare anche l'imponente vulcano spento Olympus Mons. Questo dettaglio è meglio osservabile quando si trova nei pressi del bordo ed è illuminato in modo radente dal Sole.

Una delle migliori visioni che si può avere di Marte con uno strumento da almeno 200 mm, esperienza e calma atmosferica.

È utile e istruttivo seguire l'evoluzione del pianeta nel corso dei giorni, perché non di rado compaiono sorprese inaspettate, come tempeste di sabbia o grandi nubi nei pressi delle montagne più alte.

L'esplorazione di Marte

Con l'esperienza fatta nelle pagine
precedenti e compreso i motivi che
rendono Marte così terribilmente affascinante, non credo risulterà difficile giustificare il fatto che il pianeta
rosso sia stato, senza considerare la
Luna, il corpo celeste più esplorato
nella storia dell'astronautica.
Quasi tutte le informazioni di cui disponiamo sono state scoperte solo
dopo l'invio delle sonde sulla sua
superficie. Prima dell'esplorazione
spaziale, Marte era ritenuto essere
da molti scienziati un mondo abitato
da esseri intelligenti, un vero e proprio gemello della Terra.

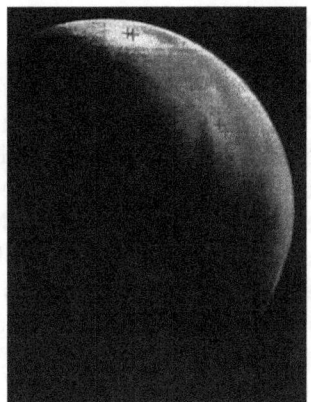

Una delle rare immagini
marziane provenienti da
una sonda russa, Mars-3,
risalente ai primi mesi del
1972.

Non dobbiamo infatti dimenticare che le osservazioni telescopiche condotte sul finire dell'800 da Schiaparelli e Lowell avevano dato forza all'esistenza di presunti, immensi, canali di o-
rigine artificiale. Romanzi, film e successive osservazioni avevano contribuito a creare una sorta di coscienza collettiva con-
vinta, e a volte anche spaventata, che Marte potesse in effetti
essere abitato da esseri tecnologicamente molto avanzati.
Quando lo sviluppo scientifico ha permesso all'uomo di lasciare la superficie della Terra, raggiungere Marte per capire cosa
potesse effettivamente nascondere quel misterioso pianeta è
stata la priorità di tutti gli scienziati.
Non è un caso che la prima sonda interplanetaria della storia
avesse come obiettivo Marte e non il più vicino Venere.
Con la missione Mars1960A il 10 ottobre 1960 i sovietici diedero ufficialmente inizio alla corsa per la conquista dei pianeti,
addirittura prima di riuscire a portare un uomo in orbita. Purtroppo, però, la sonda non lasciò mai neanche la rampa di
lancio a causa di un'avaria al razzo.

Questo primo e forse precoce tentativo fallito dai sovietici è rappresentativo di quella che da più parti sarebbe stata ben presto definita la maledizione marziana.

Delle 18 missioni lanciate, nessuna ha raggiunto in pieno i propri obiettivi e solo una è riuscita a toccare sana e salva la superficie. Mars 3 il 2 dicembre 1971 fu la prima della storia a posarsi delicatamente sul pianeta rosso, ma le trasmissioni si interruppero dopo appena 15 secondi dall'atterraggio.

Il suolo rosso mattone di Marte è stato per ora conquistato con pieno successo solamente da sonde americane, nonostante negli ultimi anni ci abbia provato, con esito negativo, anche l'agenzia spaziale europea.

La sfortuna dei russi è proseguita anche dopo il crollo dell'Unione Sovietica e la faticosa rifondazione del programma spaziale. La sonda Phobos-Grunt, che doveva segnare il ritorno all'esplorazione interplanetaria, non ha mai lasciato l'orbita terrestre e nel gennaio 2012 si è disintegrata a contatto con l'atmosfera della Terra.

In una serie di lunghi successi tutti americani, sono diverse le tappe fondamentali.

Le prime immagini arrivarono da Mariner 4 il 14 luglio 1965 dopo un viaggio di sette mesi e mezzo.

Le aspettative per questa missione erano davvero elevate: finalmente si sarebbe potuto far luce sulla ormai centenaria questione marziana.

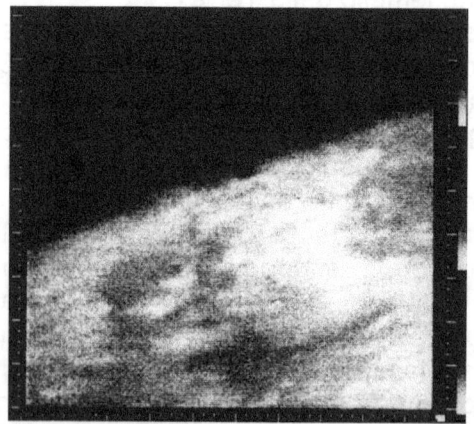

15 luglio 1965: Mariner 4 a 17.000 km da Marte trasmette la prima immagine della storia di un altro pianeta.

I canali osservati dall'astronomo Schiaparelli cento anni prima erano veramente tutti frutto di illusioni ottiche? Quale poteva essere lo spessore dell'atmosfera? Ci sarebbero state tracce

evidenti di acqua, di un campo magnetico simile a quello terrestre o di fenomeni di tettonica a zolle? Si potevano immaginare grandi città costruite da una civiltà tecnologicamente a-
vanzata, come profetizzato dal romanzo "La guerra dei Mondi"
di George Wells?
Sebbene le immagini di Mariner 4 non brillassero per qualità,
furono più che sufficienti per cominciare a togliere il velo di mistero che avvolgeva il pianeta.
La sonda interplanetaria mostrò un mondo piuttosto arido e
desolato, craterizzato, ma anche modellato da eventi atmosferici rilevanti.
Possiamo solamente immaginare l'emozione degli scienziati
della NASA che dalla sala di controllo missione vedevano arrivare in diretta, a una velocità di appena 117 kbit/s (un telefono
cellulare odierno ha velocità di trasmissione nettamente superiori!), le immagini e tutti gli altri dati provenienti dalla sonda.
Chissà quali possono essere state le emozioni nell'osservare
immagini provenienti da un altro pianeta, giunte su quei monitor in bianco e nero dopo un viaggio di 100 milioni di chilometri
nel vuoto dello spazio.
Mariner 4 aveva cominciato a risolvere i grandi interrogativi del
pianeta, cancellando definitivamente l'idea della presenza di
un'avanzata civiltà.
Ma se gli appassionati potevano considerarsi sazi, e anche un
po' delusi, gli scienziati erano ancora più in fermento, perché
ogni mistero risolto dalle riprese sgranate di Mariner 4 aveva
generato almeno una decina di domande che avrebbero dovuto ricevere risposte in breve tempo.
Fu così che undici anni più tardi (20 luglio e 3 settembre 1976)
partirono quelle che per molti anni a venire sarebbero state le
missioni automatiche più complesse e costose della storia
dell'astronautica.
Viking 1 e 2 erano due satelliti gemelli con obiettivi ambiziosi e
mai tentati con successo fino a quel momento.
Ogni sonda era composta da due parti: un orbiter con il compito di immettersi nell'orbita del pianeta rosso diventandone un

satellite artificiale, e un lander, che come suggerisce il termine inglese aveva l'obiettivo di atterrare.

Entrambe le missioni riuscirono perfettamente (cosa tutt'altro che scontata visto il fioccare di fallimenti, soprattutto marziani, di quegli anni).

Viking 1 diventò la prima sonda della storia ad atterrare e trasmettere su Marte.

Oltre alle numerose fotografie scattate con una risoluzione senza precedenti della superficie desolata del pianeta rosso, le Viking condussero quelle che fino a questo momento sono ancora le analisi più approfondite mai effettuate sul suolo marziano.

L'obiettivo delle sonde gemelle era semplice quanto ambizioso: confermare o meno la presenza di forme di vita, almeno a livello elementare, su Marte.

Per questo scopo erano equipaggiate di un braccio meccanico per raccogliere campioni di suolo, che sarebbero stati analizzati dal piccolo laboratorio biologico di bordo.

Come abbiamo visto nelle pagine precedenti, a distanza di oltre 30 anni ancora si discute sui risultati di questi esperimenti, nell'attesa, probabilmente lunga, che altre sonde possano effettuare test ancora più sofisticati e precisi.

Le Viking (i lander) restarono attive per 6 (Viking 1) e 4 anni (Viking 2) inviando una mole di dati e immagini davvero impressionanti.

Ora riposano coperte da un sottile velo di polvere rossa come testimonianza del tempo passato.

Forse un giorno lontano degli astronauti provenienti dal pianeta Terra si avvicineranno ad ammirare delle importanti reliquie della storia dell'astronautica, risalenti a un periodo in cui l'uomo, sfidando ciclopiche difficoltà tecnologiche ed economiche, non rinunciò all'eterno sogno di viaggiare tra le stelle.

Dopo uno stop negli anni 80, l'interesse per il pianeta rosso crebbe di nuovo tra l'opinione pubblica e gli scienziati proprio a seguito delle analisi dei dati delle due Viking.

Questa è la prima immagine proveniente dalla superficie di Marte, ripresa dalla sonda Viking 1 appena atterrata. 20 luglio 1976.

Fu così che negli anni 90 la NASA lanciò ben 6 sonde dirette verso Marte.

Tra queste spicca la missione Mars Pathfinder, la prima che portò sulla superficie di un pianeta un piccolo rover radiocomandato, chiamato Sojourner, con la possibilità quindi di potersi muovere liberamente per compiere preziose analisi.

Potremmo pensare che sia divertente far muovere con un telecomando interplanetario un sofisticato e costoso modellino sulla superficie di un altro pianeta, ma l'impresa è tutt'altro che semplice. Prima di tutto non possiamo vedere direttamente dove dirigere il rover. Non ci sono videocamere, ma semplicemente fotocamere che inviano a Terra, nella migliore delle ipotesi, un fotogramma al secondo.

Poi, come se non bastasse, si devono fare i conti con la velocità finita della luce.

Ogni segnale elettromagnetico si propaga nello spazio a circa 300.000 km/s, una velocità enorme per gli spazi ai quali siamo abituati. Ma alla distanza di Marte, un segnale radio impiega fino a 20 minuti per completare il tragitto di sola andata. Le conseguenze sono facili da immaginare: non solo è necessario guidare un modello radiocomandato senza avere la visuale completa del paesaggio, ma le immagini e i comandi impartiti non saranno mai istantanei.

In pratica, è come guidare un'automobile attraverso una macchina fotografica dovendo anticipare di circa 20 minuti ogni movimento e aspettarne altrettanti per conoscere l'esito. E vista la grande distanza di Marte, un errore di guida può venir pagato a caro prezzo, anche con la fine prematura della preziosa missione. Siamo ancora sicuri di invidiare gli scienziati che guidano i rover sulla superficie marziana? Personalmente no!

Il piccolo rover Sojourner fu il primo manufatto a muoversi sulla superficie di un altro corpo celeste, nel 1997. Qui lo vediamo al lavoro ripreso dalla capsula madre giunta su Marte con la missione Mars Pathfinder.

La missione Pathfinder rappresentò un successo anche per l'innovativo, sebbene poco ortodosso, metodo di atterraggio.
Invece di posarsi dolcemente sulla superficie di Marte, frenando con potenti razzi, la capsula contenente il rover è letteralmente precipitata sul pianeta.

A pochi chilometri di altezza alcuni paracadute hanno rallentato la discesa; poi si sono aperti una decina di air bag che hanno avvolto completamente la capsula.

Nell'impatto violento con la superficie marziana, la capsula ha compiuto numerosi rimbalzi (i primi alti diversi metri) prima di fermarsi completamente.

L'idea per risparmiare sui costi di missione ebbe successo, tanto che il piccolo rover non subì alcun danno. Questo economico sistema di atterraggio è stato quindi utilizzato anche per la seconda generazione di rover marziani: se non si pretende precisione nella zona in cui si fermerà il grande ammasso di palloni, non esiste metodo migliore per far atterrare piccole capsule.

A bilanciare lo strepitoso successo di questa missione, arrivarono due fallimenti molto importanti.

Il geniale e per certi versi estremo sistema di atterraggio della missione Mars Pathfinder: decine di palloni riempiti d'aria che dovevano attutire l'impatto con la superficie dopo una discesa incontrollata e senza motori nell'atmosfera del pianeta rosso. L'idea funzionò alla perfezione!

Il 23 settembre 1999 Mars Climate Orbiter si schiantò sulla superficie a causa di una conversione errata tra unità di misura metriche e imperiali: anche a scienziati capaci di spedire una sonda su un altro pianeta capita di fare errori superficiali!

Il 3 dicembre 1999 anche Mars Polar Lander si schiantò sulla superficie marziana, a causa di un non meglio compreso errore hardware.

Il nuovo millennio iniziò fortunatamente nel migliore dei modi. Nel decennio 2000-2010 tutte le cinque sonde della NASA arrivarono a destinazione, operando ben oltre gli obiettivi iniziali.

Spettacolare si è rivelata l'esperienza della seconda generazione di rover: Spirit e Opportunity, atterrati sul suolo marziano
nel gennaio 2004 e programmati per una vita di appena 90
giorni, restarono attivi per diversi anni.

Spirit fu pienamente operativo fino al marzo 2010, mentre Opportunity è ancora funzionante (agosto 2012) e ha percorso
diversi chilometri sulla superficie del pianeta rosso.

Le migliaia di immagini inviate rappresentano attualmente la
migliore copertura di un altro corpo celeste, addirittura più ac-
curata della superficie lunare. Complice anche un paesaggio
davvero unico, alcune sono tra le più belle mai riprese nella
storia dell'astronautica.

Poco conosciuto è il fatto che i due rover abbiano condotto altre osservazioni davvero straordinarie e momentaneamente
uniche: hanno ripreso il cielo stellato e alcuni fenomeni astronomici dalla superficie di Marte.

Oltre allo spettacolo della Terra vista brillare nel cielo del crepuscolo, Spirit e Opportunity hanno ripreso le costellazioni più
brillanti, i satelliti, le loro eclissi e persino delle meteore. Immaginiamoci per un attimo quale emozione si possa provare
nell'osservare il cielo dalla superficie di un altro pianeta...

 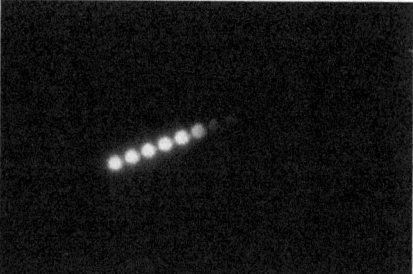

Una meteora solca il cielo marziano. Questa straordinaria ripresa è stata effettuata dalla sonda Spirit ed è la prima a mostrare un tale evento dal-la superficie di un altro pianeta.

Il satellite Phobos viene eclissato dall'ombra di Marte, proprio come succede durante un'eclissi lunare sulla Terra. Sequenza di 8 immagini riprese da Spirit.

I satelliti di Marte nel cielo prima dell'alba ripresi da Spirit. Il più luminoso al centro è Phobos, mentre a sinistra, debole, si può osservare Deimos.

Il nuovo millennio ha salutato l'ingresso dell'agenzia spaziale europea nella grande avventura marziana, con la sonda Mars Express arrivata in orbita il giorno di Natale del 2003 e ancora operativa. Non si può dire sia andata altrettanto bene al piccolo lander che trasportava: Beagle 2, dell'agenzia spaziale inglese, si è schiantato sulla superficie.

A quanto sembra, atterrare dolcemente su un corpo celeste distante decine di milioni di chilometri non è poi così semplice, ma d'altra parte credo che nessuno lo abbia mai pensato!

Il nuovo decennio ha visto la nascita della missione americana Mars Science Laboratory con a bordo il rover Curiosity, partito il 26 novembre 2011 e arrivato con uno spettacolare atterraggio sulla superficie la mattina del 6 agosto 2012.

Curiosity è il rover più grande e complesso mai lanciato nello spazio, dotato di un'alimentazione nucleare in grado di garantire maggiore autonomia di lavoro rispetto ai precedenti.

Tre generazioni di rover marziani a confronto. In primo piano il piccolo Sojourner. A sinistra la copia di Spirit e opportunity, a destra Curiosity.

Gli anni a venire dovrebbero vedere l'ingresso nella corsa
marziana di Cina, India, e il passaggio di testimoni tra la NASA
e l'ESA, in collaborazione con l'agenzia spaziale russa quali
leader dell'esplorazione di Marte.
Purtroppo la NASA, stando alle notizie più recenti, sembra a-
ver abbandonato il sogno marziano. I tagli al budget hanno
cancellato tre delle 4 missioni previste fino al 2020; di fatto gli
americani usciranno presto dall'esplorazione marziana, proprio
come avvenuto con il pensionamento del programma Space
Shuttle e l'abbandono dell'esplorazione umana.
Probabilmente questo è un ulteriore indizio della fine della supremazia americana nell'esplorazione spaziale e un duro colpo per tutti coloro che sognavano di vedere in un prossimo futuro l'uomo camminare sulla polverosa superficie marziana.
La tecnologia per una sfida di tali proporzioni esiste già da anni, il piano pronto sin dalla fine degli sbarchi sulla Luna; il problema, piuttosto, è trovare un governo con le giuste motivazioni politico-economiche disposto a finanziare un programma

che probabilmente avrà costi superiori a quello Apollo di oltre 40 anni fa. Purtroppo, mentre gli scienziati hanno la possibilità di sognare perché di questo possono vivere, i politici si nutrono di potere e denaro, "valori" che raramente vanno d'accordo con i grandi sogni.

Una delle ultime immagini marziane riprese dal rover Opportunity per festeggiare l'arrivo al cratere Endeavour dove troverà riposo in attesa della fine dell'inverso marziano e l'inizio dell'ottavo anno (terrestre) sul pianeta. E pensare che la sua missione doveva durare solamente 90 giorni!

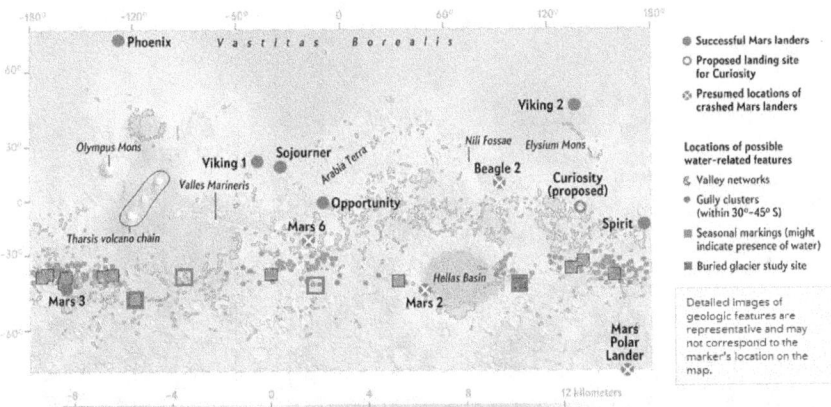

Luoghi di atterraggio delle sonde giunte sulla superficie di Marte e punti di probabile presenza di acqua liquida.

Rappresentazione artistica dell'incredibile atterraggio del rover Curiosity. Sceso nell'atmosfera marziana all'interno di una capsula simile a un disco volante, a pochi metri dalla superficie è stato calato da una gru sospesa a mezz'aria nella tenue atmosfera marziana. Sette minuti tra l'ingresso in atmosfera e l'atterraggio, controllati interamente dai computer di bordo.

Una delle prime immagini a colori trasmesse da Curiosity. In lontananza, a circa 12 km di distanza, la parete del grande cratere Gale, nel quale si è depositato il rover. La rarefatta aria di una tipica giornata marziana è trasparente circa come le nostre secche giornate invernali.

7. Giove

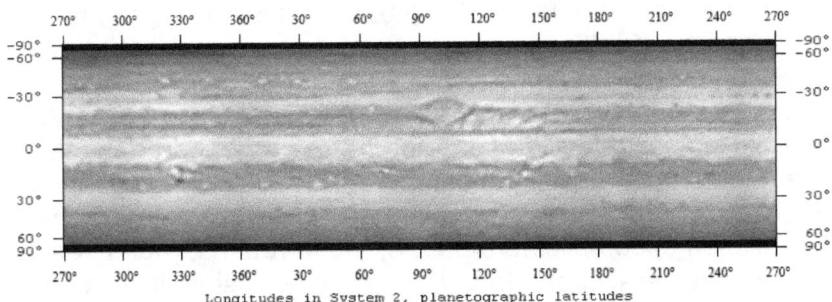

Planisfero dell'atmosfera di Giove, realizzato con immagini ottenute nell'aprile del 2005 con *webcam* e telescopio da 235 mm. Al centro è ben evidente la grande macchia rossa (GRS) le cui dimensioni sono di 2,5 volte la Terra. L'atmosfera del pianeta può cambiare radicalmente nel giro di qualche mese.

La bianca luce di Giove, ben 2,5 volte più intensa della stella più luminosa, Sirio, sembra essere stabile in ogni periodo dell'anno, muovendosi attraverso le stelle molto più lentamente di Marte. Questo significa senza ombra di dubbio che il pianeta debba per forza essere più lontano di Marte, poiché impiega più tempo a compiere un giro attorno al Sole.

Giove è il pianeta più attivo e dinamico del Sistema Solare e mostra centinaia di dettagli atmosferici.

203

Se stimiamo il periodo di rivoluzione attraverso le osservazioni, possiamo ricavare la distanza media dell'orbita di Giove dal Sole, a partire da una legge derivata empiricamente per primo dall'astronomo Keplero, messa a punto senza mai osservare al telescopio (anche perché non era stato ancora inventato).

La versione semplificata di quella che viene chiamata terza legge di Keplero afferma che il quadrato del periodo di rivoluzione di un pianeta è proporzionale al cubo del semiasse maggiore dell'orbita, o in alternativa alla distanza media. Sembra qualcosa di complicato a parole, ma in realtà è molto semplice: si considera il periodo di rivoluzione e lo si moltiplica per se stesso. Il valore trovato è il cubo della distanza orbitale, meglio, del semiasse maggiore dell'orbita, espresso in Unità Astronomiche.

Se il periodo di rivoluzione di Giove lo stimiamo pari a circa 12 anni, possiamo facilmente calcolare la distanza media dal Sole, pari a circa 5,2 UA.

Stessa considerazione si può fare per tutti i pianeti, a patto di riuscire a stimare con perfetta precisione il periodo di rivoluzione. Una misurazione del genere, però, non è così facile da fare, poiché lo spostamento che osserviamo nel cielo è influenzato dal moto orbitale della Terra.

Per misurare quindi il reale periodo di rivoluzione dei pianeti occorre tenere conto del moto della Terra intorno al Sole.

Per i pianeti che orbitano molto lentamente, proprio a partire da Giove, possiamo anche non tenere conto del moto della Terra, ma semplicemente osservare quanto tempo impiega il pianeta a raggiungere uno stesso punto nel cielo.

Poiché questa misurazione richiederebbe quasi 12 anni per Giove, forse è meglio calcolare quanto spazio percorre in un anno e poi capire con una semplice proporzione quanto tempo sarà necessario per completare l'angolo giro richiesto per tornare al punto di partenza.

Fortunatamente conosciamo la distanza Terra-Sole, pari a circa 150 milioni di km, quindi è facile calcolare che Giove si trova a una distanza di circa 800 milioni di km dal Sole.

La conoscenza della distanza orbitale è utile per scoprire le dimensioni del pianeta a partire dal diametro angolare sotteso nel cielo, a patto di calcolare prima con buona precisione la distanza dalla Terra nel momento della misurazione.
Come possiamo calcolare la distanza tra Giove e la Terra?
Se siamo degli osservatori attenti, ci renderemo conto che, come per Marte, esiste un momento in cui la luminosità del pianeta e le sue dimensioni angolari sono massime.

Questo momento si verifica quando il pianeta si trova in opposizione al Sole, quindi nel punto più vicino alla Terra.
Se conosciamo la distanza della Terra e di Giove dal Sole, la separazione tra Terra e Giove in queste particolari occasioni sarà data semplicemente dalla sottrazione: 800 – 150 = 650 milioni di km.

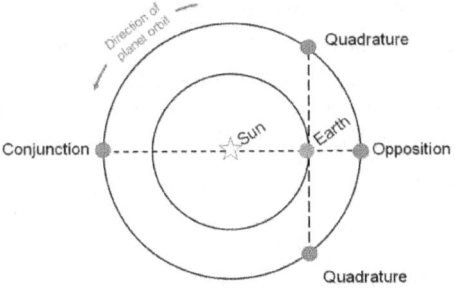

Quando un pianeta esterno si trova in opposizione è alla minima distanza dalla Terra.

Se attraverso l'osservazione ad alti ingrandimenti, o con una più precisa ripresa fotografica, riusciamo a misurare le dimensioni apparenti del pianeta quando si trova in questa particolare configurazione geometrica (misura facile), possiamo risalire subito alle dimensioni reali attraverso una semplice formula trigonometrica, che nel caso specifico di angoli piccoli si riduce a: $r = \dfrac{Dd}{206265}$, dove D rappresenta la distanza in km dalla Terra, d le dimensioni apparenti del pianeta in secondi d'arco, in questo caso pari a circa 45".
Il valore che ricaviamo è pari a 142.000 km, non troppo distante da quello reale di 142.984 km.
Sebbene i calcoli siano stati eseguiti a mente e con arrotondamenti piuttosto rozzi (ad esempio la distanza Terra-Sole è

pari a 149 milioni e 600 mila chilometri e non 150 milioni), hanno portato a un risultato piuttosto significativo.

Possiamo concludere quindi che Giove è un pianeta gigantesco, oltre 11 volte più grande della Terra!

Nonostante le impressionanti dimensioni, Giove è 1000 volte meno massiccio del Sole e 10 volte più piccolo; impressiona pensare a quanto possa essere enorme la nostra stella, senza dimenticare che nell'Universo ne esistono di molto più grandi!

Se continuiamo le osservazioni telescopiche, ci accorgiamo che il gigante regala molte altre sorprese.

Il disco planetario è solcato da bande chiare e scure, piccoli ovali di diversi colori che cambiano aspetto in pochi giorni.

Questo comportamento così dinamico è da imputare sicuramente alla presenza di una gigantesca e densa atmosfera.

La rapidità con cui ruotano i dettagli atmosferici permette di stimare un periodo di rotazione brevissimo, di poco inferiore alle 10 ore (9 ore e 55 minuti).

Impressionante immagine di Giove ripresa dal telescopio spaziale Hubble.

L'effetto della grande velocità di rotazione si fa vedere nella forma del pianeta: non è più sferico ma evidentemente schiacciato, con il diametro polare che risulta di ben 9000 km inferiore a quello equatoriale.

La grande forza centrifuga dovuta alla rotazione, che all'equatore raggiunge la ragguardevole velocità di 12,5 km/s, ha evidentemente schiacciato l'intera struttura planetaria.

L'entità dello schiacciamento suggerisce un'altra cosa molto importante, a completamento delle osservazioni effettuate al telescopio: se Giove fosse un corpo solido come Marte o la Terra, nonostante la grande velocità di rotazione, avrebbe avuto uno schiacciamento così marcato?

La risposta è negativa: un tale schiacciamento non sarebbe stato possibile se fosse stato un pianeta roccioso.

Possiamo quindi affermare che Giove è un pianeta gassoso.

I dettagli che vediamo al telescopio non fanno parte di un'atmosfera che nasconde una superficie solida, piuttosto tutto il pianeta è un enorme involucro di gas. Probabilmente, ma questa è poco più di un'ipotesi, solamente il nucleo potrebbe essere costituito da materiale solido.

Giove in effetti è il capostipite di una classe di pianeti molto diversi da quelli finora visti: i giganti gassosi.

Questi corpi, dal punto di vista chimico e morfologico, sono più simili al Sole che ai pianeti analizzati sino a questo momento.

Sono quindi delle stelle? Naturalmente no, e più avanti analizzeremo meglio la questione.

Giove è costituito in gran parte da idrogeno (89%) ed elio (10%) con tracce di altri gas (metano, ammoniaca, zolfo).

La sua particolarità è un'atmosfera ricca di fenomeni violenti e spettacolari.

Nel seguito della discussione continueremo a parlare di atmosfera e superficie, anche se per quanto detto ciò può sembrare improprio, trattandosi di un pianeta gassoso.

Affinché questi termini continuino ad avere ancora un senso, occorre dare delle nuove definizioni che si adattino alla famiglia dei pianeti giganti.

Definiamo allora superficie lo strato gassoso che si trova alla pressione (scelta arbitrariamente) di 1 bar; identifichiamo atmosfera tutto lo strato gassoso sovrastante che si trova a pressioni minori. Questa definizione, però, non deve essere confusa con il significato più letterale del termine: i pianeti giganti e le stelle non hanno un suolo roccioso, tanto che non c'è alcuna distinzione fisica tra superficie e atmosfera.

Possiamo identificare diverse macro strutture nell'atmosfera di Giove, frutto dei moti convettivi del gas a seguito dell'irraggiamento solare e della rapida rotazione attorno al proprio asse:

1) Zone: parti atmosferiche più chiare, quasi bianche, formate da nubi a quote alte, composte principalmente da cristalli di ammoniaca e da gas più caldo in risalita dalle regioni interne;

2) Bande: zone più scure formate da nubi più dense, poste a quote più basse e composte da gas freddo che discende verso l'interno;

3) Cicloni: piccole aree circolari perturbate che spesso assumono una colorazione biancastra (e per questo chiamati *WOS = White Oval Spot*); più raramente possono diventare di taglia terrestre o maggiore e assumere colorazioni tendenti al rosso mattone; un esempio tipico è rappresentato dalla grande macchia rossa.

Sebbene la struttura macroscopica delle bande e delle zone sia quasi sempre la stessa, forma e dettagli cambiano rapidamente, anche nel corso di qualche giorno.

Giove possiede numerosi satelliti, di cui 66 sono quelli attualmente noti, moti dei quali non sono altro che piccoli asteroidi o massi irregolari.

In questa enorme famiglia ne spiccano quattro di cospicue dimensioni, scoperti da *Galileo Galilei* nel 1610. In ordine di distanza dal pianeta abbiamo: Io, Europa, Ganimede e Callisto.

Ganimede è il satellite più grande del Sistema Solare con un diametro di 5200 Km, maggiore della Luna e di Mercurio.

Io è invece il più attivo dal punto di vista geologico. Non di rado si possono scatenare delle gigantesche eruzioni vulcaniche visibili addirittura dai grandi telescopi terrestri.

Pochi forse sanno che il pianeta possiede anche un debole sistema di anelli, sebbene la sua osservazione sia riservata solamente a qualche strumento professionale o alle quattro sonde che fino a ora lo hanno visitato.

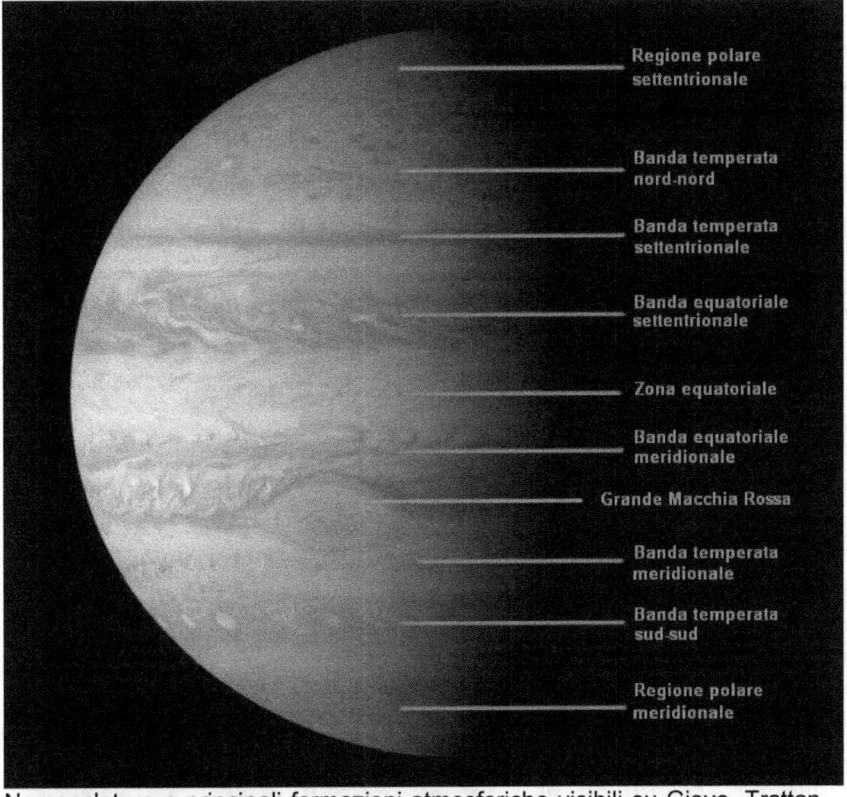

Regione polare settentrionale

Banda temperata nord-nord

Banda temperata settentrionale

Banda equatoriale settentrionale

Zona equatoriale

Banda equatoriale meridionale

Grande Macchia Rossa

Banda temperata meridionale

Banda temperata sud-sud

Regione polare meridionale

Nomenclatura e principali formazioni atmosferiche visibili su Giove. Trattandosi di un pianeta gassoso, non ha una superficie solida come i pianeti rocciosi, e quello che osserviamo è uno spesso strato atmosferico composto di gas in rapido movimento a causa dell'irraggiamento solare.

L'osservazione di Giove

Per tutti gli esploratori dell'Universo con il proprio telescopio Giove rappresenta un punto di riferimento che non deluderà mai.

Quando il gigante gassoso brilla alto nel cielo, la sua luminosità sovrasta quella di qualsiasi altra stella, diventando quindi impossibile da mancare.

Grazie alle cospicue dimensioni apparenti, che raggiungono anche i 50 secondi d'arco, bastano appena 40 ingrandimenti per vederlo grande come la Luna piena a occhio nudo.

Obiettivo preferito per ogni strumento, mostra dettagli atmosferici con estrema facilità.

Molto evidenti risultano le due bande equatoriali più scure che attraversano in orizzontale l'intero disco del pianeta. Questi dettagli sono visibili anche con un binocolo che sviluppi almeno 20 ingrandimenti.

Con ogni telescopio vale la pena osservarlo ad almeno 100X e ammirare, con calma e pazienza, tutti i dettagli atmosferici che mette a disposizione, a cominciare dalla grande macchia rossa, evidente anche con un rifrattore da 60 mm o il classico riflettore da 114 mm.

La grande macchia rossa, detta in gergo GRS (*Great Red Spot*; meglio prendere confidenza con nomi e abbreviazioni in inglese perché sono molto comuni) è un immenso ciclone osservato sin dall'invenzione del telescopio, quindi da almeno 400 anni.

Nessuno sa da quanti secoli imperversi nell'irrequieta atmosfera

Giove osservato durante l'opposizione del 2010, privo della banda equatoriale sud (SEB) e con la macchia rossa in primo piano. Telescopio Maksutov da 230 mm.

di Giove; quello che si conosce sono le dimensioni, oltre due volte la Terra, e la velocità dei venti, circa 500 km/h!

La grande macchia rossa è uno dei fenomeni più violenti e duraturi del Sistema Solare, un evento migliaia di volte più energetico dei più devastanti uragani terrestri.

Uno sguardo più profondo rivela un pianeta estremamente dinamico, con un'atmosfera che non conosce momenti o zone di tranquillità. Piccole macchie di colore bianco o marroncino sono presenti un po' ovunque; questi puntini non sono altro che dei cicloni dalle dimensioni di qualche migliaio di km che si generano nell'atmosfera, si muovono indipendentemente e spesso si possono fondere aumentando la loro potenza.

Tutti questi dettagli sono perfettamente visibili a partire da strumenti da 90-100 mm, diametro minimo per avere delle buone soddisfazioni su tutti i corpi del Sistema Solare.

L'osservazione proficua può essere condotta anche per 10 mesi l'anno. L'enorme distanza dalla Terra e le grandi dimensioni fanno si che anche lontano dall'opposizione mantenga un diametro apparente sempre superiore a 30".

Le opposizioni di Giove si verificano ogni circa 13 mesi e sono tutte piuttosto favorevoli.

Nel corso dei mesi i fenomeni atmosferici evolvono. Non è raro assistere a un cambiamento del colore delle bande o alla comparsa ed evoluzione delle piccole macchie bianche viste in precedenza.

Più raro, ma non quanto si sia portati a credere, assistere a fenomeni molto particolari.

Nel luglio 2009 è stato possibile osservare per alcune settimane il segno nero lasciato dall'impatto di una piccola cometa, scoperto da un astrofilo (si, astrofilo, proprio come noi!) australiano.

Per tutto il 2010 Giove si è presentato senza una delle due caratteristiche bande, quella sud, mostrandosi con un aspetto particolare e davvero unico.

La scoperta è stata ancora opera dello stesso astrofilo australiano.

Jupiter 2010/07/21

Jupiter 2010/07/21 03:34 UT
Daniele Gasparri
Perugia (Italy)
C14 @ f30
Lumenera LU075M
1800 frames
Seeing 6/10
www.danielegasparri.com

Giove e la grande macchia rossa in primo piano come apparivano nel 2010 a seguito della scomparsa della fascia equatoriale sud. L'atmosfera del pianeta è molto dinamica e bellissima da osservare.

Se decideremo di diventare osservatori abituali di questo pianeta, le sorprese non mancheranno di certo e, perché no, magari potrebbe toccare a noi avvisare la comunità astronomica mondiale della comparsa di un nuovo, inaspettato, evento.
La luminosità di Giove all'oculare di ogni telescopio è abbondante e questo, come per Venere e Marte, confonde l'occhio soprattutto a bassi ingrandimenti, restituendo un'immagine sovraesposta, quindi apparentemente povera di dettagli.
Per evitare l'abbagliamento è sufficiente aumentare l'ingrandimento oppure utilizzare un leggero filtro neutro.
L'uso di filtri colorati per aumentare la visibilità di certi dettagli è utile, ma non quanto con Marte o Venere.
Un filtro rosso tende a far emergere le strutture atmosferiche tra le due bande principali chiamate festoni; uno blu aumenta il contrasto di tutte le bande del pianeta.

Oltre ai dettagli atmosferici, il quadro cosmico è completo e assolutamente straordinario grazie alla presenza dei 4 principali satelliti del pianeta scoperti da *Galileo Galilei* il 7 gennaio del 1610. I satelliti galileiani (o medicei) sono le lune più grandi e facili da osservare del Sistema Solare, visibili anche con piccoli binocoli.

Un osservatore attento munito di un telescopio da almeno 200 mm può, all'ingrandimento massimo utile di circa 500X, riuscire a risolvere la forma e qualche dettaglio di Ganimede, il cui diametro medio si aggira intorno ad 1,6 secondi d'arco.

Chi vuole provarci?

Un piccolo ma importante consiglio: il disco e i dettagli si vedono molto meglio quando il satellite attraversa Giove, durante quelli che si chiamano transiti. In queste situazioni il contrasto del dischetto brillante del satellite è minore e l'occhio riesce a restituire un'immagine correttamente esposta, quindi con maggiore possibilità di osservarvi dettagli.

Meglio non esagerare con gli ingrandimenti: qualsiasi telescopio comincia a mostrare immagini degradate quando si supera una soglia pari a 2-2,5 volte il diametro espresso in millimetri. Benché anche uno strumento da 100 mm di diametro possa quindi raggiungere ingrandimenti elevati a piacere, quelli realmente sfruttabili saranno al massimo 100 X 2,5 = 250.

I 4 principali satelliti di Giove sono visibili con ogni strumento. Molto interessante risulta seguire il loro veloce movimento attorno a Giove.

L'esplorazione di Giove

A causa delle distanze esponenzialmente crescenti, da Giove in poi la storia delle esplorazioni spaziali cambia radicalmente.
Se un viaggio interplanetario per immettersi nell'orbita di Venere e magari atterrare sulla superficie ha una durata di 4 mesi, mentre per raggiungere Marte ne sono richiesti 6, per Giove servono anni.
Se è vero che con un percorso diretto è possibile colmare la distanza in poco meno di due anni (Voyager 1 ha impiegato 22 mesi), per inserirsi nell'orbita servono manovre particolari che richiederebbero una gran quantità di carburante.
Per ovviare a ciò si preferisce, come abbiamo già visto nel paragrafo sull'esplorazione di Mercurio, non fare una traiettoria diretta che richiederebbe per frenare la stessa quantità di carburante necessaria per accelerare.
L'incontro con altri pianeti (fly-by) è un metodo ingegnoso e allo stesso tempo estremamente efficiente per modificare direzione e intensità della velocità utilizzando una quantità minima di carburante per raggiungere l'obiettivo.

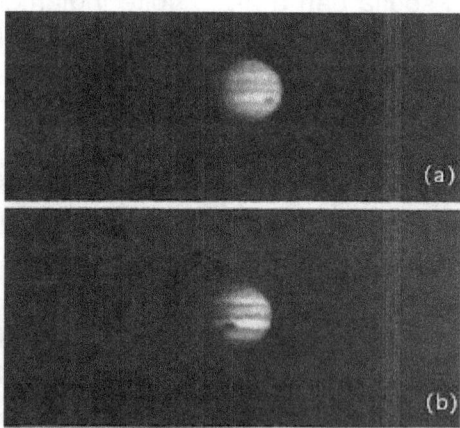

L'unico svantaggio di questa tecnica è quello di allungare sensibilmente il percorso, quindi anche i tempi, nonché la difficoltà nel dover prevedere un piano di volo estremamente preciso.
Proprio queste difficoltà, simili a quelle incontrate per Mercurio, hanno frenato l'esplorazione di Giove e a maggior ragione dei pianeti esterni.
Solamente gli americani

Le prime immagini di Giove riprese da Pioneer 10 circa un giorno prima del massimo avvicinamento avvenuto il 3 dicembre 1973.

si sono avventurati così lontano dalla nostra azzurra dimora; i russi stranamente sembra non ci abbiano mai provato.

Le prime immagini provenienti da Giove arrivarono già nel 1973, trasmesse dalla sonda Pioneer 10.

Tredici mesi più tardi arrivò anche Pioneer 11.

Nessuna delle due sonde si mise in orbita attorno al pianeta, limitandosi a un fugace incontro prima di andare alla deriva verso la periferia del Sistema Solare.

Pioneer 10 non fu solo la prima a raggiungere Giove, ma anche a superare indenne la fascia principale degli asteroidi, dimostrando, contro le previsioni di molti scienziati del tempo, che la densità non è così elevata come si era portati a credere.

Con la scoperta che queste colonne d'Ercole astronomiche non causavano pericoli alle astronavi, la NASA decise di fare sul serio.

La prima immagine a colori nelle vicinanze di Giove, ripresa sempre da Pioneer 10 il 3 dicembre 1973.

Il successo più grande e spettacolare arrivò sul finire degli anni 70 con l'avvicinamento delle sonde gemelle Voyager.

Entrambe ebbero un incontro con il gigante gassoso nel 1979, dal quale sfruttarono la grande forza di gravità per prendere la spinta verso l'obiettivo successivo: Saturno.

Dopo aver visitato Giove e Saturno, Voyager 1 ha proseguito il suo viaggio e ancora oggi, trascorsi ben 34 anni dalla partenza, ha abbastanza energia per comunicare con la Terra alla distanza di quasi 20 miliardi di chilometri.

Voyager 1 è attualmente la sonda più lontana mai lanciata dall'uomo, ormai prossima ai confini del Sistema Solare e alle porte dello spazio interstellare.

A causa della velocità della luce finita le comunicazioni avvengono con circa 13 ore di ritardo.

Anche Voyager 2 è ancora attiva e trasmette posizione e preziose informazioni delle regioni esterne del Sistema Solare.

Le due sonde hanno raccolto migliaia di immagini con una definizione mai vista fino a quel momento, aiutando a fare chiarezza su questi enormi pianeti e la folta schiera di satelliti che si portano appresso nel lungo viaggio attorno al Sole.

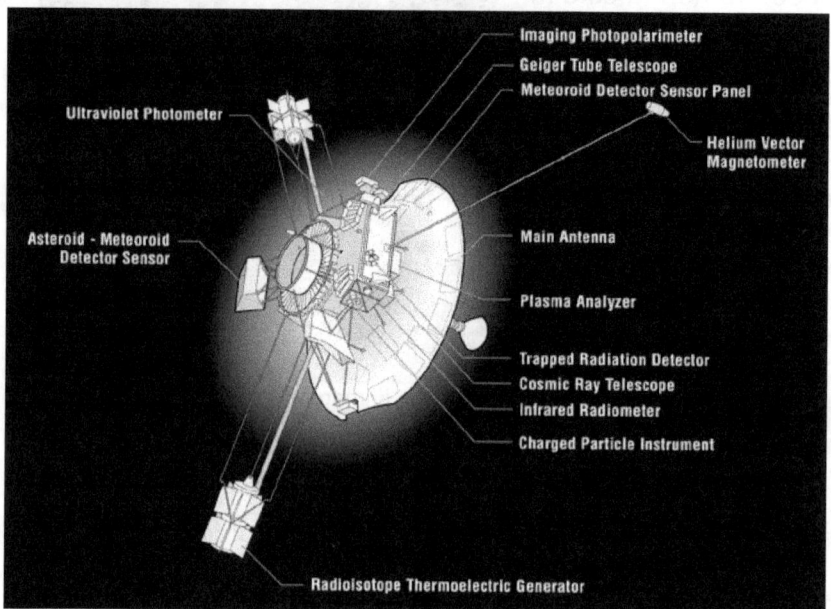

Struttura e strumentazione a bordo della Pioneer 10.

Per le missioni dirette verso il Sistema Solare esterno un problema tecnico di non poco conto riguarda il sistema di alimentazione energetica. Come fare per mantenere in vita tutta la strumentazione di bordo per anni interi, senza il prezioso aiuto del Sole?

Alla distanza di Giove la luce solare è circa il 4% di quella che raggiunge la Terra, rendendo i classici pannelli solari insufficienti per l'alimentazione di bordo.

L'alternativa più leggera e affidabile era rappresentata da piccoli generatori nucleari che utilizzavano il decadimento del Plutonio per produrre energia elettrica.

Tra i tecnici della NASA c'era però la preoccupazione che le deboli radiazioni potessero danneggiare la delicata strumentazione di bordo sul lungo periodo temporale. L'unico modo per dipanare la questione era provare.

Pioneer 10 fu la prima a utilizzare 4 generatori a radioisotopi posizionati su un braccio più lontano possibile dalla strumentazione e dall'antenna principale.

Le preoccupazioni dei tecnici della NASA si dimostrarono infondate: il sistema, oltre a non causare problemi, si rivelò efficiente e molto affidabile, tanto che fu utilizzato senza remore sulle successive missioni Voyager.

Una delle più dettagliate riprese ottenute dalla sonda Voyager 1 della grande macchia rossa di Giove.

La prima e per ora unica sonda che ha orbitato nel complesso sistema gioviano è stata Galileo.

Rilasciata il 18 ottobre 1989 dalla stiva dello Space Shuttle, dopo un complesso piano di volo (fly-by con Venere e la Terra) ha raggiunto

La sonda Galileo viene liberata dalla stiva dello Shuttle Atlantis il 18 ottobre 1989.

l'orbita del gigante gassoso il 7 dicembre 1995, restandoci per ben 14 anni, fino al 21 settembre 2003, quando è stata fatta precipitare nell'atmosfera di Giove.

Nonostante problemi all'antenna principale che hanno costretto a rallentare la trasmissione dei dati, la sonda si è rivelata essere una fonte di inestimabile valore nel comprendere le dinamiche del pianeta e della complessa e numerosa famiglia di satelliti.

Fu proprio Galileo a fare luce sulle grandi eruzioni vulcaniche di Io riprese dalle Voyager anni prima, a osservare nel 1994 l'impatto della cometa Shoemaker-Levy 9 su Giove, e indagare da

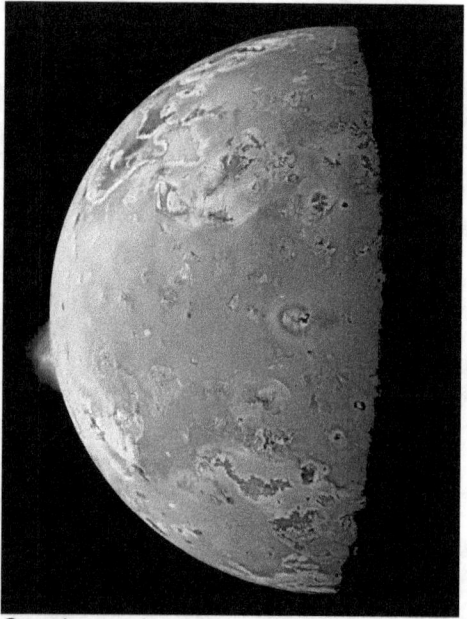

Grande eruzione vulcanica su Io ripresa della sonda Galileo.

vicino le intricate trame di ghiaccio di Europa, sicuramente il satellite più interessante e misterioso della famiglia gioviana.

Dopo la fine della missione, Giove è stato avvicinato dalla sonda Cassini diretta verso Saturno, dalla Ulysses, che lo aveva visitato già nel 1992, e dalla New Horizons, nel 2007.

Il 5 agosto 2011 la sonda americana Juno ha lasciato la Terra per dirigersi verso il gigante e inserirsi nella sua orbita: incontro previsto per il 2016.

Una delle caratteristiche più interessanti di questa sonda di ultima generazione è costituita dall'alimentazione a pannelli solari. La ricerca nel campo fotovoltaico degli ultimi anni ha migliorato notevolmente l'efficienza dei pannelli, che ora sono in grado di fornire energia sufficiente anche a distanze così elevate dal Sole.

Sebbene efficienza, leggerezza e compattezza

Lancio della sonda Juno a bordo del razzo Atlas V il 5 agosto 2011.

dei generatori nucleari siano impareggiabili, l'agenzia spaziale americana deve trovare velocemente un modo alternativo per alimentare le future missioni verso il Sistema Solare esterno.

La produzione di plutonio, elemento essenziale di queste speciali batterie dalla vita lunghissima, è terminata da tempo da parte degli Stati Uniti e tutte le riserve derivanti dal materiale nucleare smantellato sono ormai esaurite.

La NASA ha già chiesto, senza esiti positivi, di ricominciare la produzione di questo elemento artificiale, ma si tratta di un processo lungo ed estremamente costoso che il governo naturalmente non ha intenzione di intraprendere di nuovo se non ci sono motivazioni belliche all'orizzonte.

Si stanno allora cercando nuove fonti di energia nucleare in sostituzione del plutonio, ma la strada verso il successo è ancora lunga. A meno di non comprare il prezioso materiale fissile dai russi, antichi nemici di una guerra fredda dalla

Rappresentazione artistica della sonda Juno, la prima oltre l'orbita di Marte ad avere come sistema di alimentazione dei pannelli solari e probabilmente l'ultima verso il Sistema Solare esterno per diversi anni a venire.

quale nacque proprio la grande produzione per le testate nucleari, si ha l'impressione che nessun'altra sonda americana sarà lanciata verso il Sistema Solare esterno almeno fino al 2020.

L'unico progetto attualmente in fase di discussione è una missione congiunta NASA-ESA per studiare il satellite Europa. Ma anche questo è un lontano miraggio previsto non prima del 2020, e dall'esito piuttosto incerto a causa degli elevati costi e degli scarsi finanziamenti da parte dei rispettivi governi.

8. Saturno

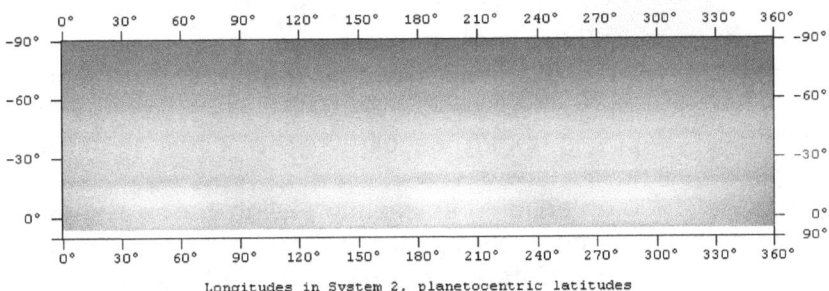

Longitudes in System 2, planetocentric latitudes

Planisfero dell'atmosfera di Saturno ottenuto con 4 riprese amatoriali effettuate nel marzo 2005. La mappa copre solo l'emisfero sud, poiché quello nord era nascosto dagli anelli.

Fino a questo momento abbiamo compreso che ogni pianeta del Sistema Solare ha una particolarità che lo rende unico. Mercurio è il più piccolo e vicino al Sole, Venere il più inospitale, la Terra pullula di Vita, Marte nasconde un passato estremamente diverso, Giove è il più grande e irascibile.

Saturno è il pianeta più affascinante del Sistema Solare, con i suoi magnifici anelli. Poco più piccolo di Giove, è il secondo pianeta, per dimensioni, del Sistema Solare.

Sicuramente non si fatica a comprendere quale potrebbe essere la particolarità di Saturno, soprattutto se in questa prima pagina è già presente una foto del pianeta.
Vorrei però fare una prova.
In questi tempi nei quali la quantità di informazioni è talmente elevata e così facile da ottenere che ormai sorprendersi per

221

una piccola scoperta personale è diventata merce molto rara, proviamo a dimenticare le nostre conoscenze e immedesimiamoci nel mondo molto diverso di 400 anni fa.

A quel tempo non esistevano computer, automobili, telefoni.

Il sapere scientifico era limitato, ma tutto era pronto per la prima e forse più grande rivoluzione culturale della storia, quella scintilla che in appena quattro secoli avrebbe sconvolto in bene il mondo e il nostro stile di vita.

Agli inizi del 1600 un brillante scienziato pisano venne a sapere che un ottico olandese aveva messo a punto uno strumento dalla straordinaria proprietà di ingrandire gli oggetti lontani.

Conscio delle possibilità di questa invenzione, in breve tempo si procurò gli schemi per costruire il proprio cannocchiale, riuscendoci alla perfezione.

Un giorno, ascoltando la naturale curiosità della mente umana, decise di puntarlo al cielo, chiedendosi semplicemente cosa avrebbe potuto osservare di quei puntini luminosi chiamati stelle e pianeti.

Le straordinarie osservazioni che per primo nella storia umana aveva compiuto avrebbero cambiato la sua vita e l'intero destino dell'umanità.

Tra le meraviglie del cosmo che lentamente cominciava a scoprire, ci fu un corpo celeste che gli diede non pochi problemi, tanto che non riuscì mai a svelare il suo segreto.

Così lo scienziato, un po' meravigliato, scrisse in una lettera indirizzata ai suoi "datori di lavoro" dopo le prime osservazioni:

"La stella di Saturno non è una sola, ma un composto di tre, le quali quasi si toccano, né mai tra loro si muovono o mutano; et sono poste in fila secondo la lunghezza dello zodiaco, essendo quella di mezzo circa tre volte maggiore della altre due laterali: et stanno situate in questa forma: oOo".

Nonostante lo strumento astronomico utilizzato fosse decisamente più performante dell'occhio, la sua qualità ottica era sicuramente più scadente dei piccoli cannocchiali giocattolo che è possibile trovare nelle sorprese delle uova di Pasqua odierne.

È per questo motivo che l'osservazione non fu affatto chiara.

Lo scienziato, probabilmente infastidito per non aver saputo trovare una spiegazione, interruppe le osservazioni per diversi mesi dedicandosi ad altri corpi celesti.

Ma si sa che gli scienziati sono delle teste dure che non si arrendono mai. Così, due anni più tardi, puntò di nuovo il cannocchiale verso quello strano pianeta per cercare di capirne qualcosa di più.

La Natura, però, a volte ha un umorismo davvero sottile e crudele. Lo scienziato, sorpreso, notò infatti che: *"L'ho ritrovato solitario senza l'assistenza delle consuete stelle, e in somma perfettamente rotondo e terminato come Giove"*.

Il pianeta sembrava ora normale; della stranezza osservata due anni prima non c'era più traccia, quindi nessuna speranza di capire di cosa si trattasse.

In queste situazioni molte persone probabilmente si arrenderebbero, cambiando strada e dimenticando ciò che non hanno saputo interpretare. Ma arrendersi non è mai la cosa migliore, in ogni campo. Ognuno ha le capacità per superare qualsiasi tipo di difficoltà, se è convinto della propria passione. Questo vale in ogni ambito della vita e può fare la differenza tra un'esistenza felice e una piena di compromessi e rimpianti.

Il nostro scienziato scelse la strada della perseveranza. Non era più una mera questione astronomica ormai; c'era di mezzo la credibilità delle sue prime osservazioni, nelle quali quel pianeta si presentava davvero strano.

A qualche anno di distanza, le nuove indagini premiarono la determinazione dell'astronomo e mostrarono un pianeta di nuovo strano, forse ancora più di prima: *"Li due compagni non sono più due globi perfettamente rotondi, come erano già, ... ma due mezze ecclissi con due triangoletti oscurissimi nel mezzo"*.

Credo che molti avranno ormai riconosciuto le gesta e le parole del grande Galileo Galilei, il primo essere umano ad aver puntato un telescopio al cielo.

Lo strumento di cui disponeva era di così scarsa qualità che non gli aveva permesso di capire la vera natura di Saturno: un pianeta con un magnifico sistema di anelli intorno.

Il primo a fare questa scoperta fu un altro grande astronomo, questa volta olandese: Christiaan Huygens, che nel 1659, a 17 anni dalla scomparsa di Galilei, pubblicò un articolo in cui affermava che Saturno era un pianeta circondato da un anello.

Saturno è sicuramente il pianeta più strano e affascinante, con i suoi caratteristici anelli visibili al giorno d'oggi con qualsiasi strumento. Simile per composizione chimica a Giove, ha una densità media minore dell'acqua: se potesse essere contenuto in un ipotetico oceano d'acqua, l'intero pianeta galleggerebbe senza problemi!

Si tratta di un gigante gassoso simile per dimensioni e composizione chimica a Giove, 9,5 volte più grande della Terra, 1/3 meno massiccio del gigante.

L'inclinazione degli anelli di Saturno cambia nel corso degli anni, a causa dell'inclinazione dell'asse del pianeta. È questo il motivo per cui *Galileo Galilei* a due anni di distanza dalla prima osservazione, vide un pianeta molto diverso.

La sua orbita è molto larga e quasi circolare, posta a una distanza di 9,54 AU, circa 1 miliardo e 400 milioni di km, quasi il doppio di quella di Giove.

Il suo periodo di rivoluzione è quindi più lento, di poco inferiore ai 30 anni, mentre il periodo di rotazione, come quello di tutti i pianeti giganti, è molto rapido, 10,6 ore, tanto da schiacciare il globo ai poli a causa dell'elevata forza centrifuga.

In conseguenza della maggiore distanza, Saturno riceve 4 volte meno energia da parte del Sole rispetto a Giove, energia che è la causa dell'attività atmosferica di ogni corpo celeste.

È questo il motivo principale per cui la sua atmosfera è più calma di quella gioviana.

L'effetto della minore energia solare si può misurare anche nella temperatura dello strato superficiale, di soli -139°C.

In modo del tutto simile a quella di Giove, l'atmosfera contiene molto idrogeno (95%), il 3% di elio e circa il 2% suddiviso tra metano, ammoniaca e acqua.

Non possiamo naturalmente non parlare del magnifico sistema si anelli, la cui densità ed estensione lo rendono unico nel Sistema Solare.

Molto si è discusso e ancora lo si fa in merito alla loro formazione. La teoria più accreditata prende in considerazione il passaggio troppo ravvicinato di un satellite disintegrato dalla fortissima forza mareale di Saturno.

I detriti hanno costituito gli anelli che possiamo osservare, la cui massa è molto simile a Mimas, uno dei numerosi satelliti del pianeta.

Il sistema è formato da migliaia di anelli estesi per centinaia di migliaia di chilometri. Quello che più stupisce è però il loro spessore.

Le recenti misurazioni eseguite dalla sonda Cassini, che ha più volte attraversato il loro piano, ha stabilito che l'intera struttura è spessa solamente 10 metri, tanto da risultare addirittura semi trasparente!

L'astronomia non è fatta solamente da numeri infinitamente grandi, ma è proprio la perfetta unione tra grande e piccolo a rendere ancora più affascinante questa materia.

Saturno possiede ben 62 satelliti conosciuti ma se ne sono stimati circa 200. Il più famoso e interessante è sicuramente Titano, una luna orbitante a circa 1,5 milioni di km e la seconda più grande del Sistema Solare.

Titano è un corpo celeste molto particolare, avvolto da una spessa atmosfera 1,5 volte più densa di quella terrestre e completamente opaca alle lunghezze d'onda visibili.

L'involucro gassoso è composto principalmente da azoto, argon e metano, quest'ultimo presente in quantità anche in superficie, dove forma dei veri e propri laghi.
Nonostante la temperatura di soli 94 K (-179°C), Titano ricorda da vicino l'ambiente terrestre antecedente lo sviluppo degli esseri pluricellulari, tanto che non si esclude la presenza dei mattoni della vita sulla superficie, quali aminoacidi e proteine complesse.
Nella spessa atmosfera vi sono imponenti sistemi nuvolosi costituiti principalmente da metano, che si pensa costituire la controparte dell'acqua sulla Terra, creando un ciclo simile in tutto e per tutto a quello terrestre.

Questa immagine del telescopio spaziale Hubble rappresenta la ripresa più dettagliata mai effettuata da Terra. Attorno al polo del pianeta è visibile anche una splendida aurora.

L'osservazione di Saturno

Impossibile dimenticare i brividi e gli occhi lucidi che suscita Saturno la prima volta che si osserva all'oculare di un piccolo telescopio.

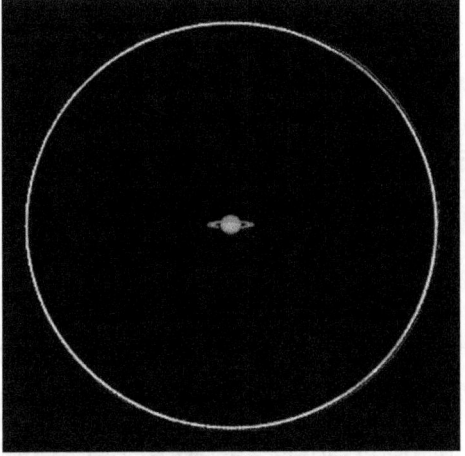

Quel dischetto circondato da un anello perfettamente visibile rappresenta la sorpresa più grande che possiamo avere osservando il cielo al telescopio, un'esperienza che entra prepotentemente dentro di noi accompagnandoci per tutta la vita.

Saturno e i suoi magnifici anelli, come appaiono in uno strumento da 90-100 mm a 250 ingrandimenti.

Ricordo perfettamente la prima osservazione del pianeta inanellato, poco prima dell'alba di una mattina di mezza estate. Ero molto giovane, al secondo anno di liceo, avevo uno strumento poco più che giocattolo e nessuna idea di dove potesse trovarsi.

Evidentemente la fatica dell'alzata mattutina per osservare lo strano cielo dell'alba venne ripagata, perché trovai casualmente il pianeta al primo tentativo.

E se la sorpresa di osservare qualcosa di straordinario è già grande quando si è pronti a farlo, non è difficile immaginare cosa posso aver provato quando puntando quella piccola stella nel cielo ho scoperto che si trattava proprio di Saturno, quella visione stupenda che anni addietro avevo cercato insistentemente ma non avevo mai trovato.

Alla fine la Natura premia sempre il merito e la perseveranza; l'importante è non arrendersi mai e tenersi sempre pronti a sorprese che potrebbero arrivare improvvisamente e rendere indimenticabile una calda e anonima notte estiva.

Saturno brilla a occhio nudo di magnitudine circa zero, come Vega, la stella più luminosa della costellazione della Lira, quindi è molto facile da osservare a occhio nudo.

Un ottimo rifrattore da 60 mm, un Maksutov da 80 mm o un Newton da 114 mm, in assenza di turbolenza atmosferica e un ingrandimento di almeno 150 volte, permettono di vedere anche una sottile lacuna tra gli anelli, la famosa divisione di Cassini, una fascia larga circa 4000 km nella quale il materiale degli anelli è estremamente rarefatto, dando l'impressione di una zona vuota.

Un telescopio di almeno 100 mm permette di scorgere agevolmente le bande nell'atmosfera.

Uno strumento di diametro doppio riesce a mostrare altre divisioni negli anelli, la più evidente delle quali è la divisione di Encke, una piccola lacuna larga appena 325 km, più esterna della divisione di Cassini. In realtà noi possiamo osservare quello che si chiama minimo fotometrico, ovvero una caduta di luce negli anelli causata dalla divisione, che però è troppo stretta per essere risolta da qualsiasi strumento amatoriale.

L'inclinazione degli anelli cambia nel corso del tempo con un periodo di 30 anni, esattamente uguale a quello di rivoluzione del pianeta attorno al Sole. Nel 2009 si sono osservati quasi di profilo. Nei prossimi anni la loro inclinazione crescerà fino a raggiungere il massimo nel 2016, per poi cominciare a ridursi di nuovo.

Saturno osservato con un telescopio da 200 mm e ottimo *seeing*.

Quando l'inclinazione degli anelli è massima, il pianeta risulta molto più spettacolare rispetto a quando sono visti di taglio.

A intervalli di 28-30 anni l'emisfero nord del pianeta genera dei veri e propri cicloni estesi per decine di migliaia di chilometri, che in poco tempo rigenerano, con materiale proveniente dalle profondità, gran parte dell'atmosfera del pianeta, in un evento spettacolare visibile per mesi con ogni telescopio. La struttura di questi cicloni ricorda, quanto a forma e dinamica, quella degli uragani terrestri, sebbene il vapore acqueo terrestre sia sostituito da imponenti nubi formate da cristalli di ammoniaca.

Qualsiasi strumento mostrerà nello stesso campo di vista almeno un satellite, Titano. Un telescopio di 120 mm di diametro consentirà di vedere agevolmente almeno altri 3 satelliti sempre prospetticamente vicini al globo e agli anelli.

Saturno è l'oggetto stellare luminoso più a destra in questa foto che ritrae in primo piano la costellazione del Leone e sotto la Luna durante l'eclisse totale del 3 marzo 2007.

L'esplorazione di Saturno

Appena quattro sonde hanno raggiunto il magnifico pianeta con gli anelli e solamente una è entrata in orbita.
La prima immagine proveniente dalle vicinanze di Saturno è da attribuire a Pioneer 11, che dopo l'incontro con Giove il 1 settembre 1979 si è trovata a 20.000 km dal signore degli a-nelli l'anno seguente.
Sebbene sfocate e sgranate, come le riprese trasmesse dalle altre sonde di prima generazione, le immagini erano comun-que più dettagliate di quelle effettuate da Terra con i grandi te-lescopi professionali e rivelarono un sistema di anelli e satelliti molto più complesso di quanto si credesse.

La prima immagine di Saturno mai ripresa dalle sue vicinanze. Pioneer 11, 26 agosto 1979, distanza 1,5 milioni di chilometri. In alto è visibile Titano.

Nel novembre 1980 è stata la volta di Voyager 1 a una distan-za minima di 120.000 km.
La sonda inviò a Terra immagini sorprendenti di un sistema di anelli assolutamente incredibile, con migliaia di strutture minori i cui confini erano sorvegliati da piccoli satelliti che furono non a caso chiamati lune pastore.
Ma la vera scoperta venne dal misterioso Titano.

Impossibile da osservare in dettaglio con qualsiasi telescopio terrestre di quel periodo, nessuno scienziato si aspettava di scoprire un mondo così complesso come quello messo in evidenza dalle prime immagini ravvicinate di Voyager 1.

L'atmosfera del satellite fu rilevata già dalla superficie terrestre a partire da osservazioni spettroscopiche condotte da un certo Gerard Kuiper nel 1944, il padre dell'omonima fascia di corpi minori che tra qualche pagina analizzeremo in dettaglio.

L'esistenza di un'atmosfera rendeva il satellite di per se unico, perché nessun'altro corpo celeste di questo tipo, neanche il più grande Ganimede, sembrava possedere un inviluppo gassoso consistente e stabile nel tempo.

Ma nessuno poteva mai immaginare che a quelle enormi distanze dal Sole un satellite poco più grande della nostra Luna potesse ospitare un'atmosfera densa, con una dinamica così sviluppata e complessa come mostrato dalle riprese di Voyager 1.

Ancora una volta l'Universo ama stupirci con situazioni che fino a poco tempo prima ritenevamo estremamente improbabili.

Voyager 2 seguì la gemella nell'agosto 1981

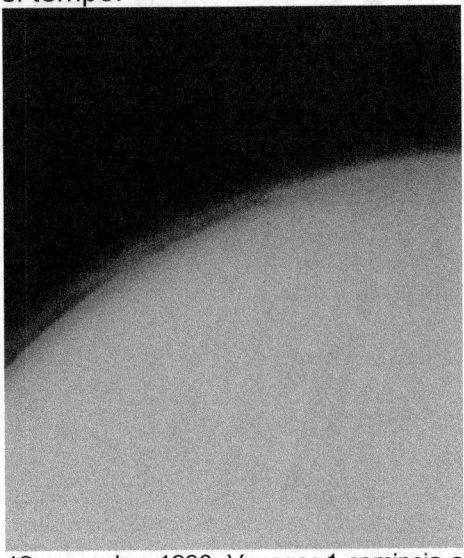

12 novembre 1980: Voyager 1 comincia a svelare i misteri della complessa atmosfera di Titano.

raccogliendo preziose informazioni sull'atmosfera di Saturno e sul sistema di satelliti e anelli. Tra le scoperte più misteriose vi sono delle striature scure irregolari a grande scala e variabili nel tempo dette spokes, che si sviluppavano ed evolvono nel complesso sistema di anelli.

231

Il complesso sistema di anelli di Saturno ripreso da Voyager 2. Le differenti tonalità indicano differenze nella composizione chimica delle particelle, per lo più ghiacciate, che compongono gli anelli.

Ci sono voluti ben 25 anni di attesa per vedere un'altra sonda nei pressi del pianeta che potesse contribuire a svelare i numerosi misteri evidenziati dalle due Voyager.
La pazienza degli astronomi è stata ripagata con un piano di volo assolutamente straordinario che prevedeva per la prima

volta l'immissione in orbita e lo studio del pianeta e dei satelliti per diversi anni.

Cassini-Huygens, nata da una collaborazione tra NASA, ESA e ASI (Agenzia Spaziale Italiana) ha lasciato la Terra il 15 ottobre 1997, raggiungendo l'orbita di Saturno solamente il 1 luglio 2004, dopo un lungo e complesso viaggio durato quasi sette anni che l'ha portata ad avere fly-by con Venere, Luna, Terra e Giove.

La sonda Cassini sta inviando immagini spettacolari, come questa che ritrae Titano in primo piano; sullo sfondo gli anelli di Saturno visti di taglio e l'ombra proiettata sul globo.

Con strumentazione sicuramente molto più avanzata delle precedenti e un'alimentazione nucleare che le garantirà energia per diversi anni, la sonda Cassini studierà il sistema saturniano almeno fino al 2017, quando verrà fatta precipitare nell'atmosfera del pianeta.

Il successo della missione è stato completo con il rilascio della piccola capsula Huygens il 25 dicembre 2004.

Progettato dall'agenzia spaziale europea e trasportato a bordo della sonda madre, questo mini satellite poco più grande di una palla da basket aveva un compito semplice quanto importante: tuffarsi nell'atmosfera di Titano e scoprire i segreti così gelosamente protetti dallo spesso involucro gassoso.

Dopo venti giorni di volo, il 14 gennaio 2005 finalmente l'ingresso in atmosfera e il momento della verità.

Le batterie della sonda avrebbero avuto autonomia per circa 3 ore, un tempo più che sufficiente per raccogliere molti dati durante la discesa e con un po' di fortuna a trasmettere per qualche minuto se avesse effettuato un atterraggio morbido.

Con molti interrogativi sull'esito della missione, la piccola capsula Huygens stupì tutti andando ben oltre le aspettative.

Durante la discesa durata circa 2 ore e 30 minuti, e frenata da alcuni paracadute, trasmise molti dati dei diversi livelli atmosferici di Titano, ottenendo anche fantastiche panoramiche della misteriosa superficie del satellite.

Un atterraggio morbido, nonostante non fosse dotata di alcun sistema di propulsione, permise alla piccola sonda di continuare a trasmettere a Terra immagini e dati per altri 90 minuti, ben oltre la durata programmata delle batterie.

Ad oggi Huygens resta il manufatto umano atterrato sul corpo celeste più lontano e l'unico ad averlo fatto su un satellite naturale di un altro pianeta.

Le informazioni trasmesse, integrate con quelle raccolte da Cassini durante i successivi passaggi ravvicinati, hanno permesso di scoprire grandi sistemi nuvolosi composti di metano nell'atmosfera del satellite.

La sorpresa più grande è stata però scoprire una superficie ricca di laghi e fiumi di idrocarburi, principalmente metano, e addirittura mari e oceani con spiagge levigate dalle onde.

Un mondo davvero simile alla Terra, se non fosse per la differenza nella composizione del liquido che bagna la superficie.

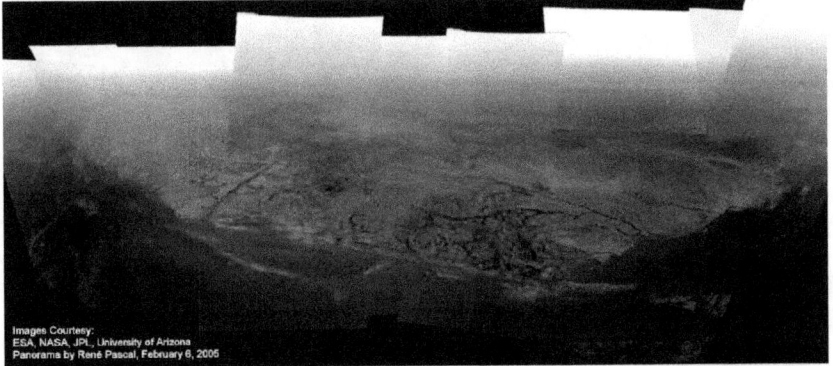

Panorama della superficie di Titano ripreso dalla capsula Huygens pochi minuti prima di toccare il suolo. In primo piano, in basso, è visibile un bacino di metano, i contorni della costa e alcuni canali e fiumi che vi confluiscono.

Il futuro dell'esplorazione del sistema di Saturno è ancora incerto. Attualmente gli sforzi maggiori sono concentrati nello studiare una missione che possa atterrare di nuovo su Titano per continuare con più calma e migliore strumentazione le indagini appena iniziate dalla piccola capsula Huygens.

Sono allo studio diverse idee innovative in collaborazione tra NASA ed ESA, come un piccolo aereo che potrebbe volare nella bassa atmosfera e mapparne a fondo la superficie, oppure un rover simile a quelli che hanno raggiunto Marte negli anni passati.

Qualunque sarà il progetto scelto, esso probabilmente vedrà la luce solamente dopo il 2020.

In effetti il decennio 2010-2020 non sembra particolarmente favorevole, almeno da parte della NASA, impegnata principalmente nella costosa realizzazione del nuovo telescopio spaziale dal costo davvero astronomico di 9 miliardi di dollari.

235

9. Urano

Urano è il primo pianeta scoperto nell'era moderna con l'aiuto dei telescopi, che a partire dal diciassettesimo secolo hanno permesso all'astronomia di compiere dei passi enormi.

Nonostante una luminosità teoricamente raggiungibile dall'occhio nudo sotto cieli scuri, Urano non fu identificato da nessuna delle antiche civiltà, soprattutto per il lentissimo moto attraverso le stelle.

La sua scoperta, avvenuta da parte di William Herschel il 13 marzo 1781, fu frutto di quello che attualmente viene identificato come fattore C e che in ambienti più sofisticati viene definito caso.

Fino a quel momento nessun astronomo aveva mai avuto il sospetto che nel Sistema Solare potessero esistere altri pianeti non ancora scoperti, tanto che non esistevano programmi di ricerca impegnati in questa direzione.

L'astronomo inglese William Herschel passava però così tanto tempo al telescopio che una sera si accorse che una stellina si era leggermente spostata nel cielo rispetto alle osservazioni precedenti.

Dopo le successive verifiche si rese conto di aver effettivamente scoperto un nuovo pianeta.

Non c'è dubbio che in questo caso l'intervento della fortuna sia stato davvero fondamentale, ma non bisogna dimenticare che se Herschel non fosse stato un osservatore così assiduo probabilmente non avrebbe scoperto nulla.

Nella scienza, come abbiamo visto nel caso dei satelliti spia Vela, le scoperte spesso avvengono in modo inaspettato ma ciò non toglie che bisogna in qualche modo crearsi le occasioni propizie con costanza, pazienza e determinazione.

Urano è il sesto pianeta del Sistema Solare e orbita a quasi 3 miliardi di chilometri dalla nostra stella. Si tratta ancora una volta di un pianeta gassoso ma più piccolo dei giganti Giove e Saturno, con un diametro solamente 4 volte quello terrestre.

La composizione chimica è molto simile a quella dei fratelli maggiori, con una netta abbondanza di idrogeno (83%), ed elio (15%) e un 2% di metano, responsabile della colorazione verde-azzurra del pianeta.

La particolarità di Urano risiede nell'inclinazione del suo asse di rotazione rispetto al piano dell'orbita, di ben 98°; in pratica, il pianeta rotola sul piano dell'orbita. Come conseguenza, i poli risultano le regioni maggiormente esposte alla luce solare.

Nonostante le regioni polari vengano illumi-

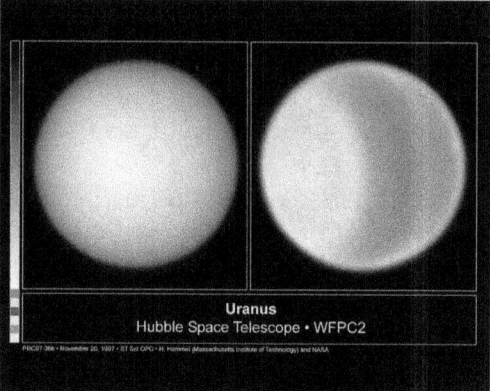

Uranus
Hubble Space Telescope • WFPC2

L'atmosfera di Urano è nel visibile si mostra piuttosto omogenea e priva di particolari, come testimonia questa ripresa del telescopio spaziale Hubble.

nate continuamente per 42 anni dal Sole, la temperatura degli strati atmosferici del pianeta resta gelida, attestandosi su un valore medio di -215°C.

Come gli altri pianeti gassosi, mano a mano che aumenta la profondità aumenta la temperatura, la pressione e la densità del gas. Si pensa che al suo interno vi sia un nucleo roccioso avvolto da un oceano caldo (2000°C) composto da idrogeno, elio e ammoniaca, che sfuma lentamente nell'atmosfera.

Urano è l'unico pianeta gigante a non possedere una fonte interna di calore: l'esame della luce incidente e quella riemessa risultano in perfetto equilibrio.

La sua atmosfera è molto meno attiva, anche se sono stati misurati venti che spirano a oltre 600 km/h alle latitudini equatoriali.

Non tutti forse sono a conoscenza del fatto che Urano possiede un sistema di anelli simili a quelli di Saturno ma molto più debole e rarefatto, visibile solo con strumentazione professionale.

L'anello maggiore è esteso solo un centinaio di chilometri e spesso qualche decina di metri.

I satelliti finora scoperti sono solo (per modo di dire!) 27, molti dei quali composti principalmente di elementi ghiacciati.

Urano e il sistema di anelli ripreso in infrarosso dal telescopio Keck nel 2004. Grazie ai moderni sistemi di ottica adattiva i grandi strumenti terrestri hanno superato in risoluzione le immagini del telescopio spaziale Hubble.

L'osservazione di Urano

Urano è visibile a occhio nudo solamente da luoghi estremamente bui e con notevole fatica, brillando di magnitudine 5,7.

L'osservazione telescopica può essere condotta con ogni strumento, ma solo con telescopi da almeno 80 mm, lavorando agli ingrandimenti massimi utili, è possibile notare il piccolo disco

Il disco uniforme di Urano ripreso con un telescopio da 235 mm. Il pianeta, anche in visuale, appare uniforme e privo di strutture atmosferiche.

dal diametro di soli 3,6", la colorazione verdognola e lo schiacciamento dei poli causato dalla rapida rotazione che contraddistingue tutti i pianeti gassosi (in questo caso 17 ore e 14 minuti). Nessun altro dettaglio è visibile nella sua atmosfera apparentemente priva di attività, ma l'emozione di osservare un corpo celeste a quasi 3 miliardi di km dalla nostra casa, è comunque forte e ripaga in parte dell'assenza di dettagli e della difficoltà nel trovarlo.

10. Nettuno

La scoperta, totalmente fortuita, di Herschel aveva aperto negli anni successivi un importante dibattito in merito alla reale conoscenza dei pianeti del Sistema Solare.

Se con il suo telescopio aveva scoperto casualmente un nuovo pianeta, era possibile che ce ne fossero ancora altri da individuare?

Seguendo attentamente il moto orbitale di Urano, gli astronomi del diciannovesimo secolo si resero conto che probabilmente esisteva almeno un altro pianeta, più esterno.

Le ragioni di questa convinzione? L'orbita di Urano mostrava piccoli disturbi che non potevano essere spiegati con l'influenza di Saturno e Giove. Probabilmente doveva esserci un corpo celeste ancora più lontano, di cospicue dimensioni, che potesse giustificare le perturbazioni rilevate.

Se quindi Herschel scoprì un pianeta del tutto fortuitamente, Johann Gottfried Galle individuò Nettuno a meno di un grado di distanza da quanto avevano previsto i modelli matematici compilati a seguito dell'osservazione delle perturbazioni nell'orbita di Urano.

Possiamo quindi affermare che Nettuno è un pianeta scoperto dalla matematica e dalla fisica.

Forse questo toglierà un pizzico di romanticismo all'impresa, ma di certo rappresenta un successo per i modelli che cercano di interpretare e prevedere il comportamento della Natura!

L'ottavo e ultimo pianeta è ancora un gigante gassoso, leggermente più piccolo di Urano ma ben 3,81 volte la Terra e con una massa 17 volte superiore.

Alla distanza di 30 UA, 4,5 miliardi di km, Nettuno impiega ben 165 anni per compiere un giro completo, mentre il periodo di rotazione, come per tutti i pianeti gassosi, è breve: 19,2 ore.

Non è difficile immaginare che quelle remote regioni debbano essere addirittura più fredde di Urano. In effetti le nubi di Nettuno si trovano alla poco piacevole temperatura di -235°C.

La composizione chimica ricorda molto quella di Urano, con idrogeno, elio, tracce di ammoniaca e metano. La sua atmosfera è stranamente più attiva e simile a quella di Saturno, con la comparsa non rara di macchie scure e chiare e di nubi che ricordano i cirri terrestri, ma formate da idrocarburi.

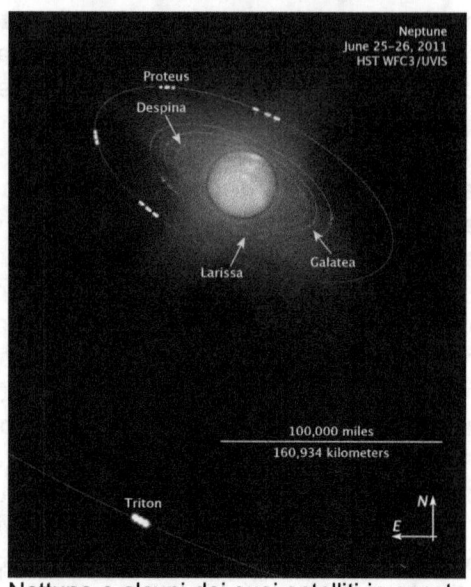

La struttura interna si pensa essere composta da un nucleo centrale roccioso, da un mantello superiore di ghiacci fluidi e da un guscio superiore di idrogeno ed elio che sfuma nell'atmosfera.

Anche Nettuno possiede una numerosa famiglia di satelliti e un sistema di anelli, molto tenue e variabile in spessore e densità nel tempo, ancora oggetto di studi.

Nettuno e alcuni dei suoi satelliti in questa ripresa multipla effettuata dal telescopio spaziale Hubble.

Le lune finora scoperte sono 13, di cui la maggiore e più interessante è senza dubbio Tritone, un corpo geologicamente attivo di cui vedremo alcune caratteristiche nel paragrafo dedicato ai satelliti naturali.

Proprio negli strati più alti dell'atmosfera, tra le sottili nubi di ammoniaca e la quota di alcune tempeste simili ai cicloni di Giove e Saturno, la sonda Voyager 2 ha misurato venti con punte che hanno superato addirittura 2000 km/h, ben quattro volte più violenti di quelli che spirano all'interno della grande macchia rossa di Giove.

Nettuno, quindi, si aggiudica a mani basse il primato di pianeta più ventoso del Sistema Solare.

L'osservazione di Nettuno

Nettuno brilla di magnitudine 8,2 ed è quindi totalmente invisibile a occhio nudo, anche dai cieli più scuri. La sua identificazione richiede una mappa celeste abbastanza dettagliata e buona padronanza della tecnica dello star hopping (il salto di stella in stella), poiché non tutti i cercatori dei telescopi riescono a mostrare la sua debole luce.

L'osservazione telescopica è piuttosto difficoltosa e solamente telescopi di almeno 150 mm permettono di risolvere il debole disco dal colore azzurro. Naturalmente nessuna traccia di dettagli, per anni riservati all'unica sonda che è stata in grado di coprire una distanza di 4,5 miliardi di km.

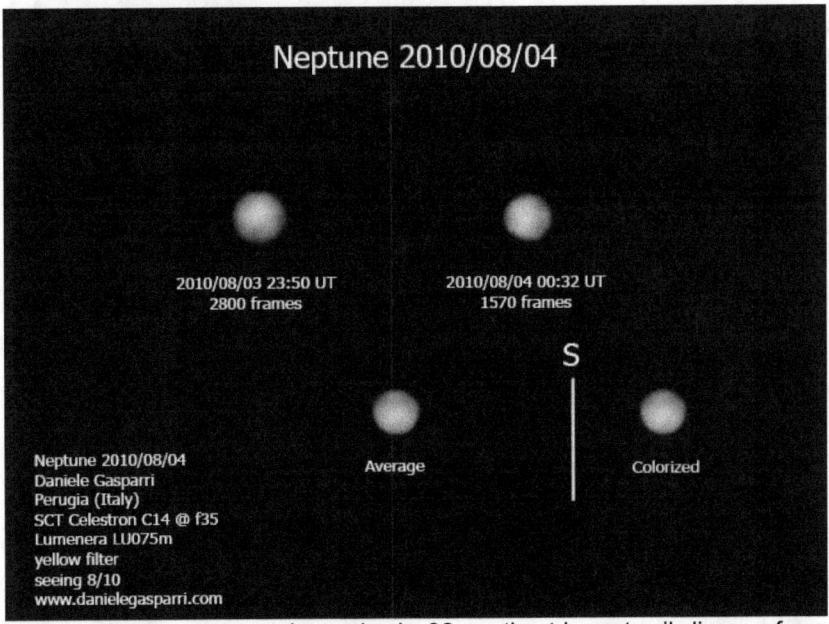

Nettuno ripreso con un telescopio da 36 centimetri mostra il disco e forse qualche debole dettaglio atmosferico.

243

L'esplorazione di Urano e Nettuno

Non vi è molto da dire dal punto di vista crono-logico, poiché solamente l'impavida Voyager 2 ha avuto l'onore di avvicina-re i due lontani pianeti gassosi.
Di conseguenza, tutte le informazioni che posse-diamo dei due mondi, e della folta schiera di sa-telliti, derivano quasi uni-camente dai dati raccolti da questa unica esplora-trice cosmica.
Dopo l'incontro positivo con Giove e Saturno, e aver risolto qualche pro-

Dettaglio degli anelli di Urano ripresi da Voyager 2 durante il massimo avvicina-mento al pianeta. Sullo sfondo le stelle risultano mosse a causa della lunga espo-sizione e del movimento della sonda.

blema di funzionamento, i tecnici della NASA decisero di pro-seguire quello che era stato definito il gran tour del Sistema Solare.
Grazie a un particolare e molto raro allineamento planetario, sin dagli anni 60 Voyager 2 venne studiata per sfruttare questa preziosa coincidenza cosmica e visitare in un colpo solo tutti i giganti gassosi, evitando in questo modo insormontabili pro-blemi di carburante.
La perfetta pianificazione della missione fece di Voyager 2 una sonda storica.
Con puntuale precisione passò alla minima distanza da Urano il 24 gennaio 1986 a 81.500 km, ben 5 anni dopo l'incontro con Saturno.
Di questo remoto pianeta scoprì diversi satelliti, studiò l'atmosfera e il sistema di anelli, rilevato indirettamente da Ter-ra solamente 9 anni prima.

La suggestiva falce di Urano ripresa da Voyager 2 in allontanamento verso Nettuno.

Il gran tour di Voyager 2 si completò nel migliore dei modi il 25 agosto 1989.

Il passaggio ravvicinato a Nettuno consentì di scoprire molti altri satelliti (se ne conoscevano solamente due fino a quel momento), di indagare meglio il particolare aspetto di Tritone, di scoprire un debole sistema di anelli intorno al pianeta e un'atmosfera davvero molto dinamica, con nubi di ammoniaca e una grande tempesta dal colore scuro, denominata grande macchia scura.

Il primato di Voyager 2 rimarrà sicuramente ineguagliato almeno per i prossimi 30-50 anni.

Le uniche immagini dei pianeti provengono attualmente dai grandi telescopi terrestri e spaziali, che sebbene con molta fatica a causa della

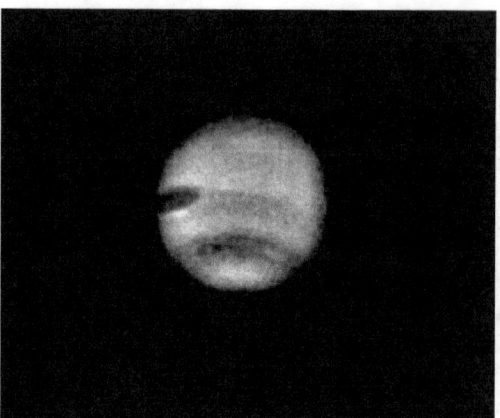

La prima immagine di Nettuno ripresa da Voyager 2 nell'estate del 1989, a 57 milioni di chilometri dal pianeta. Nessun telescopio di quegli anni poteva avere una visione così dettagliata. Questa quindi è la visione che gli scienziati della NASA ebbero per la prima volta di questo remoto pianeta. A sinistra è visibile la grande macchia scura, mai più osservata.

Il debole sistema di anelli di Nettuno è stato scoperto da Voyager 2 dopo essere stato teorizzato 5 anni prima. L'estrema debolezza ne aveva impedito qualsiasi rilevazione da Terra.

estrema lontananza, riescono a osservarne le principali strutture atmosferiche.

La grande macchia scura di Nettuno, ad esempio, non è stata più rilevata. Si presuppone, quindi, che fosse un fenomeno transiente molto diverso, quanto a dinamica e proprietà, rispetto alla grande macchia rossa di Giove. Chissà, magari si trattava di un evento molto più insolito come l'impatto di un grande asteroide? Oppure, come sembrano concordare molti astronomi, di un processo climatico simile al nostro buco nell'ozono? E se così fosse, di chi è la colpa se l'uomo, fortunatamente, non è ancora riuscito a inquinare questo remoto mondo? Quasi certamente del Sole, ma se non riusciremo più a osservare quest'insolita formazione, saranno molti i dubbi e pochissime le certezze.

Dopo aver superato anche Nettuno e diretta ormai verso lo spazio profondo, Voyager 2 ha effettuato questa magnifica ripresa della falce del pianeta e del suo satellite principale, Tritone. Come nella precedente immagine della falce di Urano, questa è una visione che nessuno avrà mai dalla Terra.

11. Plutone

Immaginiamo per un attimo di vivere su Plutone, dimenticando tutte le leggi fisiche e biologiche che impediscono il realizzarsi di un tale scenario.

Il Sole è così lontano che sembra un puntino, sebbene ancora molto luminoso.

Una dura giornata di lavoro, o di studio, termina dopo circa 153 ore, quasi 6 giorni e mezzo di quelle già lunghe che sperimentano i remoti abitanti della Terra.

Plutone è un oggetto quasi completamente ghiacciato, con una temperatura superficiale media di -230°C.

Il nostro compleanno sicuramente non lo festeggeremmo mai, poiché un giro completo intorno al Sole si completa in 248 anni terrestri. Probabilmente riusciremmo a capire cosa provano fiori e insetti che sulla Terra vivono al massimo per una, due stagioni.

Se siamo appassionati di astronomia e volessimo cercare con il nostro telescopio i pianeti, non è certamente il luogo migliore per farlo. Tutti, infatti, appariranno sempre vicini al Sole e mostreranno al massimo una debole e sottile falce.

Non c'è da stupirsi se il nome dato a questo corpo celeste sia stato ispirato al dio greco degli inferi, un pianeta così talmente isolato che raggiungere Marte o la Terra per godere di un clima migliore richiederebbe almeno una decina di anni.

Un tempo nono e ultimo pianeta del Sistema Solare, Plutone è stato declassificato a pianeta nano nel 2006 dall'unione astronomica internazionale (IAU) a causa delle sue caratteristiche che lo rendono molto simile a una gigantesca cometa, piuttosto che a un pianeta vero e proprio.

Sulla scia dello strepitoso successo ottenuto dai modelli matematici nell'individuazione e immediata scoperta di Nettuno, gli astronomi del diciannovesimo e ventesimo secolo arrivarono a teorizzare l'esistenza di un altro pianeta sulla base di presunte perturbazioni orbitali osservate nel moto di Nettuno.

Ci vollero più anni del previsto, ma il pianeta venne effettivamente scoperto il 18 febbraio del 1930 dall'astronomo Clyde Tombaugh.

La Natura, però, alcune volte concede qualcosa e altre prende, soprattutto se capisce che quei piccoli esseri umani credono di aver scoperto tutti i suoi segreti.

Nel caso di Nettuno confermò la validità dei modelli matematici degli astronomi, ma quando con un errore tipico della nostra natura umana si pensò di aver compreso in modo perfetto il funzionamento dei moti orbitali, l'Universo decise di ricordare che non è mai saggio essere troppo sicuri delle proprie convinzioni.

Dopo aver stimato le dimensioni di Plutone, gli astronomi infatti si resero conto che le perturbazioni nelle orbite di Urano e Nettuno, che avevano portato a ipotizzare la presenza di un altro pianeta, non erano affatto imputabili all'esistenza di quel piccolo corpo celeste.

Evidentemente la caccia a nuovi pianeti aveva coinvolto così tanto i ricercatori che non si erano fermati nel considerare l'ipotesi che le perturbazioni osservate potessero essere interpretate in altro modo.

In quel frangente furono davvero fortunati: sulla base di previsioni sbagliate si scoprì davvero un nuovo pianeta!

La distanza media dal Sole di Plutone è di 39,5 UA, quasi 6 miliardi di km. In realtà, a causa dell'elevata eccentricità orbitale (0,24, più simile alle comete che ai pianeti) questa varia molto tra il perielio (minima distanza dal Sole) e l'afelio (massima distanza dal Sole), passando da 4,4 a 7,37 miliardi di km. Anche l'orbita mostra evidenti differenze rispetto agli altri pianeti. Se questi si trovano circa sullo stesso piano, l'orbita di

Plutone è inclinata di ben 17°. In effetti Plutone è l'unico (ex) pianeta che può essere osservato dalla Terra anche al di fuori dei confini delle costellazioni zodiacali.

Durante il periodo di minima distanza dal Sole, l'orbita attraversa quella di Nettuno, portandolo per qualche decina di anni più vicino dell'ottavo pianeta.

Questo apparentemente pericoloso incrocio cosmico non deve in realtà destare preoccupazioni: non è possibile che i due corpi celesti entrino in collisione perché i moti orbitali sono in risonanza. Quali sono le conseguenze? La distanza reciproca tra Plutone e Nettuno non scende sotto un certo valore, rendendo impossibile un catastrofico scontro.

Grazie alle osservazioni condotte con grandi telescopi, possiamo affermare che Plutone è un corpo celeste formato quasi completamente da ghiacci, tra cui una quantità apprezzabile di acqua.

A queste enormi distanze gran parte dei composti che sulla Terra sono volatili si presentano in forma solida, come l'anidride carbonica, l'azoto, il metano, l'acqua.

Plutone possiede anche una tenue atmosfera, ma si pensa si sviluppi solamente quando il pianeta nano si trova prossimo al passaggio al perielio, momento in cui la radiazione solare riesce a sciogliere gli elementi più volatili che trasformandosi in gas vanno a costituire un sottile invo-

La ripresa del telescopio spaziale Hubble che ha permesso di scoprire altre due piccole lune di Plutone nel maggio 2005. Una quarta, provvisoriamente chiamata P4, è stata scoperta nel 2011. La quinta è arrivata nel giugno 2012.

lucro simile a una debole chioma cometaria.

Nonostante le dimensioni inferiori a quelle della Luna, Plutone possiede ben cinque satelliti, di cui uno particolarmente grande: si tratta di Caronte, scoperto nel 1978, orbitante ad appena 19.500 km, in rotazione sincrona e dal diametro di 1207 km.

In effetti, spesso la coppia Plutone-Caronte è classificata come un pianeta nano doppio, poiché le masse dei due corpi non sono tanto diverse, così come la composizione chimica.

Gli altri satelliti sono piccoli corpi prevalentemente ghiacciati.

I due maggiori sono stati chiamati Nix e Hydra, mentre l'altro, scoperto nel luglio del 2011, ha ancora la denominazione provvisoria P4 durante la stesura di questo volume. L'ultimo, individuato dal telescopio spaziale Hubble nel giugno 2012, denominato P5, è il più piccolo, con un diametro stimato di poche decine di chilometri.

Chissà quali nomi verranno decisi per questo inaspettato e complesso sistema di satelliti e, soprattutto, com'è possibile l'esistenza di una famiglia così numerosa ai margini del Sistema Solare, attorno a un modesto corpo ghiacciato?

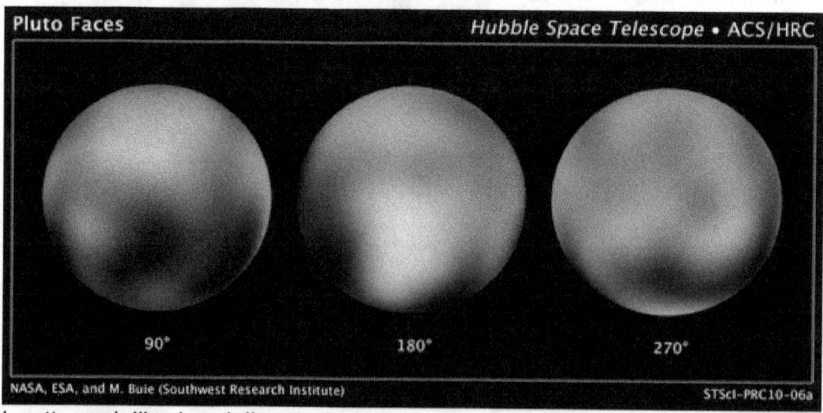

In attesa dell'arrivo della sonda New Horizons previsto per il 2015, queste sono le migliori immagini della superficie di Plutone che abbiamo a disposizione, riprese dal telescopio spaziale Hubble. Impossibile fare ipotesi sull'aspetto della sua superficie, presumibilmente ghiacciata.

L'esplorazione di Plutone

Rimasto fuori dal grande tour di Voyager 2, e per di più declassato, Plutone è l'unico (ex) pianeta a non essere stato ancora visitato da una sonda.

Questo triste primato però è destinato a interrompersi presto, quando la missione New Horizons, partita il 2 gennaio 2006, lo raggiungerà nel 2015 in un fly-by che consentirà finalmente di scoprire i misteri di questo piccolo mondo.

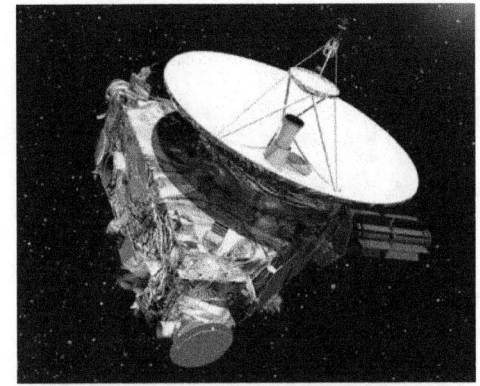

Durante il lunghissimo tragitto la sonda viene mantenuta in uno stato di ibernazione per preservare l'integrità e la salute della strumentazione di bordo.

La sonda americana New Horizons sarà la prima e l'unica a raggiungere Plutone. Arrivo previsto per il 2015. Chissà quali sorprese rivelerà questo misterioso pianeta nano. Non resta che aspettare.

In prossimità dei pianeti gassosi è stata però svegliata per testare l'efficienza degli apparati scientifici e della camera digitale. Alcune immagini di Giove, riprese durante il fly-by, mostrano ottime potenzialità del sistema di ripresa.

Se le premesse sono queste, dobbiamo aspettarci che molti dei segreti di Plutone vengano finalmente svelati dopo oltre 80 anni dalla sua scoperta.

A una velocità di quasi 16 km/s la sonda è troppo veloce per entrare in orbita, quindi dopo un fugace incontro si proietterà verso la fascia di Kuiper e lo spazio profondo.

Gli scienziati della NASA sperano di aver la possibilità di avvicinare qualche altro corpo celeste, prima di farle seguire lo stesso destino delle gloriose Voyager e Pioneer, con l'augurio di una vita altrettanto lunga.

12. Asteroidi

Fino a questo momento abbiamo analizzato i principali inquilini del Sistema Solare; ma siamo assolutamente sicuri che questa grande casa non sia abitata da nessun'altro?
In realtà i pianeti visti fino a questo momento sono in netta minoranza rispetto a una famiglia molto più grande, identificata con il generico termine di corpi minori.
L'astronomo italiano *Giuseppe Piazzi* scoprì casualmente la notte del 1 gennaio 1801 (gli astronomi lavorano sempre, anche a capodanno!) un corpo celeste in movimento tra le stelle, da lui ribattezzato *Cerere*.

Quel puntino indistinto si rivelò ben presto essere il corpo celeste più grande e brillante di una foltissima schiera di oggetti orbitanti in gran parte tra l'orbita di Marte e di Giove, identificata come fascia principale degli asteroidi.

Gli asteroidi in questa zona sono corpi celesti di

Gli asteroidi interni sono milioni, per lo più concentrati nella fascia principale, tra l'orbita di Marte e quella di Giove.

forma irregolare, con dimensioni variabili tra un granello di sabbia e i 950 km di *Cerere*, che rappresenta un'eccezione, contenendo ben il 32% della massa dell'intera fascia.
Proprio per la diversità di Cerere, che ha anche una forma sferica, gli astronomi lo hanno inserito nella nuova categoria di pianeti nani.

Sono attualmente noti poco più di 100 mila asteroidi in questa zona, ma si pensa che il numero totale possa essere superiore al milione.

Nonostante la folta popolazione, il volume di spazio nel quale si trovano a orbitare è così elevato che la densità media è veramente bassa, paragonabile a quella dei corpi celesti nelle regioni interne del Sistema Solare. Di conseguenza è molto difficile incontrare un asteroide quando si attraversa questa fascia. A riprova di questa affermazione ci sono le esperienze di tutte le sonde che l'hanno dovuta affrontare per dirigersi verso i pianeti esterni. Nessuna di queste ha mai avuto problemi e non si è mai neanche trovata in prossimità di essi.

L'unico modo per incontrare un asteroide attraversando la fascia principale è quello di sceglierne uno e includerlo nel piano di volo!

Gli studi condotti, soprattutto nel corso del secolo scorso, hanno permesso di capire che gli asteroidi della fascia principale non sono altro che dei relitti cosmici risalenti alle fasi immediatamente successive la formazione del Sistema Solare. Questi oggetti non sono stati usati dai pianeti per accrescersi (tra poco vedremo più in dettaglio le fasi della formazione del Sistema Solare) e sono quindi rimasti in orbita attorno al Sole, laddove, senza l'ingombrante influenza di Giove, si sarebbe potuto formare un piccolo pianeta roccioso. In effetti, lo studio degli asteroidi è di fondamentale importanza per comprendere la composizione chimica e le proprietà dell'ambiente in cui si è originato il Sistema Solare 4,6 miliardi di anni fa.

Se le sonde non hanno problemi ad attraversare incolumi la fascia principale, i corpi che la popolano hanno moltissimo tempo da trascorrere insieme, con il risultato che le collisioni nel corso della storia possono essere numerose.

Per questo motivo, sebbene siano i resti del materiale primordiale utilizzato per la formazione dei pianeti, non è detto che non abbiano subito modificazioni anche importanti in oltre 4,5 miliardi di anni di storia.

Oltre al folto gruppo della fascia principale, famiglie di asteroidi sono sparse un po' per tutto il Sistema Solare.

I più interessanti e pericolosi sono quei piccoli massi, raramente di dimensioni maggiori di 10 km, che popolano lo spazio tra i pianeti rocciosi.

I NEO (Near Earth Object = oggetto vicino alla Terra) sono gli asteroidi che durante il loro tragitto transitano a meno di 0,3 unità astronomiche dalla Terra, mentre i PHO (Potentially Hazardous Object = oggetto potenzialmente pericoloso; attualmente ne sono noti circa 600) sono quelli la cui distanza minima scende sotto le 0,05 UA (circa 7,5 milioni di km), con un diametro di almeno 150 metri.

Esistono vere e proprie famiglie di NEO, tra le quali vale la pena citare gli Amor (circa 200) e gli Aten (circa 1200).

La loro composizione chimica è simile agli asteroidi di fascia principale (quindi principalmente ferrosa), ma la vicinanza alla Terra li rende decisamente più pericolosi.

Fortunatamente, con l'attuale rete di monitoraggio del cielo è possibile scoprire con largo anticipo (decine di anni) l'eventuale impatto di un asteroide pericoloso con il nostro pianeta. A quanto risulta, non vi sono pericoli seri per almeno i prossimi 50 anni; se non fosse stato così, non me ne sarei stato di certo tranquillo a scrivere un libro di astronomia, piuttosto a preparare un rifugio sicuro!

Spostandoci nel Sistema Solare esterno, troviamo un gruppo di asteroidi davvero particolare, soprannominati la scorta di Giove. I troiani si trovano sulla stessa orbita del gigante in due punti di equilibrio, poche decine di milioni di chilometri alla sua destra e alla sua sinistra.

Tra l'orbita di Giove e quella di Nettuno troviamo i Centauri. Questa famiglia rappresenta forse la transizione tra i massi irregolari di composizione ferrosa e privi di ghiacci che si trovano nelle regioni più interne, e i corpi composti prevalentemente di ghiacci che appartengono alla folta schiera della fascia di Kuiper.

L'esplorazione degli asteroidi

A eccezione di Cerere, peraltro molto più simile a un pianeta che a un tipico asteroide dalla forma irregolare (non a caso è stato classificato come pianeta nano), nessun asteroide può essere osservato con sufficiente dettaglio, neanche attraverso i più grandi telescopi del mondo.

Il motivo è da ricercare nelle piccole dimensioni medie della popolazione e alla grande distanza. Solamente gli asteroidi più grandi, probabilmente poche decine, hanno diametri angolari superiori al potere risolutivo dei più grandi telescopi e possono essere osservati come dei minuscoli dischi.

Anche in questo fortunato caso, i dettagli che è possibile osservare sono pochissimi e del tutto insufficienti per gli astronomi che cercano di individuare le loro caratteristiche, nonché le risposte sull'origine del Sistema Solare.

L'interesse prettamente scientifico, quindi poco sfruttabile per far presa sul grande pubblico, ha rilegato in secondo piano l'esplorazione dei corpi minori durante gli anni della corsa allo spazio. Le agenzie governative sovietiche e americane dovevano raccogliere consensi e mostrare i muscoli al mondo intero conquistando le portate principali, non le piccole briciole cosmiche.

Mano a mano che le missioni spaziali hanno perso la connotazione politica, acquisendo sempre maggior significato scientifico, si sono cominciate a studiare spedizioni specificatamente progettate per lo studio degli asteroidi, l'unico modo per scoprire le caratteristiche delle loro superfici.

Sono solamente 8 gli asteroidi avvicinati fino a questo momento. Molti incontri sono stati effettuati da sonde dirette verso altri obiettivi che avevano incluso nel piano di volo una piccola deviazione per avvicinare uno dei migliaia di obiettivi potenzialmente possibili.

Solamente negli ultimi 15 anni sono state progettate missioni dedicate unicamente al loro studio.

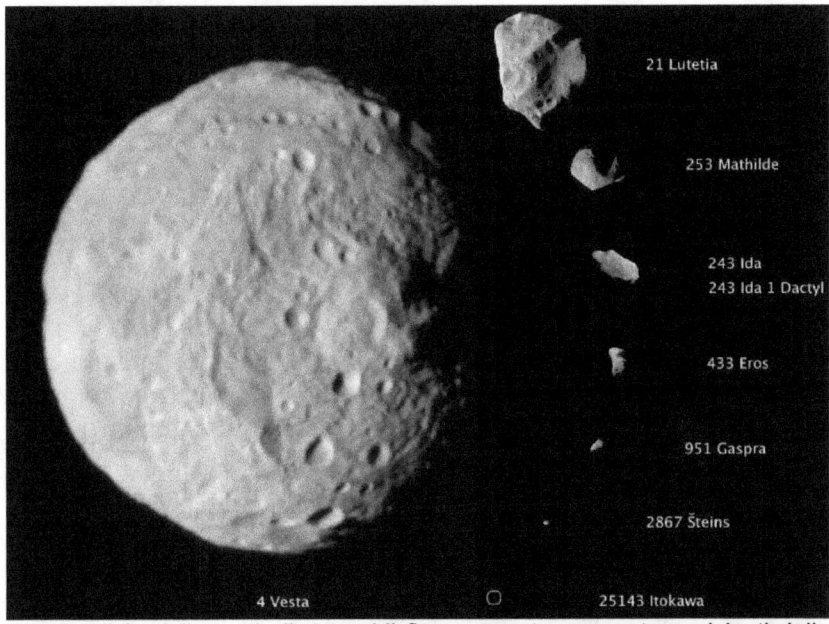

21 Lutetia

253 Mathilde

243 Ida
243 Ida 1 Dactyl

433 Eros

951 Gaspra

2867 Šteins

4 Vesta   25143 Itokawa

Ritratto di famiglia: tutti gli asteroidi fino a questo momento avvicinati dalle sonde automatiche e le loro dimensioni relative.

Le prime immagini della storia di un asteroide furono scattate dalla sonda Galileo, in rotta verso Giove.

Nel 1991 il grande e storico appuntamento con l'asteroide Gaspra, il primo a essere osservato finalmente da vicino.

Nel 1993 l'incontro con Ida, e la scoperta di un piccolo satellite naturale di 1,5 km di diametro, denominato Dactyl.

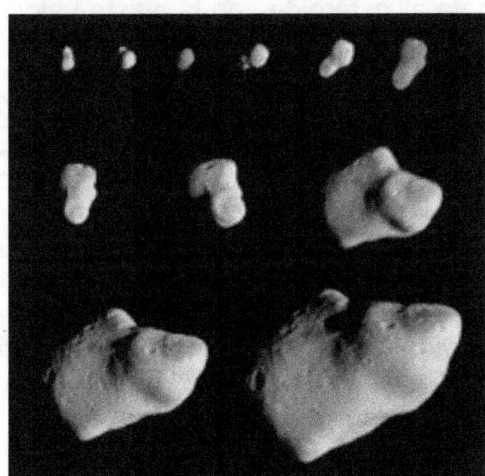

Le prime storiche riprese di un asteroide, Gaspra, ottenute nel 1991 dalla sonda Galileo diretta verso Giove

La prima missione dedicata allo studio degli asteroidi fu l'americana NEAR Shoemaker.

Lanciata il 17 febbraio 1996 dalla base di Cape Canaveral, il 27 giugno 1997 fece un passaggio a soli 1200 km dall'asteroide Matilde.

Ma l'obiettivo della missione era un altro e ben più complesso: avvicinare l'asteroide Eros ed entrare nella sua orbita, in una manovra mai tentata prima.

Per sperare di venir catturata dall'esiguo campo gravitazionale dell'asteroide, le cui dimensioni irregolari sono di 34X11X11 km, la sonda, lanciata con una velocità di diverse migliaia di chilometri orari, avrebbe dovuto rallentare sensibilmente fino a quasi fermarsi, altrimenti non avrebbe mai potuto orbitare attorno a questo piccolo masso cosmico.

Naturalmente era impensabile caricarla con il carburante necessario per la manovra, così si scelse la strada più lunga e complessa.

NEAR-Shoemaker fu immessa in un'orbita attorno al Sole molto simile a quella di Eros, ma leggermente più veloce.

Nel corso di due lunghi anni, la sonda si sarebbe dunque avvicinata all'asteroide con la giusta velocità relativa, senza dover utilizzare enormi quantità di carburante per rallentare.

La prima occasione per l'approccio si ebbe nel 1999 ma purtroppo fallì. Evidentemente le delicate manovre per l'inserimento orbitale erano più complicate del previsto.

Non bisogna dimenticare che queste sono decise da Terra con largo anticipo e poi trasmesse al computer di bordo. Come visto nel caso delle comunicazioni con i rover marziani, infatti, a causa della velocità finita della luce è impossibile avere un controllo in tempo reale dei movimenti della sonda su distanze superiori a poche centinaia di migliaia di chilometri.

Un anno dopo NEAR-Shoemaker aveva a disposizione un altro tentativo e questa volta non mancò l'obiettivo.

Il 30 aprile 2000 la prima sonda automatica proveniente dalla Terra era diventata un satellite artificiale di uno dei miliardi di asteroidi presenti nel Sistema Solare.

Per comprendere quanto debole sia la forza di gravità di Eros, basti pensare che NEAR orbitava a circa 50 km dalla superficie, con una velocità di appena 300 km/h, contro i 27.000 km/h necessari alla stazione spaziale internazionale per mantenersi a poco meno di 400 km di altezza sulla superficie terrestre.

Dopo questo difficilissimo successo, l'incredibile avventura di NEAR-Schoemaker non era ancora terminata. Completate 230 orbite attorno all'asteroide, la missione si avviò verso una conclusione che potesse rendere giustizia all'impresa della piccola astronave automatica.

Rappresentazione artistica dell'atterraggio della sonda NEAR-Shoemaker sull'asteroide Eros.

I tecnici della NASA decisero di tentare addirittura l'atterraggio sul piccolo asteroide, utilizzando le poche riserve di carburante rimaste a bordo.

La delicatissima manovra riuscì perfettamente.

La sonda, nonostante fosse priva di qualsiasi sistema dedicato allo scopo, si posò delicatamente sulla superficie di Eros, riuscendo persino a trasmettere dati sulla composizione chimica attraverso lo spettrometro di massa che si trovava ad appena 10 centimetri dal suolo.

Il 28 febbraio 2001, infine, le trasmissioni furono interrotte per sempre. Ma il luogo finale dell'avventura di NEAR ricorda un po' l'ambiente fantastico descritto magistralmente nel libro "Il Piccolo Principe".

Adagiata dolcemente sulla soffice superficie di un piccolo "pianeta", viaggerà per miliardi di anni nel Sistema Solare godendo di un panorama cosmico davvero unico.

Altri due asteroidi furono avvicinati da altrettante sonde lungo il loro percorso, come la Deep Space nel 1999 che visitò il piccolo asteroide Braille e la Stardust che nel 2002 incontrò Annefrank.

La seconda missione appositamente progettata per far visita a questi fossili cosmici fu la giapponese Hayabusa (inizialmente denominata MUSES-C). Lanciata nel maggio 2003, aveva un obiettivo davvero ambizioso: raggiungere un piccolo asteroide chiamato Itokawa, atterrarci delicatamente, raccogliere campioni di suolo e farli tornare in una piccola capsula direttamente sulla Terra.

La sonda era equipaggiata di un nuovo tipo di motore a ioni già sperimentato con successo da precedenti missioni della NASA. Questo tipo di motore per funzionare accelera a grande velocità ioni di xeno, la cui espulsione è in grado di generare la spinta necessaria per muoversi nello spazio.

Il grande vantaggio di questo innovativo sistema è nell'elevata efficienza e durata, consentendo un notevole risparmio di peso, quindi di costi.

Il lato negativo è la spinta estremamente bassa che produce, molto minore di quella dei razzi chimici convenzionali.

Fortunatamente nello spazio, in assenza di attrito e intensi campi gravitazionali, la piccola spinta del motore è più che sufficiente e perfettamente controbilanciata dalla sua affidabilità.

Basti pensare che nei laboratori della NASA è stato fatto funzionare ininterrottamente, alla massima potenza, un motore ionico per 3 anni e mezzo senza incorrere in alcun problema!

Nei lunghi viaggi spaziali, quindi, la grande affidabilità rende possibile un'accensione prolungata nel tempo per far acquisire la giusta velocità all'astronave.

Naturalmente sulla superficie terrestre il motore a ioni più potente non riuscirebbe a sollevare neanche se stesso.

Il viaggio della sonda Hayabusa fu costellato di problemi, alcuni generati decisamente da una massiccia dose di sfortuna, come l'intensa tempesta solare che nel 2003 la investì in pieno e danneggiò seriamente l'apparato elettrico.

L'asteroide Itokawa è il corpo celeste più piccolo mai avvicinato da una sonda, dalle dimensioni di appena 535X294X209 metri. Questa ripresa di Hayabusa mostra una superficie poco compatta, come se il corpo celeste fosse una semplice aggregazione di altri più piccoli.

Alla fine, grazie anche alla proverbiale determinazione giapponese, la sonda centrò quasi tutti gli obiettivi.
Nel novembre 2005 il falco pellegrino, questo il significato del suo nome, si posò per 30 minuti sulla superficie di Itokawa. Una piccola capsula raccolse campioni di suolo e fece ritorno insieme alla sonda madre sulla Terra. L'unica manovra che fallì fu quella di far atterrare un mini rover sull'asteroide, ma questo era comunque un obiettivo secondario.
La capsula con il prezioso materiale asteroidale rientrò il 13 giugno 2010 assieme all'astronave madre, che però era destinata a distruggersi nell'impatto con l'atmosfera terrestre.
Le successive analisi degli scienziati giapponesi confermarono che la capsula, sebbene avesse avuto problemi al momento

della raccolta dei campioni, custodiva all'interno una piccola quantità della preziosissima polvere asteroidale.

Questa fu la prima e unica missione che dopo essere atterrata su un asteroide è tornata a casa.

Una volta tanto questo primato non spetta agli americani o ai russi!

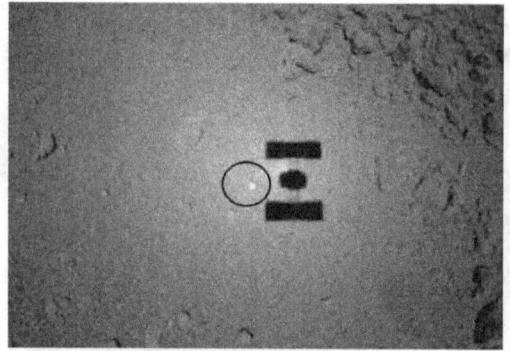

L'ombra di Hayabusa proiettata sulla superficie di Itokawa durante le fasi finali dell'atterraggio. Nel cerchio il bersaglio lanciato dalla sonda per identificare la zona su cui posarsi.

Nel 2004 è stato il turno dell'agenzia spaziale europea con il lancio dell'ambiziosa sonda Rosetta.

Dopo appena qualche mese ha fatto visita all'asteroide Steins; nel 2008 si è avvicinata a Lutetia, ma questi rappresentano solo il preambolo al piatto principale, che sarà servito nel 2014.

Se tutto andrà secondo il piano di volo, la sonda sarà la prima a entrare in orbita attorno a una cometa (67P/Churyumov–Gerasimenko) e la prima a far atterrare sulla sua superficie un piccolo rover chiamato Philae.

L'ultima missione in ordine cronologico ha visto un ritorno in grande stile degli americani, con il lancio di DAWN nel settembre 2007.

La sonda si è immessa nell'orbita dell'asteroide Vesta nel luglio 2011, il secondo per dimensioni dopo Cerere.

Vesta e il fratello maggiore Cerere sono considerati più di semplici asteroidi; una via di mezzo tra questi e pianeti evoluti, vista la forma sferica e la struttura geologica che mostra segni evidenti di evoluzione primordiale.

Proprio per l'interesse di questi due corpi celesti così particolari DAWN farà visita anche a Cerere nel 2015, completando una missione che sicuramente potrà contribuire molto allo studio sulle origini del Sistema Solare.

Il futuro vede solamente l'impegno americano con il lancio della missione OSIRIS-Rex previsto per il 2016, il cui compito sarà di riportare a Terra campioni dell'asteroide 1999 RQ36.

Prima di avventurarci nell'esplorazione delle comete meglio soffermarsi di nuovo per un momento sulle grandi difficoltà che si incontrano nel mandare un'astronave in prossimità di lontani corpi celesti, specialmente se piccoli come asteroidi e comete.

Abbiamo già affrontato il problema del carburante e la necessità di fare fly-by con altri pianeti per guadagnare la giusta spinta. Nel caso dell'esplorazione di Mercurio o di Eros sono state citate anche le difficoltà dell'immissione in orbita, manovra non sempre andata a buon fine.

Numerosi sono stati i fallimenti, soprattutto negli anni 60-70, non di rado dovuti a manovre sbagliate o a piani di volo non perfettamente progettati.

In effetti, il percorso che deve seguire una sonda per giungere con la velocità e la direzione corrette in prossimità di un corpo celeste deve essere programmato in modo perfetto.

Se il bersaglio da colpire può essere un pianeta grande anche come Giove, la distanza da colmare è comunque migliaia di volte maggiore. A circa 800 milioni di chilometri anche un gigante come Giove diventa un bersaglio veramente piccolo, dal diametro di poche decine di secondi d'arco.

Va ancora peggio con gli asteroidi o con lontani corpi celesti come Plutone, a causa delle piccole dimensioni.

Raggiungere il pianeta nano equivale a colpire con un proiettile di una pistola una moneta da due euro posta a circa 50 km di distanza. Avvicinare un asteroide piccolo come Itokawa richiede una precisione circa dieci volte maggiore.

Non è quindi difficile comprendere come le missioni spaziali richiedano un grande sforzo di calcoli e programmazione delle complesse traiettorie. Un impercettibile errore e il bersaglio potrebbe essere mancato per diverse migliaia di chilometri!

13. Comete

Le comete sono i corpi celesti romantici per eccellenza, quelli che fanno innamorare della bellezza del cielo (e spesso anche della persona che ci sta accanto in quei momenti!).
D'altra parte, come non poter ammirare con stupore questi a-stri che si accendono improvvisamente senza alcun preavviso, mostrandosi a volte con code che si estendono per metà cielo, ricche di sfumature e intricate trame?
Tuttavia, come ha insegnato Albert Einstein, che con la sua teoria della relatività ci ha dato anche un gran consiglio per la vita di tutti i giorni: se persino lo spazio e il tempo sono relativi, allora davvero tutto può esserlo.
Basta allora tornare indietro di qualche secolo, per scoprire che le comete erano gli oggetti celesti più temuti e odiati.
La cultura occidentale interpretava la loro apparizione come un segno divino che preannunciava qualche terribile sciagura.
Naturalmente non c'è alcun legame tra quello che succede sulla Terra e l'apparizione degli astri chiomati, tranne nel ma-laugurato caso in cui uno di questi non decida di precipitare sul nostro pianeta!
Nella più totale libertà di pensiero, ecco che per gli astronomi, che di solito abbandonano presto la visione romantica e sen-timentale del cielo, le comete non sono altro che palle di neve sporca.
La definizione non è per niente esagerata, poiché è stata co-niata proprio da uno dei più grandi esperti del 900: Fred Whip-ple.
Approfondendo un po' questa curiosa definizione, scopriamo in effetti che tutte le comete sono piccoli corpi celesti composti principalmente da elementi ghiacciati (tra cui l'acqua), prove-nienti dalle regioni più esterne del Sistema Solare.
Il nucleo di una cometa ha dimensioni modeste, raramente superiori a poche decine di chilometri, tanto che è del tutto in-visibile quando si trova lontano dal Sole.

La trasformazione nel meraviglioso e appariscente oggetto che possiamo osservare ogni tanto nel cielo avviene quando a seguito di perturbazioni gravitazionali, spesso prodotte dai pianeti giganti, il piccolo corpo ghiacciato cambia orbita e si avvicina al Sole. Tipicamente già alla distanza di Giove i composti più volatili cominciano a sublimare, trasformandosi da solidi a gas, lasciando la superficie cometaria fino a formare una gigantesca atmosfera attorno al nucleo, denominata chioma.

Il vento solare, proprio come il vento terrestre, e la pressione della radiazione elettromagnetica strappano via letteralmente la chioma dalla cometa, fino a formare una magnifica coda che può arrivare a un'estensione di diverse decine di milioni di chilometri.

Ora che abbiamo scoperto le proprietà delle comete, possiamo affermare senza molti dubbi che non sono altro che corpi in lenta e inesorabile evaporazione, destinati a spegnersi dopo pochi passaggi nelle zone interne del Sistema Solare.

Le comete non sono una famiglia di oggetti che obbedisce a particolari proprietà fisiche, piuttosto una classe identificata solamente dal loro aspetto.

Tutti gli asteroidi composti di ghiaccio, quindi oltre l'orbita di Giove, sono delle potenziali comete se un giorno dovessero avvicinarsi al Sole.

Proprio perché la definizione non corrisponde ad alcuna classe fisica, le comete hanno proprietà orbitali molto diverse, sebbene tutte siano accumunate da un'alta eccentricità. Una cometa, infatti, per poter sopravvivere più di qualche anno, non può spendere tutto il tempo della propria orbita vicino al Sole, ma concedersi solamente dei brevi passaggi prima di tornare velocemente a debita distanza. In questa sorta di selezione naturale cosmica, solamente i corpi celesti con elevata eccentricità sopravvivono abbastanza a lungo da essere osservati nel corso di migliaia o milioni di anni.

La famiglia delle comete di breve periodo segue percorsi i cui punti di massima distanza dal Sole sono compresi tra l'orbita di Giove e quella di Plutone. Alla minima distanza dal Sole, invece, (perielio) si trovano circa all'altezza di Mercurio.

La prima cometa periodica scoperta nella storia, di conseguenza anche la più famosa, è senza dubbio la cometa di Halley.

A intervalli regolari di 76 anni fa la sua apparizione nel Sistema Solare interno, rendendosi perfettamente visibile a occhio nudo dai nostri cieli.

L'ultima apparizione è avvenuta nel febbraio 1986, di conseguenza il prossimo passaggio è previsto solamente per il 2061. Se si vuole osservare una bella cometa, meglio quindi non affidarsi su un suo imminente ritorno!

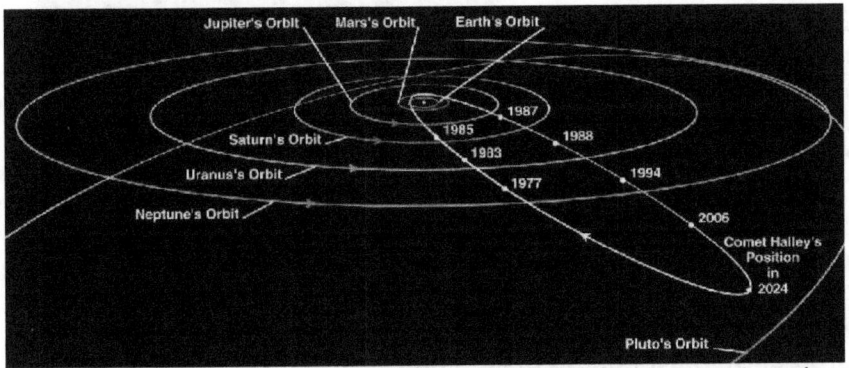

L'orbita fortemente allungata della cometa di Halley, la prima cometa periodica scoperta nella storia.

Fortunatamente nuove comete compaiono su basi regolari ogni anno, sebbene pochissime risultino visibili a occhio nudo. Per le grandi comete, invece, quelle che illuminano il cielo regalando spettacoli indescrivibili, è necessario aspettare in media tra i cinque e i dieci anni.

Tra le comete di breve periodo la Halley è sicuramente la più luminosa, ma ci sono altre famiglie molto interessanti che a volte regalano astri davvero spettacolari.

Le comete di lungo peri-
odo hanno orbite che nel
punto più lontano dal So-
le si trovano oltre la fascia di Kuiper, non di rado nella nube di Oort. I
conseguenti periodi orbi-
tali variano dai 200 anni,
per le più vicine, alle decine di migliaia.
L'ultima famiglia è rap-
presentata dalle comete
con orbita aperta.
Questi corpi celesti si
trovano originariamente
nella nube di Oort, a

La cometa Hale.Bopp, apparsa nel 1997,
divenne la cometa di lungo periodo più
famosa della storia.

centinaia di miliardi di chilometri dal Sole, e per qualche motivo vengono spinti nelle regioni centrali del Sistema Solare.
Se lungo il tragitto incontrano il campo gravitazionale dei pianeti giganti gassosi, la loro vita può subire profondi cambiamenti. Alcuni oggetti vengono così accelerati dai fly-by involontari con Giove e Saturno da acquisire abbastanza velocità
per uscire dal Sistema Solare dopo un fugace passaggio intorno al Sole. Nel corso della storia potrebbero essere migliaia
le comete a cui è toccata una sorte del genere, destinate
quindi a vagare per milioni o miliardi di anni tra gli spazi interstellari della Galassia.
Qualche scienziato ha ipotizzato che non c'è nulla che impedi-
sca il verificarsi di una situazione in un certo senso opposta:
alcune comete provenienti da altri sistemi planetari potrebbero
visitare il nostro Sistema Solare ed effettuare almeno un passaggio nelle zone interne. Una teoria affascinante, certo, ma
lungi ancora dall'essere provata.
A prescindere da questo scenario quasi fantascientifico, nel
momento in cui un piccolo corpo celeste ghiacciato diventa
una cometa periodica il suo destino è irreversibilmente scritto.

I continui passaggi nei pressi del Sole faranno evaporare gradualmente tutti i composti più volatili.

Se la cometa ha abbastanza elementi non volatili, resteranno solamente questi senza più emettere alcun tipo di coda, ma di solito la fine è accompagnata dalla sua disgregazione in decine o centinaia di frammenti più piccoli.

Le comete con la vita più breve sono quelle radenti, in inglese soprannominate sungrazer.

Molte sungrazer appartengono a una famiglia chiamata Kreutz, comete di lungo periodo probabilmente generate dalla frantumazione di una supercometa circa 2000 anni fa, che ha prodotto migliaia di detriti con un'orbita molto simile.

Il perielio della famiglia di Kreutz è pericolosamente vicino al Sole, a volte esattamente sul Sole. Molte di esse, quindi, al primo passaggio si tuffano nella fotosfera scomparendo per sempre o venendo vaporizzate da un passaggio radente.

La cometa Ikeya-Seki è stata la più brillante del ventesimo e, per ora, ventunesimo secolo.

La sonda Soho, che monitora il Sole dal 1995, ne ha scoperte quasi 2000. Di queste nessuna è sopravvissuta all'abbraccio mortale della nostra Stella.

Circa l'85% delle sungrazer appartiene alla famiglia di Kreutz, mentre il 15% si pensa essere generato dalle perturbazioni gravitazionali esercitate da Giove. Il principio in effetti è simile a quello sfruttato dalle sonde per modificare velocità e traiettoria attraverso i fly-by.

Solamente le comete radenti più grandi possono sopravvivere all'incontro con il Sole. Famosa nel dicembre 2011 è stata la cometa Lovejoy. Nonostante un volo radente ad appena 120.000 km dalla fotosfera solare, è riuscita a completare il giro di boa e garantirsi un'esistenza tranquilla fino al prossimo passaggio, previsto per il 2691.

La cometa sungrazer più famosa è sicuramente la Ikeya-Seki, appartenente anche essa alla famiglia di Kreutz e apparsa nei cieli di tutto il mondo nel 1965. La luminosità nei pressi del passaggio al perielio fu pari a circa quella della Luna piena, risultando perfettamente visibile anche di giorno.

Una straordinaria ripresa che documenta per la prima volta nella storia il passaggio di una cometa vicino alla superficie del Sole. Si tratta della cometa Lovejoy, ripresa con uno speciale filtro dalla sonda SDO della NASA.

La luminosità di una cometa dipende dalla quantità di ghiacci che evaporano, dalla distanza dalla Terra, dal Sole e dalle sue dimensioni. Sebbene alcune possano diventare così brillanti da risultare visibili anche in pieno giorno, il piccolo nucleo rimane precluso a qualsiasi strumento.

Per conoscere dimensioni, forma e proprietà di queste palle di neve sporca sono state necessarie missioni che si sono avvicinate, sfidando il pericolo rappresentato dall'attraversamento della chioma e della coda.

Quest'ultima è generata principalmente dalla pressione del vento solare, che nelle regioni interne del Sistema Solare ha una velocità superiore ai 400 km/s, sempre maggiore della velocità orbitale.

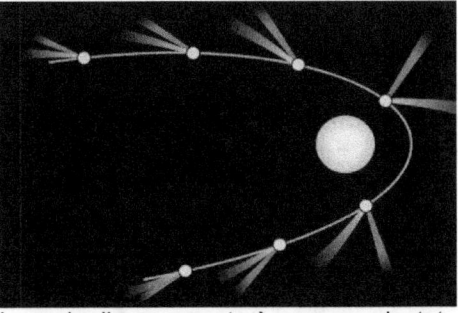

La coda di una cometa è sempre orientata verso l'esterno del Sistema Solare.

Ne consegue che la coda sarà sempre orientata nella direzione uscente dal Sistema Solare, anche quando le comete si allontanano dal Sole. In effetti, anche viaggiando "a favore di vento", questo resta sempre molto più veloce.

La cometa McNaught nel 2007 divenne visibile anche di giorno e regalò agli osservatori dell'emisfero australe questo meraviglioso spettacolo. Il satellite Ulysses attraversò casualmente la sua coda a 160 milioni di km dal nucleo.

273

Le comete sono corpi celesti estremamente importanti per comprendere le proprietà e l'origine della vita sulla Terra.

La teoria della panspermia, nata come speculazione filosofica già nell'antica Grecia, suggerisce che la vita non si sia sviluppata sulla Terra, ma sia stata portata dal materiale cometario precipitato nelle fasi iniziali della storia del Sistema Solare.

Le analisi effettuate sui campioni riportati a Terra da Stardust hanno confermato che nei nuclei sono presenti molecole organiche e addirittura gli elementi alla base del DNA cellulare.

La recente scoperta di questi elementi ha dato una spinta notevole alla teoria dell'inseminazione esterna della Terra, fino a questo momento suggerita solamente da deboli indizi indiretti.

Le fasi della formazione di un pianeta roccioso, che tra poco vedremo, sono piuttosto violente e prevedono l'alterazione e la sterilizzazione del materiale a causa delle alte temperature che si raggiungono e dell'intenso vento solare, cancellando quindi eventuali tracce di qualsiasi molecola organica, soprattutto nelle tumultuose regioni interne.

Le comete, invece, si originano nelle tranquille zone periferiche e quindi non sono state alterate dalle convulse fasi finali di formazione del Sistema Solare interno. Se quindi non hanno subito alcuna evoluzione, ma contengono molecole fondamentali per la nascita delle forme di vita, è logico pensare che queste fossero presenti già nel materiale dal quale si è generato il Sistema Solare stesso.

Poiché non abbiamo la presunzione di credere che la storia evolutiva del Sole e del Sistema Solare sia stata differente rispetto a quella delle miliardi di stelle disseminate nella Via Lattea, è possibile ipotizzare che i semi della vita siano presenti ovunque negli ambienti interstellari.

E proprio come i semi di alcuni fiori viaggiano trasportati dal vento sulla superficie terrestre, germogliando dove trovano le condizioni adatte, così i semi della vita forse non aspettano che un pianeta perfetto per dare inizio alla meravigliosa storia degli esseri viventi.

Il pensiero del fisico del diciannovesimo secolo, Hermann Ludwig Ferdinand von Helmholtz, rende bene l'idea di questo affascinante scenario:

"Una volta che tutti i nostri tentativi di ottenere materia vivente da materia inanimata risultino vani, a me pare rientri in una procedura scientifica pienamente corretta il domandarsi se la vita abbia in realtà mai avuto un'origine, se non sia vecchia quanto la materia stessa, e se le spore non possano essere state trasportate da un pianeta all'altro e abbiano attecchito laddove abbiano trovato terreno fertile."

Alcune scoperte degli ultimi anni potrebbero confermare questa ipotesi apparentemente fantascientifica.

Oggi sappiamo che pianeti e corpi minori possono resistere addirittura alla violenta esplosione di una stella; batteri, spore e molecole organiche sopravvivono anche per milioni o miliardi di anni se protetti, o a debita distanza, dalle dannose radiazioni stellari. È proprio così assurdo pensare che almeno gli ingredienti fondamentali della vita possano avere una storia antica quasi quanto l'Universo e siano teoricamente in grado di viaggiare tra gli sterminati spazi interstellari?

Prima di liquidare questo viaggio come impossibile, ricordiamoci che in ogni singolo atomo delle nostre cellule è scritta la storia dell'Universo. Gli elementi di cui siamo costituiti derivano direttamente dall'esplosione milioni di stelle antichissime in qualche parte della Galassia, il cui materiale disperso nello spazio si è poi raccolto di nuovo per formare il Sole e i pianeti.

Nell'Universo e per l'Universo la parola morte non è nient'altro che il sinonimo di trasformazione.

E se la vita avesse davvero un'origine molto più globale rispetto a questo piccolo pianeta blu, sperduto in un punto periferico della Galassia, è probabile che l'Universo ne sia pieno e che, soprattutto, tutti gli esseri viventi sparsi in miliardi di miliardi di pianeti abbiamo un'origine comune e antichissima.

È terribilmente affascinante come l'Universo sia così ricco di sorprese da rappresentare sicuramente il luogo migliore per lasciar libera la nostra mente di fantasticare... senza limiti...

L'esplorazione delle comete

Proprio per quanto detto nelle pagine precedenti, l'esplorazione delle comete risulta ancora più importante di quella degli asteroidi.

Comprendere se questi oggetti contengano effettivamente i semi della vita è di fondamentale importanza per avvalorare o confutare le attuali teorie sulla panspermia.

Il primo satellite a incontrare una cometa fu l'International Sun/Earth Explorer 3 (ISEE-3), lanciato il 12 agosto 1978 dalla collaborazione tra la NASA e la neonata agenzia spaziale europea (fondata nel 1974).

Dopo aver studiato proprietà e composizione del vento solare (questo era il suo obiettivo primario), al termine della missione fu deciso di inviarlo verso la cometa Giacobini-Zinner, cambiando il nome della missione in International Cometary Explorer.

La piccola sonda robotica avvicinò la cometa l'11 settembre 1985 volando per la prima volta attraverso la coda e la chioma e spingendosi fino a una distanza di 7500 km dal nucleo.

Il satellite sostanzialmente, aveva fatto da importante test per comprendere la reale densità e pericolosità della coda di una cometa nell'ottica di future missioni più attrezzate.

In effetti, la sonda non era neanche dotata di apparati di ripresa, quindi non ci sono testimonianze fotografiche di questo storico primo incontro.

I tecnici di missione, però, raggiunsero l'obiettivo desiderato. Il satellite non aveva riportato alcun danno attraversando la coda e la chioma della cometa, a testimonianza che in molte situazioni astronomiche l'apparenza inganna.

Le code delle comete, infatti, sembrano delle concentrazioni piuttosto dense di gas e detriti, impenetrabili da qualsiasi manufatto umano che cerchi di avvicinarvisi. Ad alimentare questa idea distorta giocano un ruolo fondamentale molti film di fantascienza, che hanno dipinto le comete come dei luoghi spettacolarmente violenti e pericolosi.

In realtà la chioma e la coda di una cometa possiedono densità molto più basse dell'aria che respiriamo; solamente per un gioco di luminosità e contrasti appaiono estremamente dense.

Confortate anche dall'esperienza positiva di International Cometary Explorer e in previsione del passaggio della cometa di Halley del 1986, le maggiori agenzie spaziali mondiali prepararono una vera e propria armata di satelliti per studiare da vicino la cometa più famosa della storia: le missioni sovietiche Vega 1 e 2 che avevano nel frattempo visitato Venere, le due sonde giapponesi Sakigake e Suisei e per finire l'europea Giotto, progettata esclusivamente per questo incontro.

Sakigake, partita il 7 gennaio 1985, fu la prima sonda giapponese della storia, nonché la prima a non essere stata lanciata da americani o russi.

L'imminente passaggio della cometa di Halley rappresentò anche l'occasione per una collaborazione tra le più grandi potenze economiche del mondo.

Il satellite euro-americano International Cometary Explorer, dopo l'incontro con la Giacobini-Zinner dell'anno precedente, venne puntato sulla lontana Halley per effettuare precise misurazioni orbitali. Le sonde Vega 1 e 2 dovevano localizzare il nucleo da media distanza e infine Giotto, grazie a tutte le preziose informazioni a disposizione, sarebbe potuta entrare, a questo punto senza pericoli, nella chioma, fino a 560 km dalla superficie cometaria.

Siamo nel biennio 1985-1986 e con questa collaborazione tra le maggiori potenze spaziali la guerra alla conquista dello spazio tra sovietici e americani sembrava ormai lontana anni luce.

Grazie a questo sforzo congiunto, la sonda Giotto riuscì nell'impresa di avvicinare e fotografare per la prima volta un nucleo cometario, dando a molti astronomi dati a sufficienza per diversi anni di lavoro e di teorie.

Nonostante la normale apprensione del tecnici dell'ESA, il satellite sopravvisse all'incontro con la coda e la chioma, anche grazie a un particolare scudo che lo proteggeva dagli eventuali impatti delle piccole particelle di pulviscolo cometario.

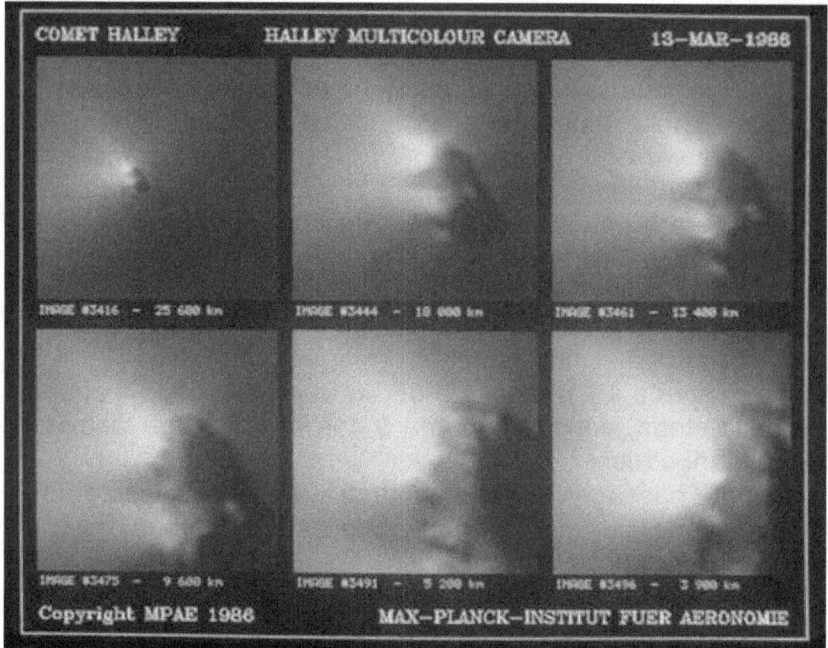

Le prime storiche immagini di un nucleo cometario sono state riprese dalla sonda europea Giotto nel 1986. Fino a quel momento nessuno sapeva quale fosse la forma di una cometa.

Il nucleo della cometa di Halley appariva più piccolo di quanto ipotizzato, solamente una manciata di chilometri, e di forma estremamente irregolare, con una forte somiglianza a una gigantesca patata cosmica.

Il successo di questa prima missione convinse gli americani a entrare nel vivo dell'esplorazione cometaria con la progettazione dell'ambiziosa missione Stardust, lanciata il 7 febbraio 1999. Nel nome, dal significato di polvere di stelle, era racchiuso il suo grande obiettivo: raccogliere le preziose particelle della coda di una cometa e riportarle sulla Terra.

Dopo un viaggio tranquillo, la sonda si tuffò nella chioma e nella coda della cometa Wild 2 il 2 gennaio 2004, estraendo una specie di racchetta che avrebbe dovuto intrappolare le microscopiche particelle di polvere cometaria.

La cattura riuscì.

La racchetta venne sigillata in una piccola capsula spedita in direzione della Terra.

Due anni di viaggio, poi la capsula tornò finalmente a casa.

Sebbene il paracadute per frenare la discesa non si aprì, facendola schiantare al suolo a oltre 200 km/h, la preziosa polvere cometaria fu salva.

Per la prima volta si aveva a disposizione materiale cometario, importantissimo per comprendere le proprietà di questi corpi celesti ancora misteriosi.

Non solo polvere cometaria però. Durante il suo avventuroso volo attraverso la coda Stardust riprese le immagini più dettagliate di un nucleo cometario fino a quel momento.

Con la capsula era già in viaggio verso la Terra, la sonda madre proseguì la sua mis-

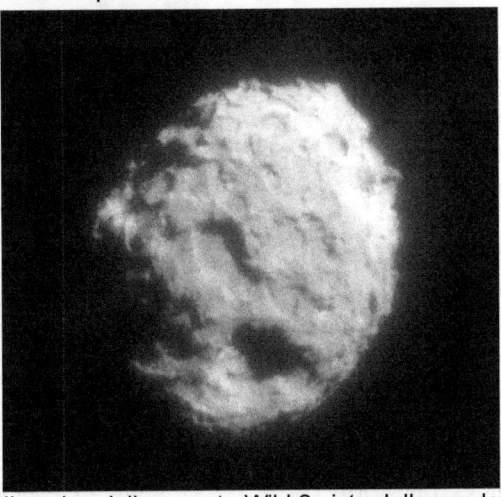

Il nucleo della cometa Wild 2 visto dalla sonda Stardust immersa nella sua coda, che qui non appare perché molto più debole del brillante nucleo.

sione, dirigendosi verso un'altra cometa, la Tempel 1.

Questo secondo obiettivo fu raggiunto con successo il 15 febbraio 2011.

La cometa Tempel 1, però, nel frattempo era stata già visitata nel 2005 da un'altra sonda altrettanto importante: Deep Impact.

Come suggerisce il nome, il satellite della NASA aveva il compito di bombardare il nucleo della cometa Tempel 1 sganciando un proiettile di rame da 350 kg sulla superficie.

L'impatto avrebbe scavato il sottosuolo e sollevato una notevole quantità di detriti. La loro analisi da parte della sonda a-
vrebbe permesso di scoprirne l'esatta composizione chimica e
la reale consistenza di questi oggetti.

Gli americani festeg-
giarono con un gran-
de fuoco d'artificio
cosmico l'anniversario
della loro indipenden-
za: il 4 luglio 2005
Deep Impact scagliò
con successo il pro-
iettile contro il nucleo
cometario.

L'impatto fu molto vio-
lento e produsse
un'esplosione ben vi-
sibile nelle immagini,
sollevando, come pro-
grammato, una note-
vole quantità di detriti.

Nella sala di controllo
della missione scop-
piò la festa per aver

Il primo bombardamento interplanetario della
storia: il proiettile di rame scagliato dalla sonda Deep Impact raggiunge a grande velocità il
nucleo della cometa Tempel 1, producendo
un grande bagliore e scagliando nello spazio
ingenti quantità di materiale.

raggiunto un obiettivo che oggettivamente non aveva molte
possibilità di successo.

Le analisi successive diedero per la prima volta un'idea di come possa presentarsi un nucleo cometario.

La percentuale di ghiaccio d'acqua rilevata era inferiore alle
aspettative. Il materiale scagliato nello spazio era composto da
particelle ben più sottili di un granello di sabbia, molto simili alla polvere di talco. Ultimo, ma non per importanza, una conferma a quanto gli astronomi avevano sempre pensato: circa il
75% del volume delle comete è vuoto!

La consistenza di questi piccoli corpi celesti è del tutto simile a
quella di un soffice strato di neve appena depositatosi al suolo,

a riprova che le fasi di formazione debbano essere state molto meno violente di quelle che hanno invece creato pianeti e asteroidi.

Le comete, effettivamente, possono essere considerate come i fossili più antichi del Sistema Solare che nelle più fredde e tranquille zone periferiche si sono goduti da spettatori esterni lo spettacolo violento della formazione planetaria.

Sfortunatamente la camera di bordo di Deep Impact non fu in grado di studiare a fondo le proprietà del cratere formatosi, ma a questo inconveniente avrebbe posto rimedio l'arrivo della sonda Stardust 6 anni più tardi.

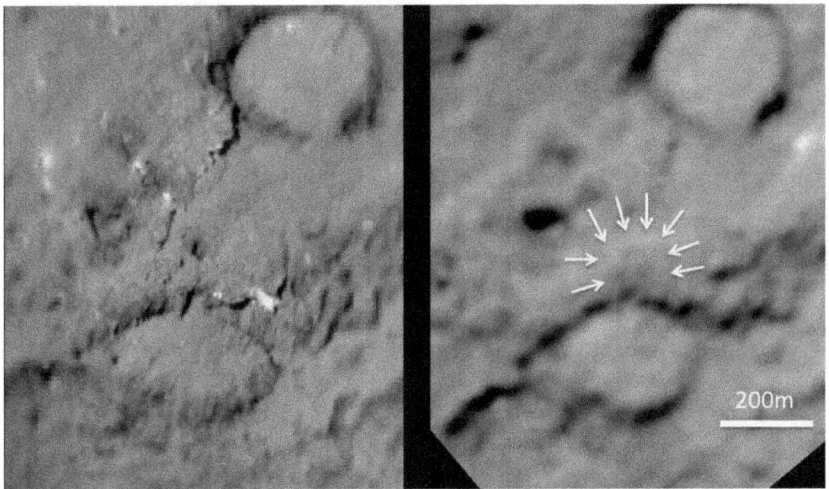

Con l'aiuto della sonda Stardust, arrivata in prossimità della cometa Tempel 1 è stato possibile osservare il cratere lasciato dal proiettile scagliato da Deep Impact, con un diametro stimato di ben 150 metri. A sinistra l'immagine ripresa da Deep Impact prima dell'impatto.

Con ancora carburante nei serbatoi, alla sonda Deep Impact fu assegnata una nuova missione: avrebbe dovuto visitare la cometa Boethin nel 2008.

Dopo le manovre necessarie per preparare un necessario fly-by con la Terra, gli scienziati però persero le tracce della cometa. Il passaggio ravvicinato al Sole l'aveva probabilmente distrutta, o comunque frammentata: l'obiettivo della missione doveva essere cambiato.

A questo scopo fu scelta la cometa Hartley 2, sebbene sarebbero stati necessari due anni aggiuntivi di viaggio.

Il 4 novembre 2010 Deep Impact avvicinò la cometa ad appena 700 km, inviando a Terra con successo interessanti immagini.

Rappresentazione artistica della sonda Deep Impact (non in scala) in procinto di bombardare il nucleo della cometa Tempel 1.

Il gran tour delle comete si era concluso, ma non altrettanto si poteva dire per la vita operativa della sonda.

Fu infatti decisa un'ulteriore estensione della missione sfruttando quasi tutto il carburante residuo.

Deep Impact è ora diretta verso l'asteroide (163249) 2002GT che raggiungerà nel gennaio 2020, fondi NASA e salute della sonda permettendo.

14.   I confini del Sistema Solare

Il regno dei pianeti termina con Nettuno, a 4,5 miliardi di chilometri dal Sole.

Il suo lentissimo moto orbitale traccia una linea immaginaria che rappresenta la zona di transizione tra i grandi corpi celesti interni e il dominio dei piccoli oggetti ghiacciati, che si estende fino a ben oltre l'influenza del campo magnetico solare.

Questi corpi celesti sono identificati con il generico appellativo di oggetti trans-nettuniani (abbreviato TNO), ma all'interno di questa eterogenea classe si possono individuare gruppi con diverse proprietà chimiche e orbitali.

La fascia di Edgeworth-Kuiper di cui fa parte lo stesso Plutone, è il gruppo più interno e meglio conosciuto.

I corpi celesti di questa zona, chiamati KBO, sono composti principalmente di elementi ghiacciati e hanno orbite moderatamente ellittiche.

La fascia è simile a quella degli asteroidi principali ma più ampia, estendendosi tra 30 e 50 Unità Astronomiche dal Sole.

La tecnologia attuale consente di scoprire solamente gli oggetti più grandi, quindi non possiamo sapere quanti ve ne siano effettivamente; forse qualche centinaio di migliaia o addirittura più di un milione.

I corpi celesti attualmente conosciuti sono più di un migliaio, alcuni simili per dimensioni a Plutone, quindi ben più grandi e massicci degli asteroidi appartenenti alla fascia principale.

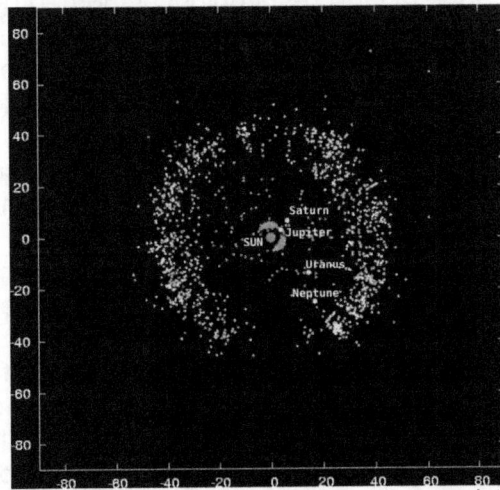

Distribuzione dei KBO attualmente conosciuti (punti verdi).

283

Purtroppo non sappiamo molto degli oggetti della fascia di Kuiper: troppo piccoli per essere risolti anche dai più potenti telescopi, troppo lontani per sonde automatiche e missioni di breve durata.

Non siamo però arrivati agli ultimi baluardi del Sistema Solare.

Molto oltre la fascia di Kuiper, dovremmo incontrare un guscio che circonda uniformemente il Sistema Solare composto da miliardi di piccoli corpi celesti, probabilmente mediamente non più grandi di qualche chilometro.

Questa zona prende il nome di nube di Oort, dall'astronomo che per primo l'ha ipotizzata nella metà del ventesimo secolo. Si pensa possa essere un gigantesco serbatoio di piccoli corpi ghiacciati che circonda tutto il Sistema Solare. La sua estensione potrebbe arrivare fino a 150.000 unità astronomiche, vale a dire 2 anni luce, circa metà strada che separa il Sole dalla stella più vicina, Proxima Centauri.

Benché sia un'ipotesi affascinante, gli astronomi non hanno ancora mai osservato alcun corpo celeste appartenente a questo immenso serbatoio di comete, perché i nostri telescopi non riescono a evidenziare questi debolissimi oggetti.

La nube di Oort resta quindi al momento un'intuizione teorica.

Ma come facciamo allora a essere convinti dell'esistenza di qualcosa che non si riesce a evidenziare in alcun modo?

Alla base ci sono semplici considerazioni logiche, le stesse che ha fatto Oort nel lontano 1950.

Ogni anno sono decine le comete, specialmente di lungo periodo, che si avvicinano al Sole, sebbene solo pochissime diventano abbastanza brillanti da essere osservate. Molte vengono distrutte o vaporizzate dopo un unico passaggio ravvicinato, ma anche nella migliore delle ipotesi tutte sono destinate a scomparire dopo un breve intervallo di tempo cosmico.

Se ipotizziamo che le comete si siano formate con la nascita dei pianeti, e abbiano avuto le stesse orbite che è possibile osservare attualmente, dopo ben 4,6 miliardi di anni e migliaia di passaggi ravvicinati al Sole nessuna di loro sarebbe più esistita.

Cosa dire, poi, delle comete non periodiche, con un'orbita che le porterà fuori dal Sistema Solare dopo un unico passaggio ravvicinato al Sole? La loro presenza non si giustifica in alcun modo, se la realtà è quella appena descritta.

Il nostro modello ci ha fatto cadere quindi in contraddizione. Ne possiamo dedurre che tutte le comete debbano per forza essere corpi celesti provenienti da una regione molto lontana dal Sole, che per qualche motivo sono stati costretti a cambiare orbita, proiettandosi nel Sistema Solare interno.

Un corpo celeste, però, sebbene piccolo come una cometa, non cambia radicalmente la sua orbita senza il disturbo gravitazionale di almeno un altro oggetto molto più grande.

C'è poi da considerare il fatto che le perturbazioni gravitazionali da parte di altri corpi celesti producono deviazioni casuali: solamente una piccola percentuale, forse neanche il 10%, riceverà la spinta giusta per portare l'orbita più vicina al Sole e rendersi quindi visibile.

Considerando che in media in un anno si osservano circa 40-50 nuove comete di lungo periodo, non è difficile capire che le regioni da dove provengono debbano essere popolate da decine di miliardi di corpi celesti di questo tipo, formando un grande serbatoio dal quale attingere per miliardi di anni.

Anche se con qualche decennio di ritardo siamo arrivati a teorizzare anche noi l'esistenza della nube di Oort, come l'unica soluzione alla continua comparsa di nuove comete.

Il lavoro di Oort e delle successive generazioni di astronomi è naturalmente più preciso del nostro breve ragionamento.

In particolare, si pensa che esistano due tipi di nubi: una interna a forma di un disco, e una esterna, più distante e con una distribuzione di corpi celesti uniforme in tutto lo spazio.

L'individuazione dei corpi appartenenti alla nube di Oort rappresenta una delle sfide osservative più grandi dell'astronomia che si dedica allo studio del Sistema Solare.

Lentamente ci stiamo spingendo sempre più lontano; tra qualche pagina vedremo a che punto sono arrivati i moderni e grandi telescopi astronomici.

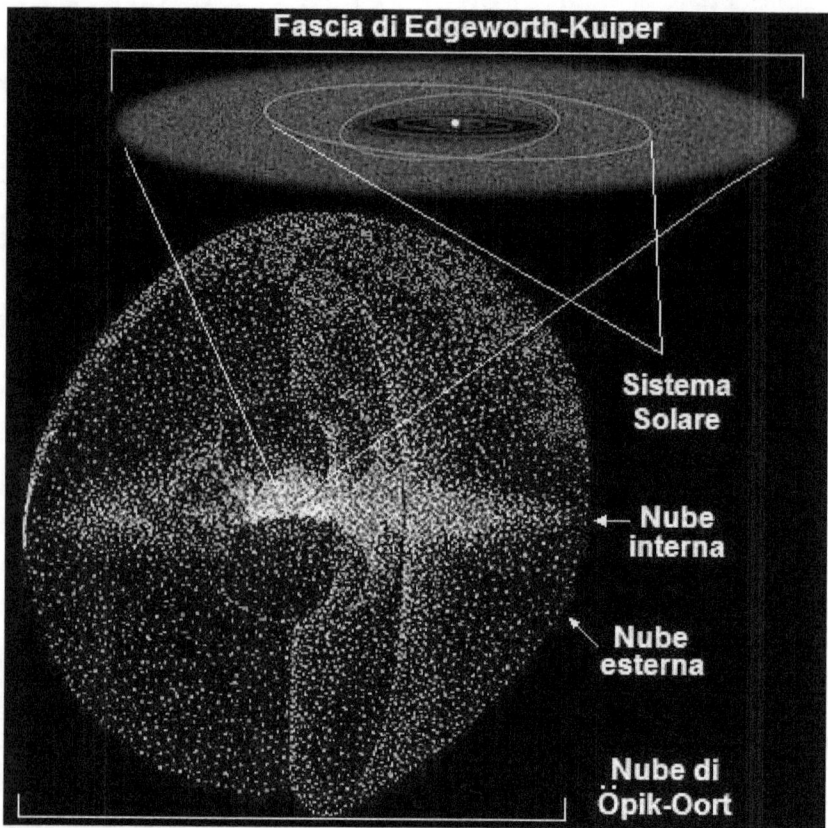

Rappresentazione artistica della nube di Oort, l'immenso serbatoio di piccoli corpi celesti ghiacciati che delimita le regioni più esterne del Sistema Solare.

Parlando della nube di Oort abbiamo percorso quasi senza volerlo circa metà strada che ci separa dalla stella più vicina.

A questo punto possiamo chiederci: dove sono i confini del Sistema Solare? Da cosa sono individuati?

L'istinto potrebbe dirci che i confini sono stabiliti dall'oggetto più lontano ancora gravitazionalmente legato al Sole.

Questa definizione però, sebbene intuitivamente la più naturale, ha qualche problema sia fisico che osservativo.

Prima di tutto non prende in esame dei confini fisici perché dipende dalla presenza o meno di corpi celesti.

286

Ad esempio, se Giove fosse stato l'ultimo corpo celeste del Sistema Solare i suoi confini avrebbero avuto un raggio di appena 800 milioni di chilometri?

La forza di gravità, inoltre, può essere percepita anche a distanza elevatissime, superiori a diversi anni luce, soprattutto se nei dintorni non vi sono altri corpi celesti con un campo gravitazionale maggiore. Di conseguenza, i confini gravitazionali del Sistema Solare, a prescindere o meno dalla presenza di altri pianeti, dipendono dalla vicinanza con altre stelle e potrebbero non essere neanche ben definiti.

Ci sono allora condizioni oggettive e non variabili che consentono di definire in modo univoco e non dipendente da altri corpi celesti i confini del Sistema Solare?

La risposta è affermativa e ora cercheremo di comprenderla.

Gli astronomi sono soliti identificare i confini del Sistema Solare a circa 100 Unità Astronomiche dal Sole, quindi poco oltre la fine della fascia di Kuiper e ben prima della nube di Oort.

Per motivare questa risposta dobbiamo considerare alcune importanti caratteristiche del padrone di casa: il Sole.

Vento solare e campo magnetico hanno creato nello spazio una bolla che avvolge i pianeti e parte della fascia di Kuiper.

La pressione del vento solare si contrappone in modo efficace allo spazio aperto, detto anche spazio interstellare, una zona che può essere molto pericolosa se non opportunamente respinta. Il mezzo interstellare è una miscela molto rarefatta di gas, polveri e soprattutto particelle cariche, che formano il cosiddetto vento interstellare.

Il Sole, attraverso la pressione delle particelle emesse, respinge continuamente l'attacco verso l'interno prodotto dal mezzo interstellare, proteggendo come un'amorevole mamma i propri pulcini sotto le sue calde e sicure ali.

Il suo campo magnetico completa l'opera creando un efficace scudo contro il pericoloso vento interstellare.

I confini del Sistema Solare possono quindi essere associati all'estensione di questa bolla protettiva che rende possibile l'evoluzione tranquilla di tutti i pianeti, compresa la vita.

287

Il vento solare parte dalla fotosfera a una velocità superiore ai 400 km/s. Mano a mano che si allontana dal Sole, la velocità delle singole particelle viene rallentata dalla pressione esercitata dal mezzo interstellare.

Nonostante tutto, il vento solare riesce a vincere la battaglia e a espandere la sua azione ben oltre l'orbita di Plutone.

A circa 80 UA di distanza, però, cominciano a manifestarsi i primi segnali di cedimento.

Il vento rallenta al di sotto della velocità critica di 100 km/s. Questo valore rappresenta circa la velocità del suono nello spazio interplanetario.

Quando la velocità del vento solare diventa sub-sonica, si genera una regione in cui le particelle del vento solare si comprimono e si riscaldano, con il campo magnetico che subisce profondi cambiamenti. Questa regione di spazio è chiamata termination shock e si trova a una distanza compresa tra le 75 e le 90 UA dal Sole, a seconda se viene misurata nel verso del moto della nostra stella attraverso il mezzo interstellare o nella direzione contraria.

Oltre questa distanza il vento solare prosegue ancora la sua spinta, ma non per molto. Poche decine di unità astronomiche più avanti la pressione del gas interstellare riesce a bloccare il flusso di particelle provenienti dal Sole dopo una lenta e continua azione di rallentamento perpetrata per oltre 20 miliardi di chilometri.

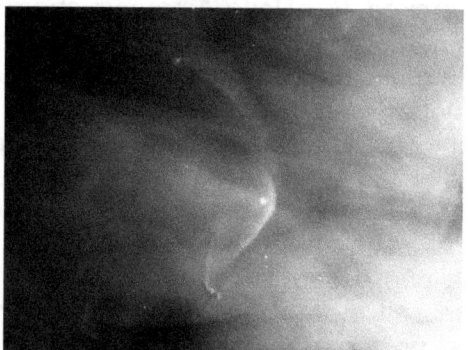

Una stella nella nebulosa di Orione mostra evidente il campo di scontro tra il vento stellare diretto verso l'esterno e il mezzo interstellare che cerca di sfondare verso l'interno. Il risultato è la formazione di un guscio di idrogeno estremamente caldo nella direzione del moto della stella attraverso il mezzo.

In questo punto, detto eliopausa, si ha il passaggio di testimone tra il dominio del Sole e lo spazio aperto.

Questo è dunque il vero e proprio confine del Sistema Solare, una regione che rappresenta il campo di battaglia da circa 4,6 miliardi di anni tra la pressione verso l'interno del gas interstellare e il vento solare diretto verso l'esterno.

Le dimensioni dell'eliopausa variano sensibilmente a seconda della pressione del gas interstellare e della direzione del moto del Sole attraverso di esso.

Il risultato della battaglia tra vento solare e mezzo interstellare è una grande bolla di idrogeno compresso ed estremamente caldo che cerca, senza mai riuscirci, di penetrane nelle regioni interne del Sistema Solare.

Questo equilibrio è fondamentale per tutti i processi che coinvolgono i pianeti, nonché per la stabilità delle orbite, proteggendo i figli del Sole dalle insidie dei temibili predatori esterni.

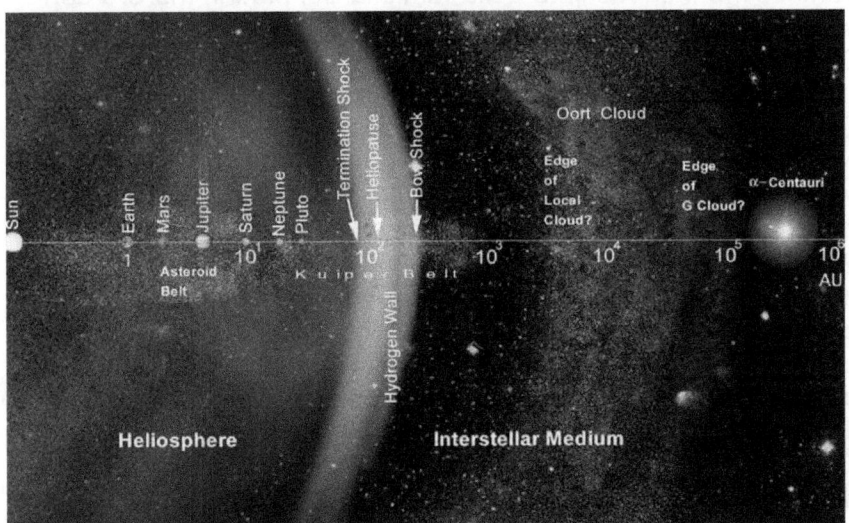

Estensione del Sistema Solare. Sebbene i confini fisici siano individuati dalla regione in cui il vento solare viene fermato dal mezzo interstellare, corpi celesti legati al campo gravitazionale del Sole si trovano fino a quasi metà della distanza con il sistema di Alpha Centauri. La scala delle distanze è logaritmica ed espressa in Unità Astronomiche.

Pianeti nani e corpi celesti remoti

Plutone oltre a essere il capostipite dei corpi posti nella fascia di Kuiper è l'inquilino più importante della nuova classe dei pianeti nani.

Dopo un meeting burrascoso e ricco di tensioni (anche gli astronomi sono esseri umani!), l'Unione Astronomica Internazionale ha deciso di modificare radicalmente la classificazione degli oggetti del Sistema Solare, a seguito delle nuove scoperte avvenute negli ultimi anni.

Fino all'arrivo del nuovo millennio gli scienziati non avevano insormontabili problemi nel considerare Plutone come il nono e ultimo pianeta del Sistema Solare.

È vero, si erano già cominciati a scoprire altri corpi celesti in quelle regioni di spazio con orbite e composizioni chimiche simili, ma erano tutti sensibilmente più piccoli. Plutone divenne al massimo il capostipite della famiglia dei plutini, ma era considerato ufficialmente ancora un pianeta.

Con il nuovo secolo e il progredire della tecnologia i grandi telescopi hanno cominciato a scoprire qualcosa di inaspettato.

Già nel 2005 la situazione era fortemente cambiata.

Nelle regioni esterne, oltre l'orbita di Plutone, erano stati individuati diversi corpi celesti simili quanto a composizione chimica e dimensioni.

Alcuni, come Eris, sono addirittura più grandi.

Immaginiamo per un attimo la situazione: se Plutone è da considerare un pianeta, cosa dire di Eris, Makemake, Haumea che hanno masse non troppo diverse, sono sferici, composti prevalentemente di ghiacci e con proprietà orbitali molto simili? Come potremmo risolvere la delicata questione?

È evidente che non ci siano abbastanza differenze fisiche e dinamiche per separare Plutone dai suoi "fratelli", quindi o si includono tutti nella definizione di pianeta, oppure se ne trova un'altra e si modifica la precedente.

Gli astronomi hanno deciso di percorrere questa seconda strada, sia per motivi scientifici che storici.

Difficile andare contro la comunità americana e rilegare Plutone al semplice rango di corpo minore. Ma allo stesso tempo
non si poteva neanche far finta di non vedere le profonde differenze fisiche e orbitati di Plutone e di tutti i nuovi corpi celesti
appena scoperti.
Fu così trovata una soluzione salomonica che nella realtà dei
fatti ha avuto il poco invidiabile pregio di scontentare tutti.
Fu creata la classe dei pianeti nani così definita: corpi celesti
con una massa sufficientemente grande da avergli conferito
una forma sferica, ma che non sono riusciti a ripulire la loro fascia orbitale da altri oggetti di dimensioni simili.
Questa definizione sembra andare bene in prima approssima-
zione. In effetti alcuni oggetti scoperti oltre l'orbita di Plutone
orbitano attorno al Sole su zone orbitali simili e hanno forma
sferica.
Nella definizione rientrano quindi Eris, con diametro compreso
tra 2300 e 2400 km, leggermente più grande di Plutone e con
un'orbita ellittica compresa tra 38 e 97,5 UA; ci sono anche
Makemake e Haumea, che sebbene leggermente più piccoli
hanno orbite simili poste tra 38 e 53 UA dal Sole.
Però, a pensarci bene, cosa dire dell'asteroide di fascia principale Cerere? Anche esso ha abbastanza massa da averle
conferito una forma sferica e condivide la fascia orbitale con
corpi celesti di dimensioni non troppo differenti, tra cui
l'asteroide Vesta, grande circa la metà.
Sembra che siamo caduti vittime degli effetti collaterali della
nostra definizione: dentro quindi anche Cerere, se non vogliamo rimangiarcela subito!
Torniamo nelle periferie del Sistema Solare per capire che
molti altri corpi celesti di cospicue dimensioni, scoperti pochi
anni addietro, potrebbero entrare nella nostra nuova categoria.
Uno dei principali è Quaoar, oggetto trans-nettuniano scoperto
nel 2002. Ha un diametro di circa 1200 km, quindi maggiore di
Cerere, con un'orbita quasi circolare posta tra 42 e 43,4 UA
dal Sole. Come classificarlo?

Gli astronomi non lo considerano un pianeta nano, ma devo essere sincero, non ho ben compreso il motivo.

La definizione di pianeta nano, purtroppo, non è basata su proprietà completamente oggettive, in particolare per quanto riguarda il fatto che un pianeta nano debba condividere una zona orbitale con altri corpi dalle dimensioni simili.

Come si interpreta nella pratica questo punto?

Quaoar attraversa addirittura l'orbita di Plutone, eppure non è abbastanza per acquisire lo status di pianeta nano.

L'unica interpretazione possibile potrebbe essere quella che un corpo celeste per essere considerato appartenente alla famiglia dei pianeti nani debba condividere tutto il percorso orbitale con altri oggetti simili, non solamente una parte.

Personalmente la trovo un po' forzata, ma per il momento è accettata dalla comunità astronomica.

In questo caso, allora, l'orbita di Quaoar ha proprietà diverse rispetto a quelle degli altri corpi celesti, poiché possiede un'eccentricità molto ridotta.

Quello che potrebbe risultare strano, però, è questo: se un giorno dovessimo scoprire un corpo celeste con un'orbita simile a quella di Quaoar, entrambi diventerebbero pianeti nani? O solamente Quaoar? È giusto che l'appartenenza a una categoria sia influenzata dalla compagnia che si porta dietro l'oggetto?

Ci sono molte domande che dovrebbero chiarire dei punti ancora poco chiari, ma alla fine si tratta di una situazione tipicamente umana: l'Universo se ne infischia di come noi definiamo gli oggetti che ne fanno parte.

Vedremo brevemente di nuovo tra poco una situazione che potrebbe mettere in crisi la definizione di pianeta, a causa della scoperta di particolari oggetti al di fuori del nostro Sistema Solare.

Definizioni a parte, queste situazioni dimostrano quanta strada dobbiamo percorrere per conoscere a sufficienza le remote regioni che popolano i confini del Sistema Solare.

Alcuni tra gli oggetti trans-nettuniani più grandi finora scoperti. Alcuni di essi hanno acquisito lo status di pianeta nano, per altri ci vorrà tempo. Ciò che è chiaro è che il Sistema Solare esterno contiene molta più sorprese di quello che ci si aspettava.

Nessun planetologo avrebbe ipotizzato la presenza di diversi corpi simili a Plutone, pensando fosse impossibile avere a disposizione così tanto materiale a una distanza di diversi miliardi di chilometri dal Sole durante le fasi di formazione.

Parlando di sorprese, non possiamo non citare il corpo celeste sicuramente più strano del Sistema Solare, scoperto nel 2003.
Il suo nome è Sedna (dal significato mitologico non casuale), ha dimensioni di poco inferiori a 1600 km, è composto presumibilmente di ghiacci e ha un'orbita completamente diversa da tutti gli altri corpi celesti conosciuti.
Nel punto più vicino al Sole Sedna raggiunge le 76,3 Unità Astronomiche, già oltre la distanza dei pianeti nani esterni e della fascia di Kuiper.

293

La vera sorpresa però è un'altra: nel punto più lontano questo misterioso oggetto arriva addirittura a 937 Unità Astronomiche, 140 miliardi di chilometri dal Sole, ben oltre i confini delimitati dall'influenza del vento solare.

Con un'orbita la cui eccentricità supera l'85%, Sedna, nel suo percorso orbitale della durata di ben 11.500 anni, entra ed esce dai confini del Sistema Solare, secondo la definizione che abbiamo dato nel paragrafo precedente.

La scoperta di questo remoto corpo celeste è stata propiziata da un apparente colpo di fortuna: solamente in prossimità del passaggio al perielio la

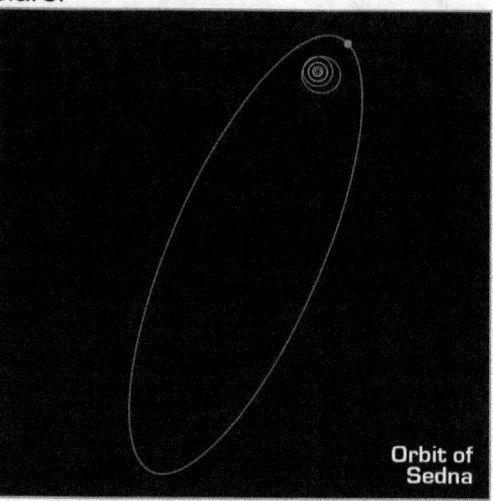

La particolare orbita di Sedna, il corpo celeste più lontano attualmente individuato nel Sistema Solare, confrontata con le orbite di Plutone e dei giganti gassosi.

strumentazione astronomica attuale avrebbe potuto scoprire un oggetto con queste caratteristiche.

Poiché Sedna trascorre gran parte del tempo oltre la distanza alla quale poteva essere individuato, le probabilità di scoprirlo erano solamente di 1 su 80.

In astronomia però, e nella scienza in generale, quando una scoperta sembra propiziata da una gran fortuna, di solito c'è qualcosa sotto.

Se il primo pensiero è quello di aver vinto alla lotteria, logica e razionalità suggeriscono qualcosa di diverso.

È in effetti molto più probabile che i corpi celesti in quelle remote regioni del Sistema Solare siano numerosi, di modo che la probabilità di individuarne uno osservando in un istante di tempo casuale, proprio mentre si trova in prossimità del perielio, sia decisamente maggiore.

Calcoli statistici alla mano, se esistessero almeno altri 50 "Sedna" la fortuna dell'osservazione si trasformerebbe in un evento certo.

Attualmente, quindi, si pensa che un'orbita simile possa essere seguita da una popolazione compresa tra i 40 e i 120 corpi celesti.

Lo scenario a questo punto si complica moltissimo: com'è possibile giustificare l'esistenza di una famiglia di oggetti di grandi dimensioni e con orbite così altamente ellittiche?

Come già visto per le comete, diventa molto difficile rimandare tutto alle fasi iniziali del Sistema Solare.

Corpi celesti con orbite originarie così ellittiche come quella di Sedna non possono raccogliere il materiale per accrescere le dimensioni, se quest'ultimo ruota intorno al Sole su orbite quasi circolari come tutti i modelli ipotizzano.

Non è difficile quindi immaginare che le orbite siano state modificate a posteriori, proprio come quelle delle comete.

C'è però una differenza sostanziale.

Se per le comete di lungo periodo sono sufficienti piccole perturbazioni gravitazionali, pienamente giustificabili con il disturbo causato da corpi celesti dalle dimensioni simili a Sedna o da qualche grande KBO, chi o cosa è in grado di perturbare anche quest'ultimi?

L'ipotesi più plausibile prevede che la perturbazione sia stata generata da una stella passata relativamente vicino alle regioni esterne del Sistema Solare, qualche miliardo di anni fa.

Considerando l'attuale scarsa densità stellare nella regione della Via Lattea nella quale ci troviamo, questo sembra molto difficile da provare, a meno di non considerare un altro scenario. Alcuni indizi fanno infatti pensare che il Sole sia nato assieme ad almeno altre cinquanta stelle, le quali formavano un giovane ammasso stellare aperto.

Gli ambienti di un ammasso stellare sono decisamente più densi e irrequieti degli spazi interstellari.

295

Le simulazioni al computer (l'unico modo di andare a ritroso nel tempo e riprodurre l'enorme scala dell'Universo) affermano che è sufficiente il passaggio di una stella simile al Sole a circa 1000 UA dal bordo esterno della nube di Oort per modificare sensibilmente le orbite dei corpi celesti posti oltre la fascia di Kuiper.

In questo modo si può giustificare l'orbita di Sedna e degli altri oggetti teorizzati.

Un'ipotesi più suggestiva, ma meno probabile (circa il 10%), afferma che Sedna possa essere un corpo celeste inizialmente appartenente a un altro sistema planetario, catturato poi dalla forza di gravità del Sole durante un passaggio ravvicinato.

In linea di principio lo scenario sembrerebbe plausibile: basti pensare che i satelliti di molti pianeti sembra siano stati catturati dalla loro forza di gravità durante passaggi ravvicinati a basse velocità relative. Inoltre, la cattura gravitazionale, proprio come visto per alcune sonde automatiche, produce spesso orbite fortemente ellittiche compatibili con quella di Sedna.

Per comprendere la validità o meno di questa teoria, si dovrebbe capire quanti sono i corpi celesti simili a Sedna presenti in quelle remote regioni del Sistema Solare.

Se fosse davvero unico, e dovesse avere una composizione chimica diversa rispetto agli oggetti della fascia di Kuiper e agli altri componenti della nube di Oort, allora ci sarebbero buoni indizi per avvalorare la teoria della cattura gravitazionale.

Altre ipotesi suggeriscono che la forma particolare dell'orbita di Sedna possa essere giustificata con le perturbazioni gravitazionali prodotte da un pianeta pari ad almeno la massa della Terra, orbitante a oltre 1000 UA dal Sole.

Alcuni scienziati sostengono che questo pianeta possa essersi generato inizialmente nelle affollate zone interne e sia poi stato espulso dalle perturbazioni gravitazionali degli altri.

Il fatto che non sia stata trovata alcuna traccia di un corpo così grande potrebbe rappresentare un indizio che sia stato addirittura espulso dal Sistema Solare.

Di nuovo, questa ipotesi non è impossibile dal punto di vista teorico: i campi gravitazionali dei pianeti maggiori sono utilizzati proprio per accelerare le sonde dirette nelle parti esterne del Sistema Solare e addirittura al di fuori, come successo per le Voyager, Pioneer e New Horizons.

In uno scenario fatto da ipotesi tutte fisicamente accettabili, capire quale sia quella che effettivamente si è realizzata non è affatto semplice.

Sicuramente serviranno diversi anni di studi e osservazioni. L'unica cosa che resta da fare è aspettare e continuare a scrutare il cielo.

L'esplorazione dei confini del Sistema Solare e dello spazio interstellare

Le sonde Voyager e le precedenti Pioneer alla partenza dall'orbita terrestre vennero accelerate così tanto dai rispettivi razzi che neanche il campo gravitazionale del Sole potrà mai fermarle.

Nello spazio non esiste attrito, vista l'esigua densità di particelle, quindi qualsiasi corpo al quale viene impressa una certa velocità iniziale continuerà a muoversi all'infinito.

Prima di proseguire, meglio fare chiarezza su questo effetto dato per scontato nelle pagine precedenti, ma poco intuitivo per noi che ci muoviamo sulla superficie della Terra.

Tutte le nostre esperienze, infatti, suggeriscono che se a un corpo non applichiamo una forza questo resta fermo. D'altra parte, nel momento in cui la forza cessa prima o poi l'oggetto si fermerà. Succede così per le automobili quando finiscono la benzina e a un sasso dopo essere stato lanciato.

Il fatto che tutti questi oggetti si fermino quando si esaurisce la spinta dipende sostanzialmente da quello che si chiama attrito. L'attrito non è altri che la resistenza che un mezzo (aria, asfalto, acqua...) compie sul moto di qualsiasi oggetto. Nel caso dell'automobile e del sasso, l'aria e il terreno esercitano una forza che ne ferma la corsa.

Ma cosa succederebbe se non ci fosse alcuna resistenza al moto?

Con un po' di coraggio indossiamo dei pattini da ghiaccio e facciamo un semplice esperimento. Il pavimento ghiacciato della pista ha una piccola resistenza al moto delle sottili lame dei pattini, simulando bene quello che succede in assenza d'attrito.

Il risultato? Se siamo alle prime armi e qualcuno ci da una spinta, senza farci cadere, non ci fermeremo più fino a quando non incontreremo un muro!

Questa esperienza prova un principio fondamentale della fisica, che qui sulla Terra è difficile da osservare, ma è importan-

tissimo nello spazio: qualsiasi corpo al quale viene data una certa velocità continuerà a mantenere la stessa velocità fino a quando qualche agente esterno non interverrà per modificarla.
Nello spazio solamente i campi gravitazionali dei grandi pianeti e del Sole sono in grado di rallentare parzialmente la corsa e modificare la direzione delle sonde lanciate negli anni passati.
Se però la velocità impressa è superiore a un certo valore, chiamato velocità di fuga, allora neanche il campo gravitazionale è in grado di fare qualcosa.
Dopo il termine delle loro missioni primarie e senza la possibilità (e l'utilità pratica) di modificare sostanzialmente direzione e intensità della velocità, le sonde Voyager e Pioneer sono state semplicemente abbandonate al loro destino.
Pioneer 10 e 11 hanno interrotto le trasmissioni nella metà degli anni 90, con l'alimentazione di bordo ormai insufficiente per mantenere attive le antenne.
Ben altra sorte, invece, per le due gemelle Voyager 1 e 2.
Dopo aver completato il tour del Sistema Solare esterno il loro ottimo stato di funzionamento ha convinto i tecnici della NASA a dare inizio a una seconda e inaspettata missione.
La VIM (Voyager Interstellar Mission) è nata con l'ambizioso compito di studiare i confini del Sistema Solare e lo spazio interstellare.
Iniziata nei primi anni novanta è ancora in corso e si spera di prolungarla fino al 2025.
Le due gloriose Voyager, modello di affidabilità e resistenza, sono ancora funzionanti dopo 35 anni di servizio e svariati miliardi di chilometri percorsi.
Attraverso le grandi antenne della rete Deep Space Network i tecnici della NASA ricevono le comunicazioni in merito alla posizione, velocità, campo magnetico, densità e composizione di quelle remote regioni del Sistema Solare, trasmesse a una velocità di appena 160 bit al secondo.
Le informazioni che provengono dalle due sonde sono uniche e di inestimabile importanza per conoscere a fondo i confini

del Sistema Solare e le proprietà dello spazio interstellare per la prima volta nella storia.

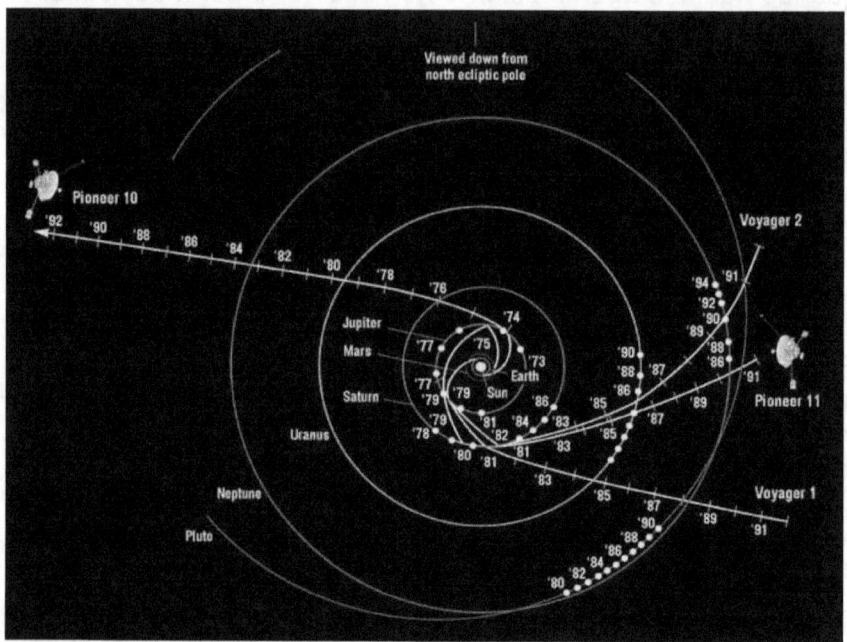

Il complesso percorso seguito dalle sonde Pioneer e Voyager nei primi anni della loro missione.

Le Voyager hanno raggiunto i bordi interni della bolla creata dalla nostra Stella nel 2004 (Voyager 1) e 2007 (Voyager 2).
La zona di confine tra l'influenza solare e lo spazio aperto tra le stelle (spazio interstellare) è piuttosto turbolenta e spessa qualche centinaio di milioni di chilometri.
Gli scienziati della NASA ritengono che tra qualche anno le sonde potrebbero trovarsi al di fuori dell'influenza del Sole, in balia degli inospitali e ancora sconosciuti spazi interstellari.
La prima a uscire dovrebbe essere Voyager 1, che con una velocità rispetto al Sole di 17,5 km/s, 61.000 km/h, è l'astronave più veloce della nostra storia.

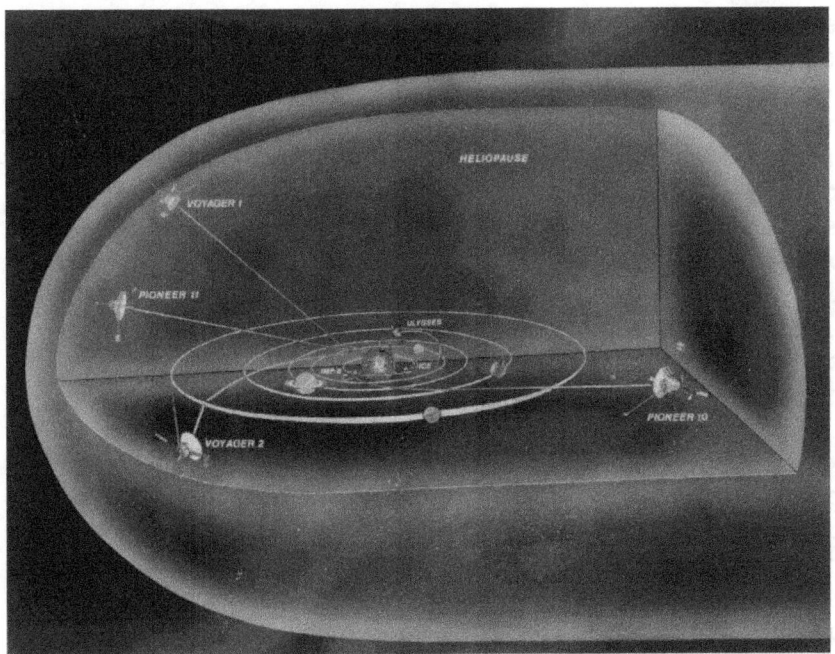

La posizione delle quattro astronavi destinate in futuro a esplorare lo spazio interstellare e la nostra Galassia.

Trasmessi gli ultimi dati presumibilmente intorno al 2020, lentamente le comunicazioni si faranno sempre più difficili e deboli, fino a perdere il contatto negli anni seguenti.

La storia delle Voyager e delle Pioneer andrà però avanti anche senza il nostro intervento: viaggeranno nello spazio interstellare fino a quando qualcuno o qualcosa non fermerà la loro corsa.

Nonostante una velocità elevatissima per i nostri standard, Voyager 1 percorrerà il primo anno luce solamente tra 17.700 anni. Può sembrare un intervallo di tempo enorme per l'umanità e in effetti lo è: basti pensare che le più antiche civiltà si sono sviluppate poco più di 10.000 anni fa e in questo lasso di tempo il rapido progresso tecnologico ha consentito all'uomo addirittura di camminare sulla Luna.

Se però si ragiona su scala cosmica, 17.000 anni sono poco più di un battito di ciglia.

Il nostro Sole, quindi anche la Terra, hanno circa 4,6 miliardi di anni e sono poco più dei ragazzi per Universo, la cui età è stimata in quasi 14 miliardi di anni.

Sotto questo punto di vista, Voyager 1 percorrerà 1000 anni luce in 17 milioni di anni, poco più del tempo richiesto per formare un pianeta roccioso.

In 1,7 miliardi di anni, più o meno il tempo necessario per la nascita della vita in modo stabile sulla Terra, la sonda avrà percor-

Illustrazione delle sonde Voyager 1 e 2.

so ben 100 mila anni luce, il diametro della Via Lattea.

Di fatto, in pochi miliardi di anni le quattro sonde potrebbero esplorare tutta la Galassia e visitare miliardi di stelle e milioni di sistemi planetari.

In questo intervallo di tempo il destino della Terra sarà ormai segnato, con il Sole nelle fasi finali della sua vita e il genere umano probabilmente estinto da tempo, ma questi quattro piccoli manufatti continueranno a essere ambasciatori silenziosi di un popolo che per qualche tempo ha abitato un meraviglioso pianeta azzurro orbitante attorno a una piccola stella gialla chiamata Sole.

Proprio per il significato simbolico di queste sonde, gli scienziati del tempo hanno installato al loro interno dei messaggi da destinare all'Universo o a qualche specie aliena che le dovesse intercettare.

Le Pioneer custodiscono una placca di alluminio con incise le sembianze umane, il nostro posto nel Sistema Solare e nella Galassia attraverso l'identificazione di 14 pulsar, e un'importante proprietà della Natura come testimonianza del nostro livello di conoscenza, detta transizione iperfine dell'atomo di idrogeno.

Le Voyager contengono invece un disco dorato con incisi immagini, suoni, voci, musica e alcune conoscenze fisiche e matematiche. Nell'alloggiamento trova posto anche la penna a punta in grado di leggerlo e sul contenitore sono stampate le istruzioni per decodificare i messaggi, come il numero di giri al minuto che deve compiere il disco.

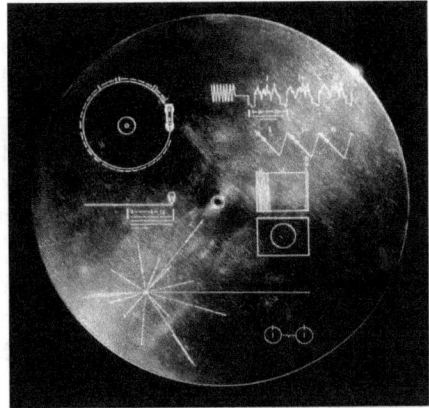

Sul contenitore del disco fonografico installato a bordo delle sonde Voyager sono incise le istruzioni per leggerlo e la posizione del nostro pianeta nella Galassia.

Questa particolare istruzione è veramente interessante.

Come cercare di spiegare a una specie aliena che il disco deve fare un giro ogni 3,6 secondi per decodificare le immagini contenute e ascoltare correttamente i brani musicali? Non possiamo utilizzare i secondi, definizione tipicamente terrestre; dobbiamo trovare un'unità di tempo uguale a tutto l'Universo e associata a qualche importante proprietà fisica.

Gli scienziati, su suggerimento del grande astrofisico Carl Sagan, hanno utilizzato come

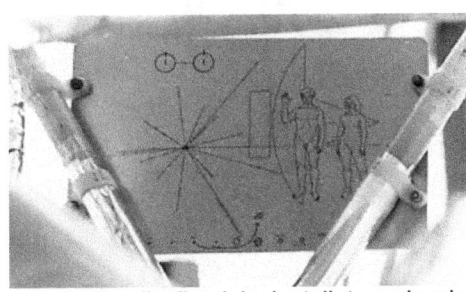

La placca di alluminio installata a bordo delle due sonde Pioneer contiene le informazioni sulla specie umana e la posizione della Terra nel Sistema Solare e nella Galassia.

unità di misura l'intervallo di tempo associato alla transizione iperfine dell'atomo di idrogeno.

Non è fondamentale capire di cosa si tratta (e non lo spiegherò), piuttosto comprendere che questa è una proprietà uguale a tutti gli atomi di idrogeno dell'Universo e che l'intervallo di tempo richiesto per completare la transizione è sempre lo stesso.

In questo modo anche le eventuali civiltà avanzate che dovessero trovare questa vera e propria capsula del tempo, sapranno interpretare correttamente le istruzioni per leggerne il contenuto.

Questa è anche una bella prova del fatto che le leggi fisiche siano l'unico linguaggio veramente universale, perché stabilito dall'Universo stesso e non dai suoi abitanti.

Forse un giorno lontano qualche specie aliena, in un angolo sperduto della Galassia, intercetterà una di queste sonde e riuscirà a leggere e interpretare i dischi metallici che custodiscono, sui quali è riassunta la straordinaria storia della specie umana, i cui sogni senza limiti sono riusciti a vincere la brevità della vita trovando realizzazione e memoria eterna nell'infinità dell'Universo.

15. La formazione del Sistema Solare

Fino a questo momento abbiamo analizzato i pianeti e gli altri corpi come appaiono oggi.

Qualche volta per spiegare particolari proprietà si sono cercate risposte in un lontanissimo passato.

In questo capitolo è arrivato il momento di mettere insieme i pezzi del puzzle e cercare di far luce su una semplice, quanto profonda, domanda: il Sistema Solare è sempre stato così? Può aver avuto un'origine e una successiva evoluzione? Se sì, quale?

La risposta alle prime due domande è semplice e l'abbiamo già vista lungo il cammino finora percorso. D'altra parte, nulla nell'Universo rimane statico e uguale a se stesso all'infinito: tutto ha un'origine e un'evoluzione, addirittura il cosmo stesso.

Meno semplice è comprendere quale possa essere stata la storia del Sistema Solare dai tempi della formazione.

Rispondere in modo esauriente a questa domanda non è affatto facile perché non possiamo invertire il tempo e osservare i pianeti come erano miliardi di anni fa. Dobbiamo quindi trasformarci in scrupolosi storici e cercare di ricostruire le vicende del nostro vicinato cosmico analizzando i pochi indizi di cui disponiamo, senza dimenticare di sfruttare a nostro favore l'enorme vastità dell'Universo.

Nel paragrafo precedente abbiamo già visto che un aiuto molto importante può arrivare dallo studio degli asteroidi e delle comete, poiché si pensa che le loro caratteristiche non siano mutate radicalmente dal tempo della loro formazione.

Un altro aiuto potrebbe arrivare dall'analisi dei crateri da impatto su corpi celesti senza atmosfera, come Luna e Mercurio.

Il numero degli impatti e una stima dell'età dei terreni che hanno subito il bombardamento consentono di caratterizzare l'ambiente interplanetario nel corso della storia.

Molti degli impatti lunari sono avvenuti tra i 3,5 e i 4 miliardi di anni fa. Porzioni di superficie più recenti, come i mari, hanno una concentrazione nettamente minore di crateri.

La conclusione più logica è pensare che in quelle remote ere il Sistema Solare fosse un posto molto più affollato, popolato da miliardi di asteroidi e addirittura molti piccoli pianeti.

Degli importanti indizi per cercare di far luce sulla storia del Sistema Solare arrivano anche dall'esterno.

L'osservazione di numerose stelle, nebulose e sistemi planetari di diverse età, quindi a diversi stadi evolutivi, fornisce un'istantanea abbastanza precisa delle tappe che presumibilmente ha percorso il Sistema Solare dal momento della sua formazione. Non ci sono in effetti motivi per considerare lo sviluppo del Sistema Solare in qualche modo diverso e privilegiato rispetto alle altre stelle dell'Universo. A conferma di ciò, sembra che la formazione di dischi di detriti e sistemi planetari possa essere un fenomeno comune quanto quello che porta alla nascita delle stelle, probabilmente addirittura inevitabile per tutti gli astri, tranne forse le grandi stelle blu, la cui vita potrebbe essere più breve del tempo richiesto ai pianeti per formarsi.

La teoria attualmente più accreditata è quella della "nebulosa primordiale". Un'immensa nube di gas e polvere in rotazione dalla quale si sarebbero formati il Sole e i pianeti. È curioso come que-

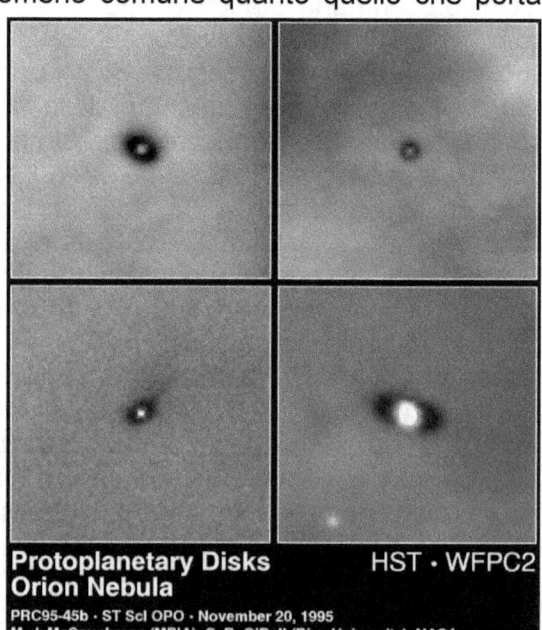

Protoplanetary Disks   HST · WFPC2
Orion Nebula
PRC95-45b · ST ScI OPO · November 20, 1995
M. J. McCaughrean (MPIA), C. R. O'Dell (Rice University), NASA

Dischi protoplanetari attorno a giovani stelle ripresi nella nebulosa di Orione dal telescopio spaziale Hubble.

sta teoria sia stata ipotizzata ben prima delle evidenze scientifiche da alcuni illustri filosofi del passato, tra i quali il grande Immanuel Kant.

Lo scenario della formazione del Sistema Solare potrebbe allora essere il seguente.

Una nube fredda molto estesa di gas interstellare composta di idrogeno, elio, e una piccola parte di elementi pesanti aggregati in forma di polveri, vaga per la Galassia. Questo miscuglio di sostante è probabilmente ciò che resta della morte di diverse stelle più antiche, raggruppato dai moti galattici e dalla forza di gravità.

A un certo punto la quantità di gas della nube interstellare è così elevata che la forza di gravità comincia a far sentire i suoi effetti.

Gas e polveri iniziano a contrarsi sotto il loro stesso peso.

Il meccanismo di contrazione può essere spontaneo, oppure stimolato dal passaggio di un'onda d'urto (per esempio dovuta a un'esplosione stellare nelle vicinanze) attraverso la nube o dall'ingresso in uno dei bracci di spirale della Galassia; quest'ultimo, si pensa, sia il modo principale per stimolare la contrazione delle immense nubi fredde.

Durante questa fase, che dura diversi milioni di anni, la nube comincia a ruotare sempre più velocemente a causa del principio di conservazione del momento angolare.

Cos'è il momento angolare e cosa implica la sua conservazione? Senza ricorrere a formule fisiche, facciamo un esperimento: proviamo a sederci su una sedia girevole, allarghiamo braccia e gambe e facciamoci mettere in rotazione da un amico. Quando stiamo per fermarci chiudiamo velocemente braccia e gambe, portandole più vicino possibile al corpo: la sedia a questo punto riprenderà a ruotare!

Questo effetto è un principio valido per ogni oggetto e in qualsiasi luogo dell'Universo.

Se la nube protosolare possiede una piccolissima rotazione, quando riduce il suo diametro di diverse decine di volte aumenta per forza la velocità di rotazione. La rotazione globale spiega perfettamente anche perché tutti i pianeti e una grandissima parte dei corpi celesti del Sistema Solare odierno ruotino attorno al Sole nello stesso senso.

A causa della forza centrifuga la nube assume la forma di un disco, con un diametro della parte più densa di circa 10 miliardi di chilometri e uno spessore di 100 milioni di chilometri.

Nel centro, laddove nascerà il Sole, si accumula una grande quantità di gas.

La contrazione gravitazionale lo riscalda da una temperatura iniziale di circa -270°C fino a circa 2000°C: si e' formata una protostella, un embrione dalla forma sferica che si trasformerà presto in una stella a tutti gli effetti.

Alla fine del processo il Sole conterrà ben il 99,86% della massa dell'intero Sistema Solare.

Le briciole del gas e polveri rimaste in rotazione attorno alla protostella formano quello che si chiama disco di accrescimento. Le porzioni più vicine alle zone centrali lentamente vengono inglobate dalla protostella in un processo che aumenta il calore interno a causa della compressione sempre maggiore.

Abbastanza lontano dal centro il gas si raffredda a sufficienza, a tal punto che una parte si ricondensa in polveri e ghiaccio; le particelle ora sono molto più vicine tra di loro rispetto a quando si trovavano nella nebulosa primordiale, che era decine di volte più grande.

Le continue collisioni e la forza di gravità danno inizio a un lento processo di aggregazione fino a formare dei pezzi di roccia di cospicue dimensioni, detti planetesimi.

I planetesimi si possono considerare dei piccoli asteroidi, presenti probabilmente a migliaia di miliardi lungo il disco di accrescimento.

La maggiore forza di gravità dei planetesimi aumenta la violenza delle interazioni e la temperatura, rendendo le successive fasi di aggregazione molto più efficienti. Le elevatissime temperature indotte dalle collisioni sempre più violente fondono il planetesimo e lentamente gli conferiscono una forma sferica, cancellando completamente qualsiasi segno evolutivo

precedente, compresi i materiali più volatili, che si aggreghe-
ranno solamente nelle più tranquille periferie o formeranno
successivamente le atmosfere.

Dopo queste violente fasi, i planetesimi sono diventati dei protopianeti completamente fusi, con temperature di diverse migliaia di gradi.

I protopianeti sono gli embrioni dei pianeti attuali. Le loro dimensioni dipendono criticamente dalla distanza dal Sole e dalla densità del disco di polveri.

In questa fase si produce anche il fenomeno della differenziazione gravitazionale: i materiali più pesanti, come nichel e ferro, sprofondano verso il centro lasciando sulla superficie principalmente silicati e metalli leggeri.

Il calore di queste fasi lentamente si disperderà nello spazio
raffreddando la superficie, ma non il nucleo, che potrà mantenersi a migliaia di gradi per diversi miliardi di anni, grazie anche al calore generato dal decadimento radioattivo di alcuni
elementi, tra cui l'uranio.

Nelle regioni interne la grande quantità di radiazione emessa
dalla protostella e l'intenso calore tendono a vaporizzare e di-
sperdere verso l'esterno gas e polveri del disco.

La maggiore concentrazione si raggiunge in una zona a circa
600-800 milioni di chilometri di distanza.

La differenza di dimensioni tra i pianeti rocciosi e quelli giganti
prova la validità di questo scenario, con Giove, il più grande,
aggregatosi proprio a circa 800 milioni di chilometri dal centro.

La formazione dei protopianeti può richiedere da circa cento-
mila a venti milioni di anni.

A un certo punto, però, qualcosa interrompe bruscamente la
fase di accrescimento.

Il calore nel nucleo della protostella sta superando la temperatura critica di 10 milioni di gradi.

Il Sole si accende finalmente di energia propria attraverso i
processi di fusione termonucleare: la nostra stella è nata.

In conseguenza dell'accensione, il Sole primordiale emette un grande flusso di particelle cariche, un vento solare piuttosto violento in grado di spazzare via il gas residuo dalle regioni interne del Sistema Solare.

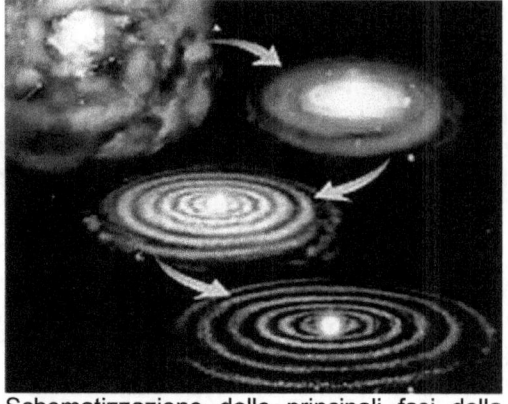

Da questo momento il destino dei pianeti è determinato dalla massa raggiunta fino a quel momento e dalla distanza dal Sole.

Se il protopianeta è abbastanza massiccio

Schematizzazione delle principali fasi della formazione del Sistema Solare.

da trattenere una parte del gas con la propria gravità si formerà un pianeta gassoso, altrimenti parte o addirittura tutto l'inviluppo gassoso formatosi verrà spazzato via dal vento solare. Il risultato in questo caso sarà un pianeta roccioso.

Le osservazioni dei nuclei dei pianeti gassosi confermano questa ipotesi: le loro dimensioni sono simili a quelle dei pianeti interni, a conferma che sotto un certo punto di vista i pianeti rocciosi non sono altro che nuclei di pianeti gassosi privati dell'inviluppo atmosferico a causa del vento solare e delle alte temperature nelle regioni in cui si sono formati.

La pulizia operata dal vento solare di fatto blocca completamente il processo di formazione dei corpi celesti, dando inizio a una nuova e violenta fase.

L'evoluzione successiva è infatti una strenua lotta per la sopravvivenza.

Nel Sistema Solare non c'è posto per tutti: molti degli inquilini vengono distrutti da violenti impatti, confinati nelle periferie o addirittura espulsi a seguito di incontri ravvicinati.

Alcuni corpi riescono ad assestare dei colpi micidiali ai principali, modificandone caratteristiche e proprietà orbitali.

Presumibilmente questa sorte è toccata alla Terra, colpita da un planetesimo delle dimensioni di Marte circa 100 milioni di anni dopo la sua formazione, che ne ha rallentato il moto orbitale, inclinato l'asse di oltre 23° e scagliato nello spazio una quantità di materiale sufficiente per formare la Luna.

Per quanto possa sembrare distruttivo, un impatto del genere è probabilmente stato provvidenziale per lo sviluppo tranquillo della vita sul nostro pianeta e un'evoluzione durata miliardi di anni. La presenza della Luna, infatti, svolge un ruolo fondamentale nello stabilizzare l'inclinazione dell'asse terrestre. Senza la sua presenza l'asse avrebbe cambiato inclinazione nel tempo, portando a sconvolgimenti climatici che avrebbero rallentato o addirittura impedito l'evoluzione degli esseri viventi complessi.

Violentissimi impatti sembrano aver interessato anche altri pianeti, producendo risultati diversi, ma altrettanto evidenti. Una sorte simile potrebbe essere accaduta a Venere: un impatto probabilmente centrale ha invertito e reso lentissimo il periodo di rotazione, cancellando anche il campo magnetico.

Probabilmente neanche Urano si è salvato, nonostante si trovasse in una regione presumibilmente più tranquilla: un impatto ha fatto ruotare il pianeta e inclinato l'asse di rotazione di quasi 100°.

Questo duro combattimento consumatosi entro 200 milioni di anni dalla formazione ha modificato i corpi principali e distrutto i planetesimi più pericolosi.

La seconda battaglia ha visto protagonisti i corpi minori che ancora popolavano le regioni del Sistema Solare. Nel successivo miliardo di anni scagliarono tutta la loro forza distruttiva contro i pianeti superstiti.

Alla fine della guerra, 3,5 miliardi di anni fa, dei miliardi di piccoli corpi celesti e planetesimi che popolavano le zone interne del Sistema Solare non vi era più traccia, mentre i corpi superstiti avrebbero portato, alcuni per sempre, le ferite di uno scontro terribile che non ha conosciuto pietà.

La lotta per la sopravvivenza non è solo una prerogativa degli animali che popolano la superficie della Terra, ma una legge naturale attraverso cui l'Universo effettua le proprie scelte evolutive.

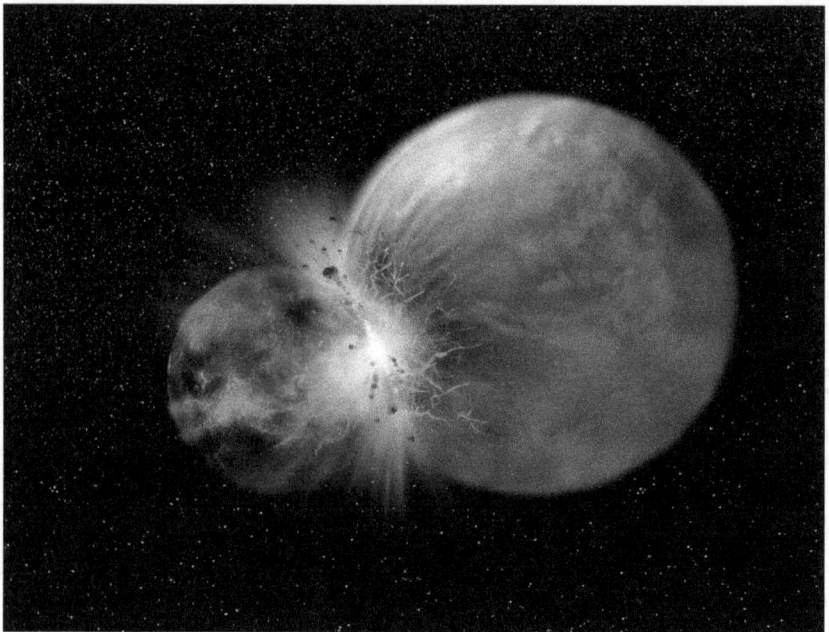

Rappresentazione artistica del probabile gigantesco impatto di un planetesimo grande come Marte contro la Terra, che 4,5 miliardi di anni fa ha dato origine alla Luna.

16. Curiosità dei nostri vicini

Fin dall'inizio di questo libro è stato presentato il Sistema Solare sotto un punto di vista diverso, cercando di coinvolgere nella scoperta dei pianeti e delle loro proprietà come se fossimo tutti degli astronomi.

In questo capitolo si completa il viaggio iniziato ormai molte pagine addietro cercando risposta ad alcune domande e curiosità non ancora analizzate.

Alcuni temi sono complessi e saranno trattati solo marginalmente, altri sono più leggeri e divertenti.

Che differenza c'è veramente tra una stella e un pianeta? Come appare la Terra dallo spazio? Di che colore è il cielo visto dagli altri pianeti? La Terra è l'unico pianeta nel quale piove? E dove si trovano le montagne più alte?
Se c'è una cosa che

Nuvole, fulmini, pioggia torrenziale che scende dal cielo e scorre in superficie: benvenuti su Titano.

spero di aver comunicato è la voglia di conoscere, di farsi domande, di sognare senza limiti tutto quello che viene in mente al di là dei tecnicismi e delle parole complicate che spesso abbondano sulla bocca di chi vuol semplicemente farsi bello ai nostri occhi.

Molte delle curiosità delle quali parlerò sono personali, nel senso che nascono da mie domande alle quali molto faticosamente sono riuscito a trovare delle risposte soddisfacenti.

In pieno spirito di condivisione scientifica sono lieto di presentarle e di mostrare aspetti spesso poco divulgati dei corpi del Sistema Solare.

Qual è la differenza tra stella e pianeta?

Il titolo di questo paragrafo potrebbe rivelare una risposta scontata e conosciuta, ma meglio leggere queste prime righe prima di decidere se passare o meno all'argomento successivo.

La definizione classica di stella e pianeta viene insegnata (o almeno così dovrebbe essere) già alle scuole elementari.

Il mio amore per l'astronomia è così forte che me la ricordo perfettamente, con le stesse parole e timbro di voce della mia maestra: tutte le stelle sono gassose e brillano di luce propria, mentre i pianeti riflettono la luce della propria stella e non ne emettono di propria.

Questa definizione sembra funzionare piuttosto bene; in effetti tutti riusciamo a distinguere una stella come il Sole da un pianeta come la Terra: sono così diversi.

Le cose cominciano a complicarsi se consideriamo un altro corpo celeste, ad esempio Giove.

Non c'è dubbio alcuno che Giove sia un pianeta e il Sole una stella, ma qui qualche pilastro della nostra semplice definizione comincia quantomeno a scricchiolare.

Giove, infatti, non è più un corpo solido, bensì gassoso, molto più simile al Sole che alla Terra, anche quanto a composizione chimica. Le dimensioni, inoltre, sembrano intermedie. È vero che è circa 10 volte più piccolo del Sole e 1000 volte meno massiccio, ma è ben 12 volte più grande della Terra e 318 volte più massiccio; secondo questi dati è più simile a una stella che a un pianeta.

Fortunatamente siamo in una botte di ferro grazie a questo punto: il Sole illumina tutto il Sistema Solare, Giove no, anzi, la sua atmosfera si trova ad almeno un centinaio di gradi sotto lo zero.

Si, in effetti questa è proprio la differenza che cercavamo: Giove è decisamente più pianeta che stella, proprio perché non emette luce propria.

Ma riflettiamo un attimo.

Noi non vediamo Giove emettere luce come il Sole, ma siamo proprio sicuri che non emetta nulla? In fondo la luce è solamente una piccolissima parte dello spettro elettromagnetico. Giove, ad esempio, potrebbe essere un enorme forno a microonde e irradiare grandissime quantità di energia a lunghezze d'onda che non vediamo, ma a un ipotetico essere vivente con l'apparato visivo sensibile a questa parte dello spettro elettromagnetico sembrerebbe una stella, mentre il Sole no. Non è accettabile che una definizione in merito a qualcosa di oggettivo come i corpi dell'Universo possa cambiare a seconda dell'osservatore.

Per capire se la nostra definizione è salva o va cambiata, dobbiamo necessariamente fare qualche misura un po' più oggettiva, attraverso strumenti che permettono di indagare lungo una parte più ampia dello spettro elettromagnetico.

Con un po' di sorpresa scopriamo proprio quello che rovina i nostri piani: Giove ha un'emissione nella regione del lontano infrarosso e nelle microonde, minore di quella del Sole ma comunque presente.

La situazione è ancora più grave, perché in realtà tutti i corpi celesti emettono radiazione elettromagnetica, compresa la Terra, Mercurio, Venere.

In realtà il fenomeno è ancora più generale: tutti gli oggetti dell'Universo al di sopra dello zero assoluto (-273,16°C) emettono radiazione elettromagnetica, detta di corpo nero.

L'emissione è direttamente collegata alla temperatura del corpo ed è maggiore quanto maggiore è la temperatura.

Sotto questo punto di vista, il pianeta che emette maggiore radiazione elettromagnetica è Venere, semplicemente perché il più caldo del Sistema Solare, diventando addirittura visibile nel vicino infrarosso, proprio come visto nel capitolo dedicato.

La radiazione termica di Venere, dei pianeti, dello stesso corpo umano e di ogni stella, ha pure identiche proprietà fisiche.

A questo punto le nostre certezze cadono: se tutti i corpi celesti emettono radiazione elettromagnetica, qual è la vera differenza tra un pianeta come Giove e una stella come il Sole?

315

La risposta non si trova nelle proprietà della radiazione emessa, ma nella fonte di energia che la genera.

Tutti i pianeti possiedono una certa temperatura perché vengono scaldati dalla radiazione solare. Come conseguenza, emettono a loro volta radiazione di corpo nero in funzione della loro temperatura, ma non possiedono alcun meccanismo endogeno di produzione dell'energia.

Sembrerebbe che siamo giunti a un punto chiave per chiarire la differenza tra stella e pianeta, ma le cose non sono così semplici.

Se misuriamo infatti la quantità di energia che irradia Giove nell'infrarosso, scopriamo che è circa il doppio di quella che dovrebbe emettere se l'unico meccanismo fosse il riscaldamento provocato dalla radiazione solare.

Giove, e in parte minore anche Saturno, emettono più energia di quella che ricevono dal Sole; se ne deduce, quindi, che una parte proviene da qualche processo intrinseco al pianeta.

Qual è la differenza tra una stella e un pianeta, se qualche pianeta ha un meccanismo di produzione proprio dell'energia?

La risposta più generale deve poggiare le fondamenta sul processo alla base della produzione dell'energia, che per i pianeti è molto diverso rispetto alle stelle.

L'energia delle stelle

L'energia che aumenta la temperatura e fa brillare di radiazione termica il Sole e tutte le altre stelle è prodotta dalla stella stessa, nel nucleo.

A differenza di pianeti come Giove e Saturno l'energia delle stelle deriva da un processo chiamato fusione nucleare, visto nel capitolo riguardante il Sole.

L'energia rilasciata durante il processo di fusione è sottoforma di raggi gamma, radiazione elettromagnetica estremamente energetica e non dipendente dalla temperatura.

A questo punto un'attenta analisi potrebbe rivelare una contraddizione nel percorso che stiamo affrontando.

Nel descrivere la radiazione elettromagnetica proveniente dalle stelle è stato più volte usato l'aggettivo "termica", intendendo con questo che le proprietà della radiazione emessa dipendano solamente dalla temperatura.

Com'è possibile generare la radiazione termica che osserviamo provenire da tutte le stelle del cielo con un meccanismo come la fusione nucleare che di termico non ha nulla? In altre parole: com'è possibile che la radiazione elettromagnetica prodotta dalle reazioni di fusione nucleare nel nucleo si trasformi ed esca dagli strati superficiali della stella sottoforma di radiazione termica?

La risposta non è troppo complessa se si riescono a immaginare le condizioni estreme degli interni stellari (densità elevatissime, almeno nel nucleo).

Se il tragitto fosse privo di ostacoli i raggi gamma prodotti dalle reazioni di fusione nucleare (qualsiasi processo nucleare produce esclusivamente radiazione di tipo gamma, o al limite X) raggiungerebbero la superficie di una stella di taglia medio-piccola come il

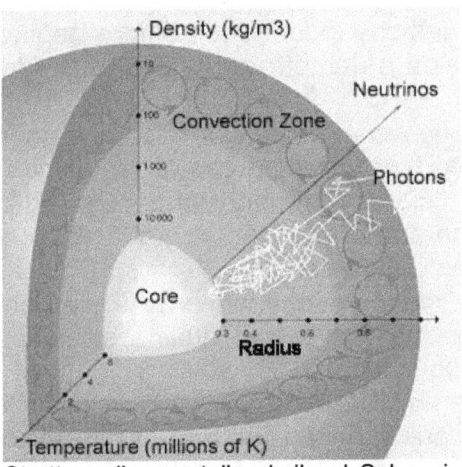

Struttura di una stella simile al Sole e in bianco il tortuoso tragitto compiuto da un fotone emesso dalle reazioni di fusione nel nucleo prima di trovare la via d'uscita.

Sole in poco più di 2 secondi, liberandosi poi nello spazio con il loro carico di morte (i raggi gamma sono distruttivi per la vita e per qualsiasi legame molecolare e atomico), rendendo l'Universo un posto totalmente ionizzato e privo, probabilmente, di forme di vita.

Fortunatamente, a causa delle elevatissime densità il cammino della radiazione è tutto fuorché tranquillo.

La radiazione di partenza viene assorbita e modificata dalle particelle che incontra nel suo cammino. Gli urti e le modificazioni sono così elevate che quando essa raggiunge la superficie della stella (fotosfera), oltre a essere dispersa su una superficie molto maggiore, ha perso memoria dei meccanismi con i quali è stata generata. Il percorso è così pieno di ostacoli che il tempo richiesto a un fotone gamma per raggiungere la superficie è pari a circa un milione di anni!
Si verifica quindi una trasformazione dell'energia.
I processi di fusione producono raggi gamma che non dipendono dalla temperatura. Fortunatamente questi non riescono a uscire dalla stella ma vengono assorbiti dalla notevole quantità di gas che incontrano nel loro tragitto. Il gas a questo punto si scalda e riemette energia in dipendenza della sua temperatura.
Mano a mano che ci si allontana dal nucleo, la temperatura del gas diminuisce perché la radiazione si sparpaglia su una superficie sempre più grande, fino ad arrivare alla fotosfera, l'ultimo strato gassoso in grado di bloccare la radiazione proveniente dall'interno.
La fotosfera è finalmente trasparente; la radiazione termica emessa dal gas in questo strato può finalmente disperdersi nello spazio.
Siamo distanti centinaia di migliaia di km dal nucleo, e delle proprietà della radiazione emessa dai processi di fusione nucleare non vi è più traccia.
La fotosfera solare ha una temperatura di 5500°C, quindi emette radiazione elettromagnetica come qualsiasi corpo che si trova a questa temperatura, a prescindere dai processi responsabili del riscaldamento del gas.

Pianeti e stelle: un confine sottile

Nei pianeti (fortunatamente) non esiste alcun processo di fusione nucleare, perché la massa è troppo piccola per instaurare nel nucleo le condizioni necessarie, che richiedono una temperatura di 15 milioni di gradi.

I pianeti rocciosi, addirittura, oltre a non avere le caratteristiche di pressione e temperatura necessarie, sono anche privi della materia prima, l'idrogeno.

La differenza tra un pianeta e una stella è quindi questa (finalmente ci siamo arrivati!): le stelle producono energia attraverso processi di fusione nucleare, i pianeti no.

L'unico discriminante affinché possano avvenire processi di fusione nucleare è la massa del corpo celeste.

Giove, benché abbia composizione chimica simile al Sole, è troppo poco massiccio: la forza di gravità non è sufficientemente forte a comprimere e riscaldare il nucleo fino a innescarli.

Mano a mano che la massa aumenta le condizioni si avvicinano sempre di più a quelle ideali per l'accensione della stella.

Corpi celesti superiori alle 12-13 volte la massa di Giove sono denominati nane brune, una via di mezzo tra pianeti e stelle.

In questi oggetti c'è una debole attività di fusione nucleare iniziale che si esaurisce dopo poco tempo.

A questo punto la nana bruna splende grazie al calore residuo e all'energia accumulata a causa del collasso gravitazionale.

Possiamo a questo punto chiederci: le nane brune sono stelle o pianeti?

Domanda molto interessante, alla quale, però, non è possibile dare una risposta certa.

Il problema, però, è più linguistico che astrofisico.

Le definizioni sono uno strumento inventato dall'uomo per fare ordine e catalogare gli eventi e gli oggetti dell'Universo, non un qualcosa intrinseco a esso come le leggi fisiche. Ne consegue che siamo noi a stabilire i criteri di appartenenza a una certa classe di oggetti, ma questo naturalmente non cambia affatto il funzionamento dell'Universo, che segue la sua strada.

L'esempio migliore si ha proprio con la definizione di pianeta.

Fino a pochi anni fa era effettivamente quella semplice che ho citato poche pagine indietro. Poi gli scienziati hanno comincia-to a scoprire corpi celesti simili a Plutone oltre la sua orbita.

A questo punto si doveva scegliere se la definizione di pianeta dovesse includere anche questi, facendo salire oltre 15 il cal-colo totale del Sistema Solare, oppure modificarla per salvare i corpi celesti principali.

Si decise allora di creare la classe dei pianeti nani e di inserirci Plutone e i corpi minori di maggiori dimensioni. Per essere de-finito pianeta il corpo celeste doveva superare determinate di-mensioni e avere un'orbita simile a quella degli altri.

Tutto questo naturalmente non ha cambiato di una virgola le proprietà della natura e dei corpi celesti; sono le nostre cono-scenze che evolvendosi hanno cercato parole migliori per es-sere espresse.

Negli ultimi anni si è discusso molto se attribuire lo status di pianeti o stelle alle nane brune.

Da una parte ci sono le evidenze per catalogarle come pianeti: nessun processo stabile nel tempo di fusione nucleare, spesso orbitano attorno a stelle molto più grandi, le loro atmosfere si pensa siano piuttosto attive e simili, almeno in apparenza, a quella di Giove.

Dall'altra parte vi sono i punti a favore della teoria stellare: temperatura superficiale compresa tra 700 e 2.000°C, decisa-mente maggiore di quella di un pianeta gassoso, diametro e composizione chimica più simile a una stella che a un pianeta, struttura convettiva senza alcuna differenziazione gravitazio-nale, proprio come le stelle.

Pochi sono gli astronomi che considerano le nane brune delle stelle vere e proprie, e ancora meno coloro che le classificano come pianeti. La definizione migliore per questi oggetti è quel-la di stelle mancate. Si tratta semplicemente dell'anello di congiunzione tra stelle e pianeti, e in quanto tale ha caratteristiche uniche.

Il limite tra pianeta e nana bruna non è univoco e per ora è posto attorno alle 12-13 masse di Giove, il minimo per bruciare attraverso la fusione nucleare il deuterio presente nel nucleo e innescare processi convettivi che impediscono la formazione di un nucleo roccioso come nei pianeti (Giove compreso).

Il limite tra nana bruna e stella è ben più marcato, sebbene non immediato da riconoscere dalle osservazioni. Quando un corpo celeste ha una massa superiore alle 80 masse gioviane, riesce a fondere le grandi riserve di idrogeno nel nucleo.

È interessante notare che se una nana bruna di 70 masse gioviane non riesce a splendere per più di qualche centinaio di milioni di anni, una stella di sole 80 masse gioviane può brillare per diverse decine di miliardi di anni.

Curioso questo fatto dell'Universo: o si è una specie di ibrido destinato a spegnersi velocemente, oppure si diventa, con poca massa in più, una delle stelle più longeve!

Giove è troppo piccolo anche per essere catalogato come nana bruna, sebbene emetta più energia (2,5 volte maggiore) di quella che riceve dal Sole. Il meccanismo responsabile della produzione di energia è da attribuire al riscaldamento per collasso gravitazionale, piuttosto evidente nei pianeti gassosi, che continuano a contrarsi lentamente anche per miliardi di anni dopo la formazione. Un gas che viene compresso si scalda, generando quindi energia.

Da escludere il fatto che Giove abbia potuto sviluppare, anche in passato, processi di fusione nucleare perché la temperatura nucleare si aggira intorno ai 20.000°C, 50 volte più bassa di quella minima richiesta.

Spesso si legge su libri e su internet che Giove sia una stella mancata.

Questo punto è molto discutibile perché il pianeta gigante avrebbe dovuto essere almeno 70-80 volte più massiccio per diventare una stella.

È come dire che la Terra è un pianeta gassoso mancato, se solo fosse stato almeno 70 volte più massiccio. Concordo sul fatto che tutto sia relativo, ma una differenza di massa di questa portata è difficile giudicarla piccola!

Come compreso, l'argomento è complesso e mi auguro almeno di essere riuscito a spiegare chiaramente quali siano le problematiche in gioco.
Ricordiamoci piuttosto da dove è partito tutto questo discorso (peraltro incompleto). Da una semplice domanda: qual è la differenza tra una stella e un pianeta?
Come possiamo notare, se indaghiamo a fondo e ci poniamo qualche domanda in più, anche le questioni apparentemente più banali possono rivelarsi dei grandi problemi astrofisici.

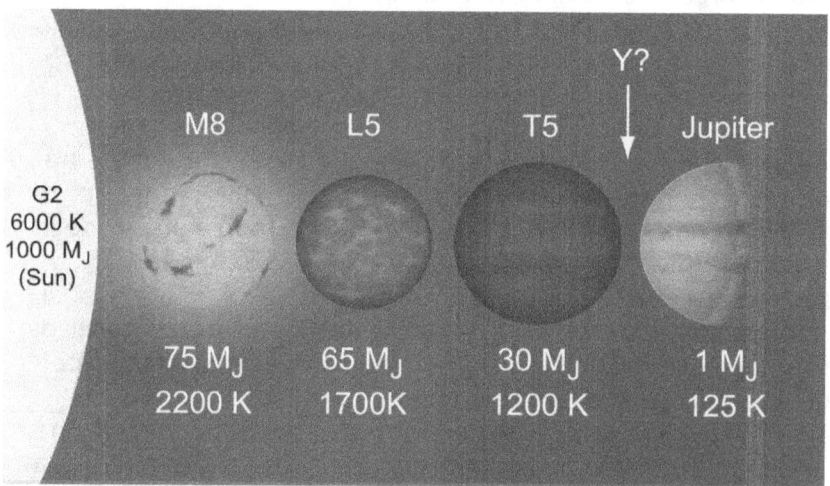

Classificazione delle nane brune e confronto tra dimensioni e massa con il Sole e Giove. Da notare che massa e dimensioni non sono necessariamente legate. Quasi tutte le nane brune sono più piccole di Giove ma contengono molta più materia.
Si pensa che questa classificazione, fatta in base alla temperatura superficiale, dipenda dal tempo. Le nane brune infatti sono destinate a raffreddarsi perché non possiedono processi stabili di produzione dell'energia attraverso la fusione nucleare. A sinistra, vicino al Sole, un oggetto di classe M8 dovrebbe essere una stella a tutti gli effetti, chiamata nana rossa.

Una notte particolare

Una limpida e tiepida giornata sta per terminare.
La temperatura a mezzogiorno ha sfiorato i 20°C.
Tutto intorno a me tace il paesaggio; non c'è anima in giro, si è soli con se stessi, e forse è la compagnia che certe volte più temiamo.
La bellezza di un deserto sta nel panorama e nei pensieri di giorno, e, come per ricompensa, nel meraviglioso cielo che si può osservare di notte, indisturbati dalle luci artificiali.

Oggi, a dire la verità, il cielo è stato solcato da qualche nuvola di passaggio.
Sottili strisce bianche hanno pitturato di diverse tonalità questo dipinto a pastello.
Le nuvole mi aiutano a pensare; interrompono un pensiero troppo pesante o persosi nei meandri della mente. Le guardo e mi chiedo: "*Sono così lontano da casa, eppure siete anche qui a tenermi compagnia. Non vi ho mai amato, ma oggi voglio fare pace con voi e ringraziarvi di essere qui*".

Non sono rare le nubi nel deserto, come a volte non è raro vedere queste trame così intricate e definite sfumare improvvisamente fino a diventare un tutt'uno con il cielo.

È il segno che la neve sta cadendo in quota, formando una sottile foschia annunciatrice di uno spettacolo che non raggiungerà purtroppo quasi mai la superficie. I fiocchi sottili non riescono a sopravvivere così a lungo, si dissolvono completamente, tornando nello stato di vapore che li ha portati fin lassù.

Il Sole sta per andare sotto l'orizzonte; il cielo si tinge.

Nubi, ancora queste fedeli compagne di viaggio, poco sopra l'orizzonte, illuminano i miei occhi di un rosso impossibile da dimenticare.

Il mondo, anzi, l'Universo è davvero piccolo.

Questo è il modo più bello per salutare una giornata unica e ringraziare il Sole di un altro turbinio di emozioni, in questo sussulto di vita reso possibile dal suo calore.

La notte scende presto, così come la temperatura.

Il cielo si fa subito scuro e trasparente.

Lo spettacolo sta per iniziare.

Tutti i pensieri imbrigliati nel tiepido deserto, ora possono lasciarsi trasportare dal calore che velocemente sale verso l'alto, liberandosi nello spazio.

Aspetto trepidante questo momento, ogni volta come se fosse il primo, e l'ultimo.

Poco sopra il blu del crepuscolo, le prime stelle della sera si accendono; ma non sono stelle, quelle sono meno luminose.

I nostri compagni di viaggio, in questa avventura attorno al Sole, si mostrano per primi.

Non ho controllato di proposito le mappe celesti da molto tempo; voglio che questo cielo mi sorprenda, come se lo osservassi per la prima volta nella mia vita.

E forse è proprio così....

Un punto si mostra brillante.

Ha una magnitudine abbondantemente negativa; sembra Giove, ma brilla di un colore nettamente azzurro. Sembra Urano o Nettuno, peccato che non siano visibili così bene a occhio nudo. Troppo brillante per essere una stella, troppo insolito per essere un pianeta.

Il cielo diventa più scuro e nelle immediate vicinanze si scorge a fatica un'altra stellina, molto più debole e di colore decisamente bianco/giallo. Il gioco di colori è molto bello; ricorda la stella doppia Albireo, ma con le tonalità invertite. Sarà una stella? Un altro pianeta per caso vicino a quello brillante che sto osservando?

Difficile descrivere in queste situazioni le sensazioni che si susseguono, spesso contraddittorie e per questo ancora più belle, perché la bellezza di un'emozione risulta doppia quando affiancata da un'altra di senso opposto.

Allora ecco che alla voglia di contemplare ancora questo spettacolo mai visto prima, si affaccia il desiderio quasi morboso di guardare la mappa celeste per scoprire subito di cosa si tratta.

Ma la curiosità va controllata e usata a proprio vantaggio; alla fine non c'è gusto nel leggere subito l'ultima pagina di un intrigante giallo dopo aver dato solamente un'occhiata all'introduzione.

L'emozione va fatta maturare, va coltivata, e solo quando sarà il momento potrà raggiungere il massimo, che non è nella soddisfazione di aver letto chi è l'assassino, ma nel tempo intercorso cercando di risolvere il mistero e nel momento in cui viene finalmente raggiunto l'obiettivo con le proprie forze, prima di farcelo dire dal libro stesso.

Quasi rapito da questo punto azzurro brillante e dal suo com-
pagno apparente, non mi sono accorto che nelle vicinanze un
altro astro ha fatto capolino, ancora più brillante di colui che mi
ha incantato. Colore giallastro, poco distante dal Sole, più
splendente di qualsiasi stella e molto diverso da Giove; non
può che trattarsi di Venere.
Con una sicurezza che non trova basi razionali, cosciente che
forse avrei almeno dovuto puntare il mio telescopio per confermare la mia ipotesi, ritorno su quel piccolo faro azzurro di
cui non so, o non voglio ancora, trovare una spiegazione.
A volte la mente si comporta in modo davvero bizzarro.
Di fronte a un'emozione forte, a un cielo mai visto prima, a un
luogo sempre sognato, ma solo in questo momento raggiunto,
logica e razionalità vengono fortunatamente rilegate in un angolo remoto, dal quale forse solo una distrazione di portata
simile, per una curiosa legge di annullamento reciproco, può
farle tornare a galla quel tanto che basta.
Mi godo questa emozione incontrollata qualche altro minuto,
non c'è fretta; la distrazione arriverà al momento opportuno e
nel modo migliore.

Pochi minuti, il cielo ormai quasi completamente scuro, ed ecco un altro punto luminoso comparire basso sull'orizzonte, solo che questa volta si muove.

L'emozione si trasforma in stupore, amalgamandosi a un pizzico di inquietudine, agitazione, mistero, paura.

Non è un aereo, impossibile avvistarli in questa zona; troppo lenta per essere una meteora.

Un attimo di smarrimento, di pensiero, sebbene confuso e rallentato.

Ho la soluzione! Perché non averci pensato prima?

È un satellite. Ve ne sono diversi in orbita attorno al pianeta; o al limite una meteora estremamente lenta.

A volte luoghi alieni e visioni incontaminate fanno dimenticare tutte le variabili in gioco.

Ecco la distrazione cercata e il sovraccarico di emozioni che costringe la mente a recuperare quel minimo di lucidità necessaria per selezionarne e cercarne di nuove e più forti.

Il punto luminoso in movimento è ancora visibile. Posiziono la fotocamera digitale e scatto una foto, così potrò riconoscerlo una volta tornato al riparo.

È arrivato il momento di tornare a quel misterioso pianeta, ora ancora più azzurro e brillante, e di alimentare il mio essere senza bruciare nessun passo intermedio.

Prendo un teleobiettivo, scatto una foto e attraverso di esso lo osservo.

Non vedo dettagli, ma non servono.

Passano forse 10 secondi per me, 10 minuti per il resto dell'Universo...

Il pianeta sta lentamente avvicinandosi all'orizzonte, è giunta l'ora di andare all'oculare del piccolo telescopio che sono riuscito a portare fin qui, e cercare di osservarlo.

Mai nella mia vita avrei pensato di poter fare quello che ora sembra più che mai un sogno, sopraffatto come sono da brividi, sussulti, sorrisi, parole senza senso e senza suono sussurrate solamente a me stesso.

In questi momenti, di solito, ci si sveglia all'improvviso e si realizza, con delusione, di aver fatto semplicemente l'ennesimo sogno.

Aspetto terrorizzato per un attimo questo momento, ma fortunatamente non arriva: non sto sognando.

Il cuore scandisce il ritmo dei miei movimenti un po' impacciati. Con un po' di fatica riesco a puntare il telescopio sul pianeta, ma la montatura non sembra seguirlo nel suo percorso celeste.

Ho totalmente dimenticato che il luogo è diverso, la montatura va regolata e orientata; non c'è tempo, non mi ricordo più come si fa, non mi serve, non mi interessa altro.

Nelle interminabili ore necessarie a inserire un oculare e mettere a fuoco l'immagine, forse solo alcuni secondi per il resto dell'Universo, i miei pensieri si aggrovigliano togliendomi quasi il respiro: cosa vedrò? Di cosa si tratta? Come faccio a osservare così vestito? Perché sto tremando?

Per un semplice motivo; un motivo che ho sempre saputo, ma ora finalmente posso mostrare ai miei occhi increduli:

Non c'è tempo per fermarsi ora; le emozioni sono così tante e intense che si sono congestionate in qualche parte tra il cuore e il cervello, e ancora non hanno cancellato i miei movimenti. Così prendo un oculare più potente per una visione migliore .

La prima occhiata dopo aver messo a fuoco, poi il momento di lasciarsi andare.

L'oculare precedente, ancora in mano, cade nella sabbia rosata senza far rumore; le mani, entrambe, si aprono e leggermente si sollevano con il palmo rivolto verso l'alto. Respirare diventa uno sforzo troppo grande per più di un minuto. Tutto intorno un silenzio mai stato più rumoroso, scosso dai colpi di cannone del mio cuore.

Sollevo leggermente il casco dall'oculare, distolgo inconsciamente un attimo lo sguardo per capire se potrò ritrovare quello che stavo osservando. Poi vedo riflessa l'intera umanità sul vetro sottile che mi separa da quest'aria gelida e irrespirabile, e non posso far altro che sorridere in segno di resa e godermi la magnifica consapevolezza del più grande spettacolo della mia vita:

Quel punto azzurro nel cielo è la Terra, così come appare dalla superficie di Marte

Questo è quello che si vede da qui, da questo cielo così simile alla Terra, eppure così alieno; da questa sabbia che scomparso il Sole ha perso il suo colore rosato, da questo deserto così simile al mio amato Sahara, eppure centinaia di milioni di chilometri distante.

Mi siedo un attimo, anche se non potrei, perché rialzarsi con questa ingombrante tuta sarà difficile.

Ora riesco a sentire il tocco di questa sabbia finissima che scivola dal palmo della mia mano; osservo le sagome delle lontane montagne che si stagliano su un cielo ancora leggermente rischiarato dal Sole, ormai abbondantemente sotto l'orizzonte.

Sento addirittura i suoni di questo lontano mondo, anzi, l'unico suono che si può sentire sulla sua superficie completamente deserta, di cui io e i miei compagni di viaggio siamo gli unici abitanti: lo strano e un po' inquietante sibilo del vento, che ora soffia impetuoso ma che fa fatica a muovere anche gli oggetti più leggeri accanto a me. Lo sento sulla mia tuta e lo vedo smuovere leggermente questa polvere finissima.

Un ultimo sguardo al cielo e a quel puntino blu...

La notte è finalmente scesa, le stelle si sono presentate in tutta la loro eleganza. Sono uguali a quelle che per anni ho osservato ogni notte serena quando mi trovavo dall'altra parte.

Il cielo, finalmente, calma il suono del silenzio di questo mondo che ora sembra davvero troppo alieno.

Questo deserto esteso per migliaia di chilometri è il pianeta sul quale ho la fortuna di trovarmi dopo un viaggio durato ben 6 mesi e sognato tutta una vita.

Gli abitanti del mio pianeta, che ora osservo piccolo al telescopio, lo hanno chiamato Marte.

Da qui si ha davvero un altro punto di vista sulla nostra esistenza, tutta concentrata in quel puntino che anche attraverso il mio telescopio sembra ancora indistinto e così lontano.

Il vuoto dello spazio non mi permette di ascoltare le grida dei 6 miliardi di esseri umani concentrati in quella piccola falce azzurra, e questo è forse un bene, perché riesco ad apprezzare lo spettacolo per quello che è veramente, non per quello che crediamo che sia quando ci troviamo sulla sua superficie.

Al riparo e al caldo tolgo la tuta, getto lo sguardo oltre il piccolo oblò, alzo la matita che ho di fronte a me e con la sua piccola punta affilata riesco a coprire quel lontano pianeta azzurro.

Tutte le situazioni, i pensieri e i ricordi di questa fragile vita, che troppo spesso sembra rappresentino l'Universo intero, da quassù non sono nient'altro che un punto indistinto nascosto dalla punta della mia matita.

L'incontaminata desolazione del panorama marziano.

Non c'è azione di più profonda bellezza che alzare gli occhi al cielo e perdersi volando attraverso quel piccolo angolo di Universo che abbiamo faticosamente cominciato a esplorare. Non ci sono limiti, non esistono ingiustizie, niente problemi appartenenti a questo nostro mondo artificiale. Per l'Universo siamo tutti uguali; nell'Universo possiamo trovare le risposte a tutte le nostre domande, un incredibile sollievo alle nostre paure e un'eterna energia per alimentare le nostre speranze.

Tutte le immagini e le descrizioni di questo racconto sono reali, ma invece di averle vissute in prima persona, mi sono limitato a sognarle attraverso le immagini e i dati provenienti dalle sonde che sulla superficie del pianeta rosso ci sono state e hanno potuto godere di questo spettacolo unico.

La Terra vista dallo spazio

Come si trasforma il nostro pianeta mano a mano che ci si allontana? Quanto è splendente?
E poiché il 70% della superficie è occupato da acqua, è possibile che appaia di una tenue colorazione azzurra?
Queste poche e semplici domande, che ci siamo magari chiesti da bambini, hanno la potenza di condurci in un viaggio davvero speciale alla scoperta dell'unico pianeta che fino a ora non abbiamo mai visto da lontano.
Alziamoci in volo nello spazio in un viaggio virtuale costruito con le immagini che abbiamo a disposizione dalle sonde lanciate negli ultimi decenni e che ogni tanto hanno fotografato quel lontano pianeta dal quale tutto ha avuto origine.

Da Mercurio e Venere la Terra è vista come un pianeta esterno, con una fase quindi sempre piena.
La Luna, nostra compagna da svariati miliardi di anni, sarà visibile sempre prospetticamente vicino alla brillante sagoma terrestre.
Il nostro pianeta appare effettivamente di colore azzurro, mentre la superficie selenica di una tinta tendente al giallo. L'accostamento di colori dovrebbe essere davvero suggestivo, enfatizzato dalla grande luminosità dei due oggetti.
La sonda Messenger ha ottenuto quella che attualmente è una delle immagini più recenti del sistema Terra-Luna. Questa fantastica ripresa è stata effettuata da una distanza di 183 milioni di chilometri, nei pressi dell'orbita di Mercurio ma nel punto più lontano dalla Terra.
Purtroppo la ripresa è in bianco e nero, perché tutte le fotocamere delle sonde automatiche riprendono con dispositivi di questo tipo, formando immagini a colori a partire dall'unione di tre riprese con filtri rosso, verde e blu.
In ogni caso, possiamo osservare una suggestiva foto di gruppo che ritrae oltre 6 miliardi di esseri umani e tutte le loro vite.

La Terra e la Luna ripresi dalla sonda Messenger nei pressi di Mercurio

Dopo questo sguardo, spostiamoci sul nostro "pianeta gemello": Venere.

È un vero peccato che abbia un'atmosfera così opaca da impedire l'osservazione di qualsiasi astro dalla superficie. In volo orbitale attorno al pianeta, però, la Terra e la Luna appaiono evidenti e ben separate.

Quando il nostro pianeta si trova in opposizione, quindi alla minima distanza, la sua magnitudine raggiunge la -6,6, con la Luna splendente di magnitudine -2,7, più brillante di Giove visto dai nostri cieli. Lo spettacolo di questi due corpi celesti separati da una distanza angolare di poche decine di minuti d'arco dovrebbe essere sorprendentemente bello. Il nostro pianeta sottende un angolo superiore a 1', al limite della risoluzione dell'occhio nudo.

Non abbiamo purtroppo immagini di questo spettacolo cosmico, quindi dobbiamo accontentarci della nostra immaginazione.

Con la nostra astronave virtuale navighiamo velocemente verso la parte esterna del Sistema Solare. Per guadagnare la spinta necessaria per uscire dall'attrazione gravitazionale del Sole, conviene effettuare un fly-by, manovra con la quale ormai siamo in perfetta sintonia.

Per unire l'utile al dilettevole, il miglior candidato per l'assist gravitazionale non può che essere la Terra; in questo modo possiamo anche goderci una stupenda istantanea, proprio come ha fatto la sonda Rosetta qualche anno fa.

Fly-by della sonda Rosetta con la Terra per acquistare maggiore velocità

Da questo punto in poi la Terra e la Luna diventano corpi celesti interni, più vicini al Sole rispetto alla nostra posizione. Questo implica che sarà evidente il fenomeno delle fasi; inoltre i due astri non si discosteranno dal Sole per più di qualche decina di gradi al massimo.

Mano a mano che la distanza aumenta la Terra riduce inesorabilmente le sue dimensioni.

A circa 10 milioni di chilometri di distanza diventa difficile notare particolari in un disco ormai davvero piccolo, come testimonia questa immagine ripresa dalla sonda Juno il 26 agosto 2011 in viaggio verso Giove. Si possono notare bene le diverse tonalità tra la Terra e la più piccola Luna. In effetti, questa è circa la visione che si avrebbe a occhio nudo e comincia a rendere ben l'idea di quanto possa essere piccolo il nostro angolo di paradiso.

Terra e Luna ripresi dalla sonda Juno a una distanza di circa 10 milioni di chilometri

Ben presto arriviamo su Marte e finalmente possiamo atterrare per goderci lo spettacolo con più calma.

Dalla superficie del pianeta rosso la Terra raggiunge massime elongazioni di 47,5°, simili a quelle di Venere visto dai nostri cieli. In queste circostanze, la Terra brilla di magnitudine -2,5, circa come Giove, mentre la Luna, distante 9', è di magnitudine 0,9, simile alla stella Regolo della costellazione del Leone.

È un po' curioso notare che Venere, nonostante sia più distante, si mostra sempre più brillante della Terra, da Marte e da tutti gli altri pianeti esterni.

Il motivo è da ricercare nella percentuale di luce riflessa dai due pianeti, influenzata dalla quantità che vi giunge e dall'efficienza della riflessione. Venere ha un'atmosfera che riflette circa il 75% della luce incidente, mentre la Terra, coperta per il 70% da acque (molto scure), ne riflette meno del 30%. Inoltre, la luce solare che raggiunge Venere è maggiore di quella che colpisce la Terra, contribuendo a determinare un divario di luminosità apparentemente sorprendente.

Quanto sarebbe bello assistere a un'incredibile congiunzione Venere-Terra? Il rover Spirit ha avuto questa fortuna.

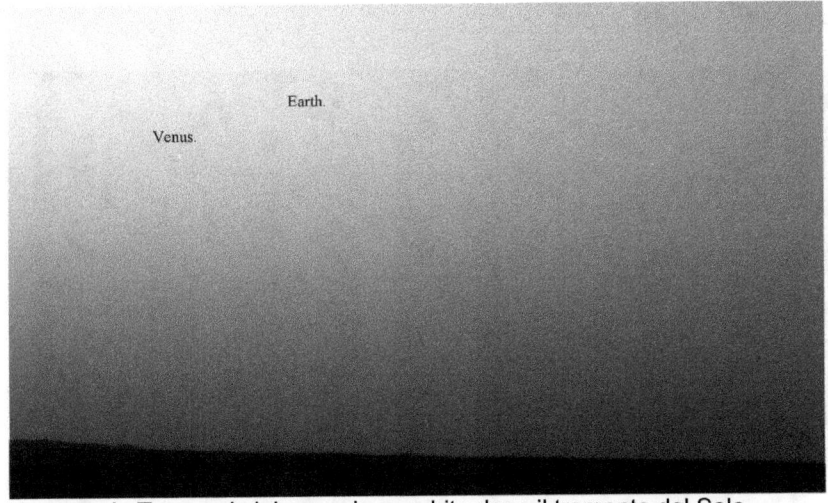

Venere e la Terra nel cielo marziano subito dopo il tramonto del Sole

Proiettiamoci ora verso la periferia del Sistema Solare.

La Terra e la Luna ben presto diventano un unico piccolo punto di tonalità azzurra. La separazione angolare diventa infatti troppo bassa per distinguere i due corpi celesti senza un ausilio ottico.

Anche la luminosità e la distanza angolare dal Sole si riducono inesorabilmente.

Arrivati alla distanza di Saturno, il nostro splendido pianeta appare come un piccolo punto indistinto dal diametro massimo di 2", poco più grande dei satelliti principali di Giove se osservati dalla Terra, ma ancora brillante di magnitudine 1,2. La Luna ha un diametro apparente 4 volte inferiore e una luminosità di appena magnitudine 5,3, ai limiti della percezione a occhio nudo. La separazione dei due corpi celesti sfiora il minuto d'arco alla minima distanza, ma l'osservazione in queste circostanze diventa davvero difficoltosa a causa della vicinanza del Sole e della sottilissima fase sottesa dai due corpi celesti.

Grazie al sistema di anelli, se calcoliamo bene distanze e geometrie potremmo avere la possibilità di osservare uno dei più belli spettacoli del Sistema Solare.

la sonda Cassini ci è riuscita.

Guardiamo questa foto:

La Terra immersa nel chiarore degli anelli di Saturno

Si riesce a scorgere un puntino nella parte sinistra degli anelli?
Non si vede bene?
Meglio ingrandire e dare un'occhiata più attenta:

Il piccolo punto azzurro brilla di magnitudine 1,2.

Quel puntino azzurro rappresenta proprio la Terra immersa
nella luce del Sole diffusa dagli anelli.
Questa meravigliosa immagine è stata ottenuta grazie allo
schermo naturale prodotto dal globo di Saturno che ha oscura-
to il Sole e reso visibile il nostro lontano pianeta.
Siamo ormai a circa 1,5 miliardi di chilometri da casa e viene
da chiedersi: come possono trovare posto 6 miliardi di persone
in un punto così infinitamente piccolo?

Per concludere, giungiamo velocemente ai confini del Sistema Solare con l'immagine più famosa della storia e quella che attualmente detiene il record di distanza.

La sonda Voyager 1 il 14 febbraio 1990, a oltre 6 miliardi di chilometri, diede un ultimo sguardo verso quella remota casa dalla quale tutto ebbe inizio, ma che non avrebbe mai più raggiunto.

La foto di quel piccolo punto azzurro, denominato in inglese *"The Pale Blue Dot"*, fu un'idea del grande astrofisico e scrittore Carl Sagan, che propose di scattare questa immagine già nel 1981, come testimonianza della nostra posizione e importanza (molto limitata) nell'Universo.

L'immagine ritrae il piccolo punto azzurro immerso nel chiarore di un Sole ormai anche esso irriconoscibile, perché ridotto a un punto, sebbene ancora molto luminoso. Nessuna traccia della Luna, troppo vicina e debole. Nessuna speranza neanche di risolvere quel punto di magnitudine circa 5, ormai troppo lontano per essere osservato anche con potenti telescopi.

La Terra vista da una distanza di 6 miliardi di chilometri dalla Voyager 1.

I tecnici della NASA fecero di più che catturare la debole luce della Terra. Come ultimo saluto al grande viaggio della Voyager 1, ripresero quello che venne definito ritratto di famiglia. Da quella prospettiva unica sul Sistema Solare la luce di 6 pianeti fu l'ultima immagine catturata dalla sonda.

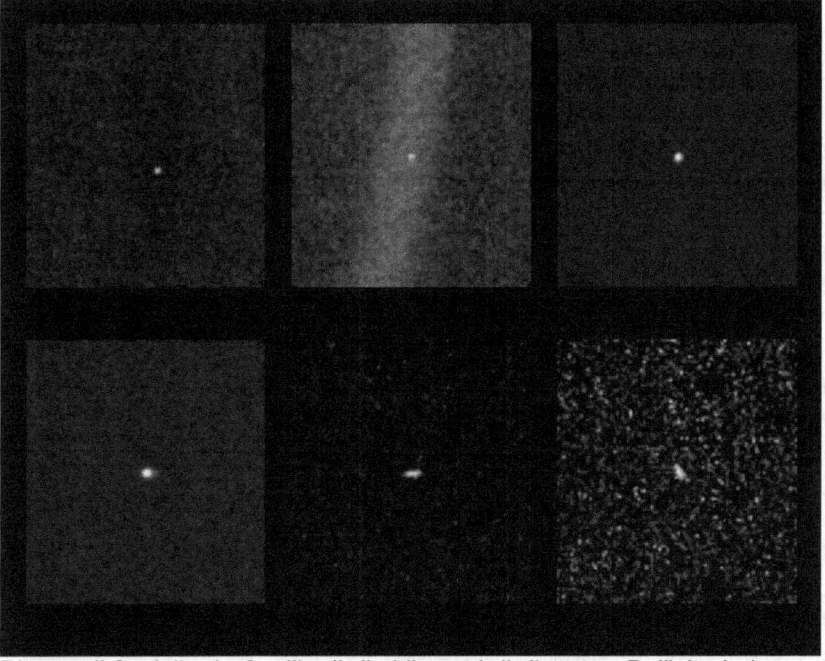

Ritratto di famiglia da 6 miliardi di chilometri di distanza. Dall'alto in basso, da sinistra a destra: Venere, Terra, Giove, Saturno, Urano e Nettuno

Siamo arrivati alla conclusione di questo piccolo viaggio, ma prima di partire per un'altra avventura, meglio riguardare queste immagini della Terra e riflettere in modo più convinto al fatto che tutta l'umanità sia racchiusa in un punto dal diametro inferiore a un pixel. Siamo ancora sicuri che molti dei nostri problemi quotidiani, apparentemente insormontabili, spesso causa di guerre e indicibili sofferenze, possano produrre anche un minimo eco nell'infinità di questo immenso spazio?

Le dimensioni del Sole visto dagli altri pianeti del Sistema Solare

Dalla Terra il Sole appare grande circa mezzo grado, ovvero 30'. Questa dimensione si chiama apparente perché dipende dalla distanza alla quale ci troviamo dall'astro considerato, nonché dalle sue dimensioni reali.

Un chiaro esempio lo possiamo visualizzare molto bene considerando la Luna.
Anche il nostro satellite naturale ci appare in cielo di diametro angolare molto simile al Sole.
Dimensioni e distanze sono però molto diverse: la Luna è 4 volte più piccola della Terra e si trova a circa 384.000 km, mentre il Sole è grande oltre 100 volte il nostro pianeta e si trova a una distanza media di 150 milioni di chilometri.

Il Sole visto dalla Terra e da Mercurio (a destra).

Non è quindi difficile comprendere che il diametro apparente del Sole sia di circa mezzo grado solamente se osservato alla distanza della Terra. Spostandosi su altri pianeti, la nostra stella occuperà in cielo una superficie differente.
Eccoci quindi arrivati alla domanda cardine di questo paragrafo: come appare il Sole se visto dagli altri pianeti del Sistema Solare?

Tutti noi abbiamo almeno una volta viaggiato con la fantasia verso mondi lontani e cercato di immaginare come sarebbe stato osservare la nostra stella da questi luoghi così diversi rispetto alla Terra.

Questa è una di quelle domande che a me personalmente ha sempre affascinato. Ricordo persino quando trovai la prima risposta: sfogliando da bambino un libro di geografia di mia madre delle scuole superiori.

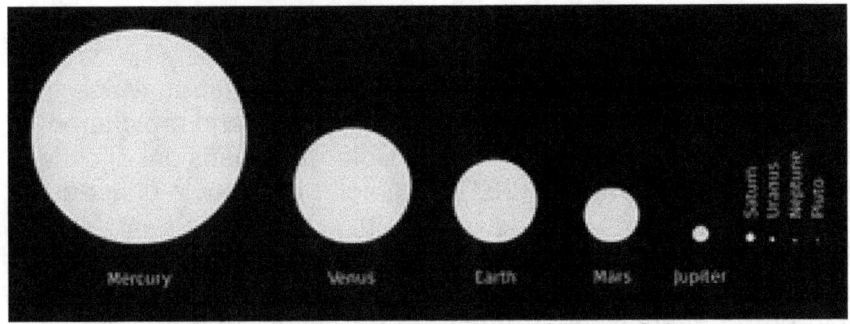

Le dimensioni del Sole dai pianeti del Sistema Solare.

Purtroppo non abbiamo a disposizione, tranne rarissime eccezioni, immagini scattate dalle sonde che testimoniano la luminosità e le dimensioni del Sole, per un semplice motivo: la nostra stella è troppo luminosa e rischia di danneggiare le telecamere di bordo se non opportunamente schermata.

D'altra parte con i moderni software planetari (provare ad esempio Celestia) è comunque facile e molto istruttivo volare verso pianeti lontani per dare uno sguardo al Sole.

Da Mercurio il Sole appare grande fino a quasi 1° e mezzo, con una magnitudine che sfiora la -29, contro il mezzo grado della Terra e una magnitudine di -26,75.

Per avere un termine di paragone, immaginiamoci un bel tramonto terrestre e pensiamo che quella sfera rossa, che appare così grande, da Mercurio avrebbe un diametro circa 3 volte maggiore: davvero impressionante!

Pensandoci un attimo, non avrebbe potuto essere altrimenti, perché nel punto più vicino al Sole siamo ad appena 46 milioni di chilometri, una posizione davvero poco invidiabile, visto l'estremo calore proveniente dalla fornace solare.

Da Venere la visione si avvicina lentamente a quella terrestre. Il Sole è una sfera infuocata dal diametro apparente pari a circa 47', risultando quindi circa il 50% più grande, con una magnitudine pari a -27,4, circa 2,5 volte più brillante.

Peccato che eventuali quando improbabili Venusiani non potrebbero mai osservare il disco della nostra stella, filtrato da uno strato di nubi spesso diversi chilometri.

Oltrepassando la Terra e giungendo rapidamente su Marte le dimensioni e la luminosità del disco solare iniziano rapidamente a diminuire. Dal pianeta rosso il Sole ha dimensioni di circa 19' e una magnitudine di -25,64, 2,5 volte più debole di quanto lo sia dalla Terra.

Se fossimo sulla superficie di Marte, magari al tramonto, sicuramente sapremmo apprezzare la differenza con la Terra, non solo per le dimensioni ma anche per i colori di un crepuscolo davvero insolito e per certi versi inquietante, perché molto diverso da quelli cui siamo abituati ad assistere.

Potrebbe sembrare una scena familiare perché vista in qualche film di fantascienza, ma questa foto è reale e ritrae un tramonto marziano ripreso dal rover Spirit. Affascinante, ma anche strano, perché i colori sono molto diversi rispetto a quelli cui siamo abituati qui sulla Terra.

Viaggiando verso i pianeti esterni, le distanze aumentano e le dimensioni si riducono notevolmente.

Da Giove il Sole è ormai un piccolo disco dalle dimensioni di 6', oltre 5 volte minore rispetto a quando osservato dalla Terra. La magnitudine è scesa a -23,16.

Il Sole da Nettuno non è che un punto non risolto

Alla distanza di Nettuno, a quasi 5 miliardi di km, il Sole è ridotto a un punto di 1', le stesse dimensioni di Venere quando osservato nel punto più vicino alla Terra.

L'occhio umano non riesce a risolvere un angolo così esiguo; la nostra calda stella è ora ridotta a un punto molto luminoso di magnitudine -19,35.

Siamo ormai alla periferia del Sistema Solare, una regione di spazio popolata da corpi ghiacciati con temperature inferiori a -250°C.

Il Sole è così lontano e piccolo che non riesce più a restituirci quel senso di caldo e benessere tipici della nostra lontana primavera.

Se continuassimo il viaggio fino alla stella più vicina, Proxima Centauri, a circa 40mila miliardi di chilometri, il Sole non sarebbe altro che un piccolo intruso nella costellazione di Cassiopea; un punto bianco di magnitudine 0,4 in un cielo sorprendentemente simile a quello che i nostri lontani amici ammirerebbero nelle loro notti serene, se non fosse per quella stellina in più che modella il volto della leggendaria regina d'Etiopia e rivaleggia, quanto a luminosità e colore, con la vicina Capella.

Ancora uno scatto verso lo spazio profondo e da Sirio, a 8,6 anni luce, il Sole sarebbe una stella di quasi magnitudine 2, come la nostra Polare, al confine tra le costellazioni di Ercole e dell'Aquila. Nessuna traccia dei pianeti, neanche con il più potente dei nostri telescopi, già da ben prima di giungere su Proxima Centauri.

Da Vega, la brillante stella che accompagna sopra le nostre teste tutte le calde notti estive, la nostra Stella brillerebbe oltre la quarta magnitudine e sarebbe ormai immersa in decine di altri deboli astri in una porzione di cielo sovrapposta alla nostra costellazione della Colomba, visibile solo dai cieli australi.

Ma non c'è bisogno di arrivare così lontano per accorgerci che da tempo una strana sensazione allo stomaco, sempre più forte, ci sta dicendo che forse è ora di tornare verso casa. Chissà se gli astronauti che un giorno si spingeranno almeno ai confini del Sistema Solare sentiranno la stessa nostalgia del pianeta azzurro e della sua normalissima ma straordinaria Stella che ora possiamo solamente accarezzare grazie al nostro viaggio immaginario.

Il colore del cielo degli altri corpi del Sistema Solare

Il cielo diurno terrestre è di un bellissimo colore azzurro, tanto più acceso quanto l'aria è pulita e trasparente.

Se la Terra non avesse avuto atmosfera, il cielo sarebbe stato di un nero pece anche in pieno giorno (ma non ci sarebbe stato nessun essere vivente ad ammirarlo!).

Poiché nel Sistema Solare esistono altri corpi dotati di atmosfera, viene da

Il bellissimo (ed unico) colore del cielo Terrestre

chiedersi: qual è il colore del cielo visto dagli altri pianeti?

I candidati per cercare di scoprire questa curiosa proprietà sono tutti quei corpi celesti dotati di un'atmosfera e di una superficie solida.

Per quanto affascinanti, dobbiamo scartare tutti i pianeti gassosi, semplicemente perché sono composti quasi totalmente da una gigantesca atmosfera, che quindi si comporta in modo diverso (e spesso non conosciuto) a seconda della quota alla quale ci si trova.

Grazie alle sonde interplanetarie che hanno visitato tutti i pianeti del Sistema Solare, abbiamo un quadro piuttosto chiaro di quello che potrebbe osservare un ipotetico astronauta sulla superficie di questi corpi celesti.

In ordine di distanza dal Sole, non possiamo non iniziare da Venere.

L'impenetrabile e letale muro di nubi, dal tipico colore giallastro, è composto da acido solforico e tracce di zolfo e si e-

stende da 48 a circa 80 km dalla superficie, schermando notevolmente la luce solare destinata al suolo.
La radiazione luminosa che arriva in superficie è scarsa, simile
a quella che possiamo osservare sulla Terra durante un violento temporale.
Il colore del cielo, dai dati forniti dalle impavide sonde russe
atterrate negli anni 70, è di una tinta giallastra piuttosto acce-
sa.

Questa strana tonalità è
dovuta   probabilmente
alla grande luce diffusa
dal gas atmosferico, so-
prattutto alle quote mag-
giori, e alla probabile
presenza di gas che as-
sorbe la radiazione blu-
violetta nei pressi della
sommità dello strato nu-
voloso, a circa 80 km di
altezza.
La quantità di luce solare
che penetra la spessa
cappa di nubi è quindi
povera della componen-
te blu dello spettro.

Il cielo visto da Venere ricostruito a partire
dalle immagini provenienti dalle sonde sovietiche Venera.

La diffusione da parte degli strati nuvolosi più bassi e della
mortale foschia di acido solforico, non può che rendere il cielo
di un colore giallo-arancio piuttosto acceso e uniforme. Impossibile capire dove si trova il Sole; un'utopia sperare di osservare le stelle di notte.
Le poche immagini di cui disponiamo della superficie di Venere confermano tutto questo: il colore del cielo e di conseguenza del suolo ricordano che siamo letteralmente immersi in una
gigantesca fornace. Davvero impossibile immaginare un mondo più alieno di questo; da brividi anche semplicemente osservando l'immagine sopra.

Passiamo a Marte.

Il cielo del pianeta rosso è sicuramente più bello e delicato di quello Venusiano, se non altro perché l'atmosfera è molto più rarefatta e completamente trasparente, così tanto che nelle giornate più limpide è possibile osservare le stelle più luminose brillare nel cielo illuminato dal Sole.

La presenza di gas conferma la tonalità di base azzurra, ma sicuramente più scura a causa dell'esiguo spessore in confronto all'atmosfera terrestre.

La grande quantità di ossido di ferro presente in modo costante nei bassi strati, trasportata da venti anche imponenti, modifica la tonalità del cielo rendendola di un rosato più o meno acceso, a seconda della quantità di polvere presente, piuttosto variabile nel tempo.

Per avere un'idea approssimata dello scenario, il colore del cielo dovrebbe somigliare a quando nell'atmosfera alle nostre latitudini viene trasportata un'ingente quantità di sabbia proveniente dai deserti africani, con il Sole ancora basso sull'orizzonte e magari sottili strati nuvolosi in cielo.

Nelle giornate più limpide e nei punti a maggiore elevazione, la tinta del cielo vira decisamente sul blu scuro.

Il cielo rosato di Marte cambia di tonalità e intensità a seconda della quantità di polvere in sospensione nell'atmosfera.

349

Il cielo più interessante, sebbene un po' uggioso, è forse quello che possiamo trovare su Titano, l'unico satellite naturale avvolto da un'atmosfera spessa e stabile, addirittura ben 1,5 volte più densa di quella terrestre.

Grazie alle immagini provenienti dalla sonda Cassini e dalla piccola capsula Huygens, che è addirittura atterrata sul satellite, è stato scoperto che il colore cambia profondamente con la quota.

L'atmosfera del satellite è composta per il 98% da azoto e per il restante da idrocarburi, posti generalmente a quote più basse. Negli strati più alti, quindi, prevale il colore azzurro, simile al cielo terrestre.

Mano a mano che ci si avvicina alla superficie, la presenza di foschie e nebbie di composti organici, quali metano, etano e altri idrocarburi, rende il colore del cielo tendente al marrone-arancio, una tinta che potrebbe assomigliare alle notti nebbiose nelle grandi città del nord illuminate dalla forte luce giallo-arancio dei lampioni.

Il cielo dalla superficie di Titano ripreso dalla capsula Huygens.

Al suolo l'atmosfera è trasparente, ma il perenne strato di nebbie e nubi che si estende tra i 25 e i 90 chilometri fa giungere solamente il 10% della luce che arriva dal Sole, già distante e debole.

Non sappiamo se la trasparenza sia sufficiente per mostrare all'occhio umano la magnifica visione di Saturno e dei suoni anelli distanti poco più di un milione km. Se fosse possibile, sarebbe sicuramente il cielo notturno più bello del Sistema Solare.

Il cielo dell'alta atmosfera di Titano. Ricostruzione grafica.

Resta ancora un corpo celeste che potrebbe mostrare un cielo diverso dal solito nero dello spazio.

Plutone, infatti, quando si trova nel punto più vicino al Sole sviluppa una tenue atmosfera, che poi ricade al suolo quando si allontana di nuovo lungo la sua orbita ellittica. Non conosciamo da vici-

Il cielo di Plutone con Caronte a sinistra, e il lontano Sole.

no questo mondo, ma sappiamo che l'atmosfera è davvero sottile. Il colore del cielo, quindi, non dovrebbe cambiare di molto rispetto al solito nero dello spazio.

Se un giorno qualcuno avrà il privilegio di atterrare su questo mondo lontano, e lo farà nel punto giusto, potrà godersi lo spettacolo di Caronte, il satellite più grande, occupare un'area di diversi gradi e sullo sfondo una piccola stella puntiforme e molto brillante, chiamata Sole.

La pioggia nel Sistema Solare

Sul nostro pianeta il ciclo dell'acqua è alla base della nascita e del costante sviluppo di ogni forma di vita.

Oltre due terzi della superficie sono ricoperti di acque, una riserva preziosissima per alimentare un ciclo che può essere riassunto nel seguente modo.

Una piccola parte dell'acqua, a causa della radiazione solare che la riscalda, evapora in continuazione, raggiungendo gli strati più alti della troposfera (circa 8-10 km). Grazie alla bassa temperatura e alla presenza di polveri

Il grande uragano Isabel visto dallo spazio.

che costituiscono i cosiddetti nuclei di condensazione, il vapore acqueo si trasforma in minuscole goccioline che restano in sospensione, formando le nubi.

Quando la condensazione è alimentata e procede senza interruzioni, le goccioline d'acqua che formano le nubi diventano troppo pesanti per restare in sospensione, così, grazie alla forza di gravità, precipitano al suono sottoforma di pioggia, tornando nei grandi bacini idrici dai quali sono dapprima evaporate.

Il ciclo in questo modo può ricominciare e ripetersi fino a quando le condizioni climatiche riescono a mantenere questo equilibrio che si basa su una piccolissima percentuale di vapore acqueo presente nell'atmosfera, tipicamente inferiore al 2%.

Come al solito, dopo aver analizzato un fenomeno possiamo porci una domanda più generale: la Terra è l'unico pianeta sul quale piove? Ci sono altri pianeti nel Sistema Solare nelle cui atmosfere si sviluppa un ciclo precipitativo simile a quello dell'acqua?

Per cercare una risposta dobbiamo analizzare le atmosfere di quei corpi dotati di una superficie solida e capire se e come può "piovere".

I candidati per questa nostra indagine non sono molti.

Escludendo i pianeti gassosi e tutti i copri solidi non dotati di atmosfera, restano solamente Venere, Marte e Titano, il principale satellite di Saturno.

Marte è sicuramente il candidato più indicato, poiché la sua sottile atmosfera è solcata da nubi composte di cristalli di ghiaccio.

Durante le mezze stagioni non è raro assistere allo sviluppo di imponenti cicloni, di struttura simile a quelli terrestri. È logico quindi pensare che da questi sistemi nuvolosi qualcosa, prima o poi, debba precipitare verso il suolo.

L'intuizione in effetti non è errata ed è stata confermata dalla sonda della NASA Phoenix, che dalla superficie del pianeta rosso ha potuto rilevare dei sottili fiocchi di neve cadere dalle nubi marziane.

In realtà le particolari condizioni atmosferiche medie del pianeta impediscono alla neve di raggiungere il suolo. I fiocchi, benché sembrino formarsi e precipitare dalle nubi, si vaporizzano prima di raggiungere la superficie.

Brina su Marte ripresa dalla sonda Viking 1.

Questo è lo scenario medio della meteorologia marziana, ma potrebbero esserci delle eccezioni a seconda della densità atmosferica (molto variabile) e della temperatura di alcune regioni. Gli scienziati stanno indagando a fondo la prospettiva che sotto particolari condizioni, la neve possa raggiungere il suolo.

Intanto, sicuramente su Marte si forma la brina, come testimonia questa storica immagine ripresa dalla sonda Viking, in una gelida mattinata marziana degli anni 70.

Marte è l'unico pianeta, oltre la Terra, che possiede nubi composte di ghiaccio d'acqua, quindi è sicuramente l'unico corpo celeste sul quale potremmo assistere, sia pure con le limitazioni descritte, a precipitazioni vagamente simili a quelle terrestri.

Per gli altri pianeti dobbiamo uscire dagli schemi e pensare in modo più generico: non è detto, infatti, che le precipitazioni riguardino esclusivamente l'acqua.

Consideriamo Venere.

Le sue imponenti nubi sono composte di acido solforico condensato: si potrebbe quindi assistere a una bella (e salutare) pioggia?

In realtà le condizioni atmosferiche sono così particolari che questo acido non raggiunge mai la superficie del pianeta, fermandosi a poche decine di chilometri di altezza.

Nel 2004 però, gli scienziati hanno scoperto, grazie alle immagini radar riprese dal suolo e alle riprese delle sonda

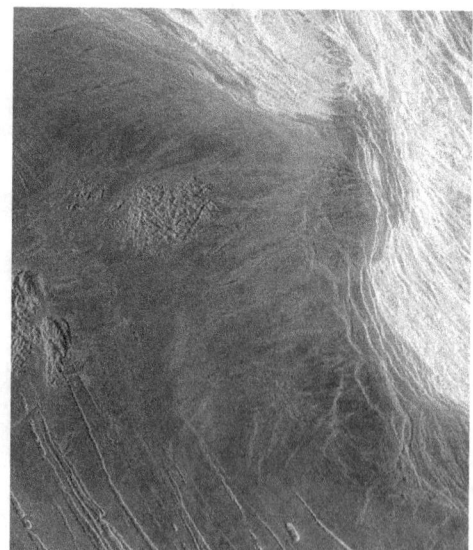

"Neve" su Venere presso le alte cime dei monti Maxwell?

in orbita intorno al pianeta, che le cime più elevate possiedono una riflettività nettamente maggiore delle zone a quote più basse, come se fossero ricoperte da uno strato di materiale metallico depositatosi molto recentemente.

Nel corso degli anni molte sono state le ipotesi sul materiale responsabile di queste "nevicate". Da escludere categoricamente l'acqua e anche l'acido solforico, per le condizioni di Venere.

L'ipotesi attualmente più convincente è che su Venere si assista a piogge, o nevicate (difficile dare una definizione precisa) che coinvolgono solfuro di piombo e solfuro di bismuto, metalli pesanti e per noi esseri umani altamente tossici.

Le condizioni infernali al suolo, sia per la pressione (90 atm) che temperatura (circa 460°C costanti su tutto il globo), fondono questi due metalli, in particolar il piombo, che può quindi evaporare e formare delle nubi che a quote più alte condensano e imbiancano le montagne venusiane.

Sembra uno scenario da film dell'orrore, ma questo è Venere, decisamente il pianeta più inospitale del Sistema Solare.

Su Titano, invece, gli astronomi hanno recentemente scoperto il ciclo del metano.

Il satellite più interessante del Sistema Solare si trova lontano dal Sole e possiede un'atmosfera più densa di quella terrestre.

Le condizioni di temperatura (circa -180°C) e pressione, permettono al metano di esistere in forma liquida, formando laghi e fiumi simili a quelli che l'acqua forma sulla Terra.

Da queste riserve naturali una piccola parte di metano evapora, forma delle nubi e conseguenti piogge di metano liquido che non di rado possono trasformarsi in vere e proprie tempeste accompagnate da fulmini.

Le grandi precipitazioni si concentrano nei pressi delle regioni polari del satellite, riprese più volte anche dalla sonda Cassini in orbita intorno a Saturno.

Il metano bagna la superficie e ne cambia l'aspetto, rendendola nettamente più scura delle regioni presumibilmente asciutte.

Questo effetto per noi può sembrare insolito: sulla Terra la neve imbianca il suolo rendendolo più brillante. Il metano di Titano, invece, lo rende nettamente più scuro.
Quanto piove su Titano? Le ultime osservazioni hanno rivelato
che le precipitazioni non sono molto frequenti, al massimo tra
le 10 e le 100 ore ogni anno titaniano (30 anni terrestri). Sembra però evidente che quando decide di piovere lo faccia sul
serio, con inondazioni e imponenti canali che confluiscono nei
grandi laghi osservati.

Nubi di metano nella regione equatoriale di Titano. Le zone più scure sono
terreni bagnati da recenti precipitazioni e bacini stabili.

Sebbene con protagonisti diversi dalla Terra, Titano è l'unico
corpo celeste al di fuori del nostro pianeta che mostra un ciclo
precipitativo stabile e su larga scala.
Certo, per noi esseri umani non dovrebbe essere facile trovarsi sotto un temporale di metano a una temperatura media di -
180°C. Fortunatamente non è un problema che potrebbe inte-
ressarci a breve!

Le montagne più alte del Sistema Solare

Nelle pagine dedicate ai pianeti sono state qualche volta nominate montagne veramente imponenti, tra cui il famoso monte Olimpo su Marte o gli Appennini lunari.

In realtà tutti i pianeti rocciosi e buona parte dei satelliti naturali possiedono montagne, la cui origine non sempre è chiara.

Perché dunque non provare a chiedersi quali sono le dieci vette più alte del Sistema Solare?

Rispondere a questa domanda, però, non è semplice quanto si possa credere.

Cosa si intende infatti per altezza di una montagna?

Ci sono sostanzialmente due definizioni.

La più utilizzata qui sulla Terra prevede di misurare l'elevazione rispetto al livello del mare.

In questo modo possiamo trovare effettivamente il punto più alto, ma non necessariamente la montagna più elevata.

Un altro modo che forse rende maggior giustizia a questi mostri rocciosi prevede di misurare l'altezza rispetto alla base. Seguendo questa strada non è detto che si trovi necessariamente la quota maggiore, ma sicuramente la montagna, intesa come struttura geologica, più alta.

Per chiarire meglio questo fatto, al quale di solito non pensiamo, meglio ricorrere a un paio di esempi terrestri.

Il nostro Gran Sasso si eleva dal livello del mare per quasi 3000 metri. Supponiamo che questa sia anche la sua vera altezza. Se ora lo potessimo spostare sull'altopiano del Tibet, un deserto pianeggiante a una quota che raggiunge anche i 6000 metri, la vetta del Gran Sasso arriverebbe alla misura record 9000 metri, ma l'altezza della montagna rimarrebbe la stessa.

Un altro esempio riguarda il monte Everest.

Effettivamente con i suoi 8861 metri di quota è il punto della superficie terrestre più in alto rispetto al livello del mare. Se però si misura a partire dalla base, ci si rende conto di un fatto forse deludente: l'altezza reale è di appena 4600 metri, supe-

rata anche da altre montagne, tra cui il monte McKinley, in A-
laska, con 5900 metri.

Non dobbiamo quindi fare confusione tra altezza e quota.

Per la nostra classifica utilizziamo la definizione di altezza, ben
consci del fatto che a volte, quando cerchiamo montagne in
mezzo a delle imponenti catene montuose, la loro base potrebbe non essere facile da individuare.

Questa definizione sembra essere il compromesso migliore,
se non altro perché sugli altri pianeti, laddove non sono presenti oceani, diventerebbe difficile dare una definizione di quota rispetto a un livello di riferimento assoluto.

Al decimo posto troviamo i monti Maxwell, la più grande catena montuosa di Venere, con un'altezza rispetto alla pianura
circostante di 6,4 km.

Al nono posto cominciano ad arrivare le vette marziane. Il
monte Arsia, uno dei grandi vulcani estinti, si innalza per oltre
9 km.

L'ottava piazza è occupata dall'unica montagna terrestre in
classifica, che per quanto abbiamo detto nelle precedenti considerazioni non è il monte Everest ma l'insospettabile Mauna
Kea, un grande vulcano estinto nelle isole Hawaii.

Sede di uno degli osservatori astronomici più famosi del mondo, la montagna è alta ben 10.200 metri, di cui oltre 5000
sommersi dalle calde acque dell'oceano Pacifico.

Le posizioni dalla settima alla quinta sono occupate tutte dai
grandi vulcani marziani: Pavonis, Elysium, Ascraeus, le cui
vette si innalzano dalla base rispettivamente per 11, 13,9 e 15
chilometri.

La quarta posizione spetta al monte Boösaule il più alto del
corpo celeste più vulcanico del Sistema Solare: il satellite Io.

La sua altezza non si conosce con molta precisione, ma è
compresa tra 17,5 e 18,2 km.

Al terzo gradino del podio si posiziona una new entry: le grandi
montagne della cresta equatoriale di Giapeto, satellite di Saturno, riprese solo recentemente dalla sonda Cassini.

Nonostante i picchi più elevati non siano stati misurati, la cresta si innalza per circa 20 km e costituisce anche un bel grattacapo per tutti gli scienziati che devono spiegare l'esistenza di questo dettaglio unico nel Sistema Solare.

L'incredibile cresta equatoriale di Giapeto ha vette alte fino a 20 km.

Dopo molti anni passati letteralmente in vetta alla classifica, al secondo posto troviamo l'imponente monte Olimpo di Marte, sicuramente il vulcano più grande del Sistema Solare, ma non più la montagna in assoluto più alta.

I suoi 22 chilometri al di sopra della piana sulla quale sorge non sono stati sufficienti per battere il record detenuto dal monte Rheasilvia dell'asteroide Vesta.

Ripreso e misurato solamente dopo essere stato avvicinato alla fine del 2011

La montagna Rheasilvia dell'asteroide Vesta è la più alta del Sistema Solare. In questa immagine è visibile al centro.

dalla sonda Dawn, Rheasilvia ha un'altezza di circa 23 chilometri ed è quindi la montagna più alta del Sistema Solare.

Sarà un record temporaneo oppure assoluto? Solo il tempo ce lo dirà.

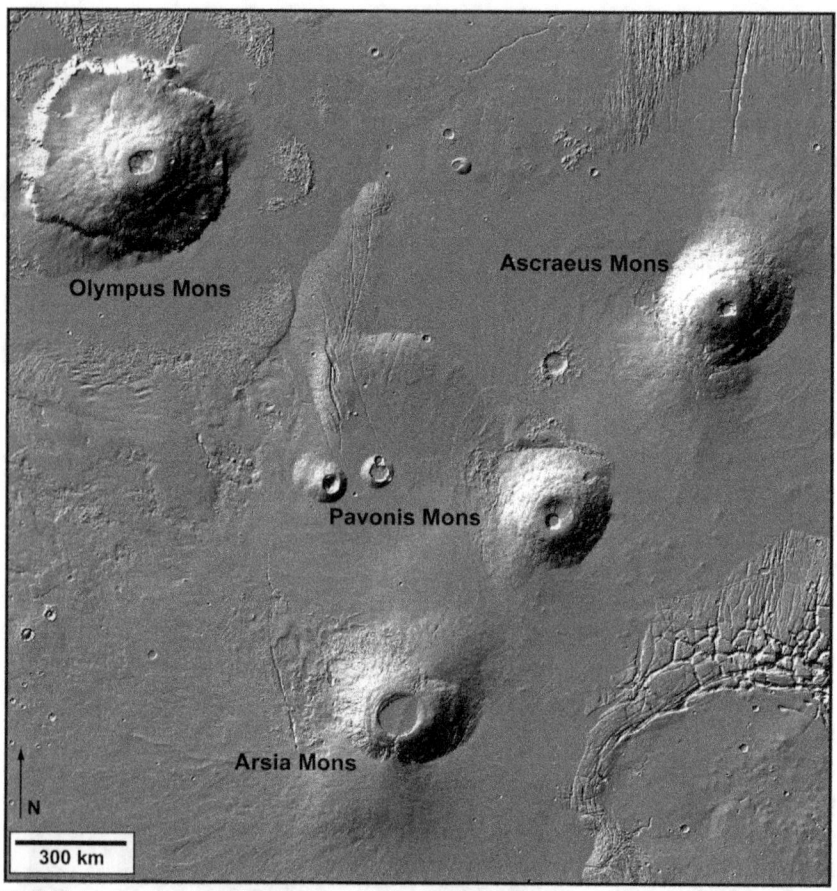

Molti dei grandi vulcani di Marte sono concentrati nella regione di Tharsis.

Sebbene sia stato spodestato, il monte Olimpo resta il più massiccio del Sistema Solare. Questo vero e proprio mostro è un antico vulcano spento, con una base larga circa 600 chilometri e una caldera di 80 km di diametro.
Per avere idea delle dimensioni, possiamo immaginare una montagna la cui base abbia un diametro pari alla distanza tra Milano e Roma e sulla cui sommità trova posto l'intera Valle d'Aosta.

Il monte Olimpo detiene anche un altro record poco conosciuto: probabilmente si tratta della montagna più facile da scalare. Il suo profilo ha una pendenza media di appena il 5%, facile da percorrere con scarpe da trekking e un minimo allenamento!

Un altro aspetto sorprendente, che rende ben giustizia all'enorme altezza, è che sulla vetta la pressione atmosferica è appena il 12% rispetto alla pianura sottostante.

Sotto questo punto di vista, anche il nostro "piccolo" monte Everest non scherza: quando arriviamo agli 8861 metri del punto più alto, la pressione dell'atmosfera è appena il 32% rispetto al livello del mare. Non c'è quindi da meravigliarsi che gli scalatori necessitino di bombole di ossigeno per respirare.

Al di là della mera classifica, tuttavia, quali possono essere i processi che generano queste imponenti vette?

Le montagne sono formazioni che non esistevano subito dopo la formazione dei pianeti, le cui superfici, ancora fuse, erano perfettamente lisce.

Le grandi catene montuose presenti sulla Terra sono state generate dalla cosiddetta tettonica a zolle.

La crosta superficiale non è compatta ma divisa in diversi pezzi, detti placche, che galleggiano e si muovono su uno strato sottostante, denominato mantello, semi-liquido.

Quando due placche collidono, oltre a generare i terremoti, con il passare del tempo danno vita alle catene montuose, dal sollevamento della crosta a seguito della continua spinta le une verso le altre. Questo processo è chiamato orogenesi.

Alcune montagne possono nascere da violentissimi impatti.

Questo è il caso del monte Rheasilvia, oppure delle vette alte diverse migliaia di metri al centro dei più grandi crateri lunari.

Per capire come sia possibile la nascita di una montagna da un impatto asteroidale, che a prima vista dovrebbe letteralmente spianare ogni cosa invece di creare rilievi, osserviamo cosa succede quando facciamo cadere un piccolo sasso verticalmente in uno strato d'acqua profondo almeno 20 centimetri.

Nel momento
dell'impatto si pro-
ducono delle onde
e proprio quando il
sasso è appena
affondato, al cen-
tro, si forma un
piccolo rigonfia-
mento che fa sol-
levare l'acqua. Se
il sasso è grande e

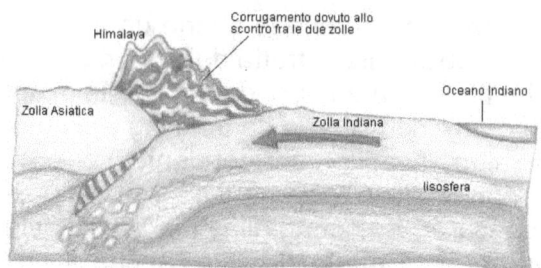

Schema della formazione delle maggiori catene
montuose terrestri: una placca collide con un'altra
e dalla compressione si sollevano le montagne.

impatta a velocità sostenuta, lo schizzo d'acqua proveniente
dalla zona centrale si può alzare anche per diverse decine di
centimetri. Sebbene con energie diverse, questo è quello che
succede a una superficie solida quando viene colpita da un
grosso meteorite: si comporta come se fosse un fluido.

Gli impatti più devastanti possono sconvolgere la struttura del
pianeta e creare addirittura delle grandi catene montuose, come si pensa sia successo su Giapeto e sulla Luna.

Tutti i corpi celesti di piccole dimensioni non hanno infatti potuto sviluppare montagne a seguito dei movimenti delle placche,
a causa del veloce raffreddamento al loro interno. Tracce di
tettonica a zolle, non si sa ancora se passata o presente,
sembra si siano osservate solamente su Marte, con probabili
annessi terremoti. Questi ultimi possono verificarsi anche a
seguito delle intense forze mareali, come quelle subite da alcuni satelliti di Giove e Saturno e dalla Luna stessa, a causa di
impatti asteroidali, delle grandi eruzioni vulcaniche e addirittura a seguito di shock termici derivati dal rapido riscaldamento
o raffreddamento delle superfici non protette da atmosfere, ma
sono generalmente di piccola intensità. I sismografi lasciati sul
suolo lunare dagli astronauti non hanno registrato scosse superiori al secondo grado della scala Richter, ma ne hanno rilevate migliaia l'anno. Scosse più intense potrebbero interessare
lo ma senza il motore principale, la tettonica a zolle, è molto
difficile che si registrino eventi potenti come quelli terrestri.

Il terzo fenomeno che crea montagne è il vulcanesimo di tipo effusivo.

Il magma proveniente dalle calde regioni interne arriva in superficie e solidifica, accumulandosi e dando vita nel corso di migliaia di anni a una grande montagna, limitata dalla quantità di lava e dall'eventuale processo di tettonica a zolle.

Il monte Mauna Kea è uno di questi vulcani, detti a scudo. Esso è stato generato dalla continua fuoriuscita di lava proveniente dal mantello terrestre, che nel tempo ha dato vita a un cumulo alto oltre 10.000 metri. Cosa ha impedito al Mauna Kea di continuare a crescere? Di nuovo, la tettonica a

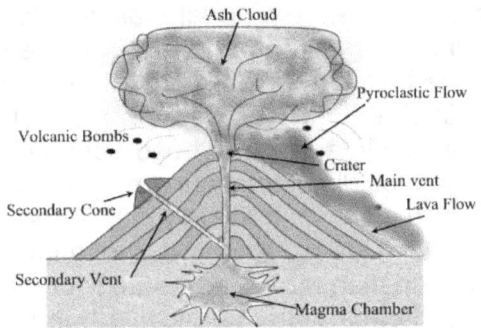

Formazione di una montagna a partire dal susseguirsi di imponenti colate laviche. Questo meccanismo è alla base della formazione delle grandi montagne marziane.

zolle: la placca su cui si trova la montagna nel tempo si è spostata e ora la fuoriuscita di lava, rimasta sempre nello stesso punto, si accumula su una porzione differente della crosta.

Su Marte, invece, i movimenti delle placche sembrano essere (se confermati) molto più lenti di quelli terrestri. Di conseguenza, nei punti in cui la crosta permetteva la risalita del magna sottostante, si sono potuti creare ingenti accumuli che hanno portato alla nascita del monte Olimpo, fino a quando il materiale fuso proveniente dalle profondità non si è esaurito.

Anche la bassa gravità ha contribuito alla crescita in altezza dei vulcani marziani. Sulla Terra, ad esempio, una montagna alta come il monte Olimpo avrebbe avuto una base molto più grande, quindi richiesto una maggiore quantità di lava, proprio perché la maggiore forza di gravità avrebbe schiacciato il magma verso la superficie, facendo aumentare la base e diminuendo il ritmo di crescita in altezza.

La folta schiera dei satelliti naturali

I satelliti naturali rappresentano una famiglia di corpi celesti che non possiamo di certo trascurare.

Ancorati dalla forza di gravità dei propri pianeti, costituiscono nella realtà dei fatti un secondo sistema planetario quanto a numero, varietà e proprietà, alcune davvero interessanti.

Gli unici pianeti a non possedere lune sono Mercurio e Venere e viste le difficoltà delle sonde interplanetarie a raggiungere stabilmente la loro orbita, non c'è da meravigliarsi che in queste regioni interne il morboso abbraccio del Sole abbia impedito ai pianeti di costruirsi una propria famiglia.

La Terra è l'unico pianeta a possedere un solo satellite naturale, ma allo stesso tempo è anche il più grande in proporzione al proprio diametro. Solamente Plutone fa meglio, con Caronte che è circa la metà più piccolo, ma non essendo più considerato un pianeta lascia il primato della classifica alla Terra, appena 4 volte più grande della Luna.

I pianeti giganti gassosi, in particolare Giove e Saturno, come già visto nelle pagine dedicate possiedono un vero e proprio esercito di satelliti dalle più svariate caratteristiche fisiche e orbitali.

Prendiamo di nuovo la nostra astronave immaginaria e facciamo un veloce tour concentrandoci questa volta sulle lune più interessanti e bizzarre, che non abbiamo trattato con la dovuta attenzione nei capitoli precedenti: il viaggio merita davvero!

Satelliti di Marte

Saltando la Luna, alla quale è stato dedicato il capitolo più lungo, giungiamo spediti verso Marte, che stupisce anche sotto questo punto di vista: è l'unico pianeta roccioso che possiede un sistema di satelliti, per di più alquanto particolare.

Phobos e Deimos, i cui nomi significano rispettivamente paura
e terrore, non hanno
fortunatamente molto
in comune con queste
definizioni dal signifi-
cato davvero poco
rassicurante, a
cominciare proprio
dalle dimensioni.
Phobos ha una forma
irregolare di appena
13,5X10,8X9,4 km.
Deimos appare anco-
ra più innocuo e cu-
rioso, ricordando un
grande uovo cosmico
di 7,5X6,1X5,5 km.

Le peculiarità di que-
sti piccoli corpi celesti
non sono però di cer-
to terminate con le lo-
ro dimensioni.

Le piccole dimensioni e la forma irregolare di
Phobos ricordano la descrizione del pianeta
nel famoso libro Il Piccolo Principe.

Le orbite, ad esem-
pio, sono estrema-
mente vicine alla su-
perficie marziana.
Deimos, il più ester-
no, si trova ad appe-
na 23.500 km dal
centro di Marte, quin-
di 20.000 km dalla
superficie.
Fa molto meglio Pho-
bos, la cui orbita è
collocata ad appena
9377 km dal centro,

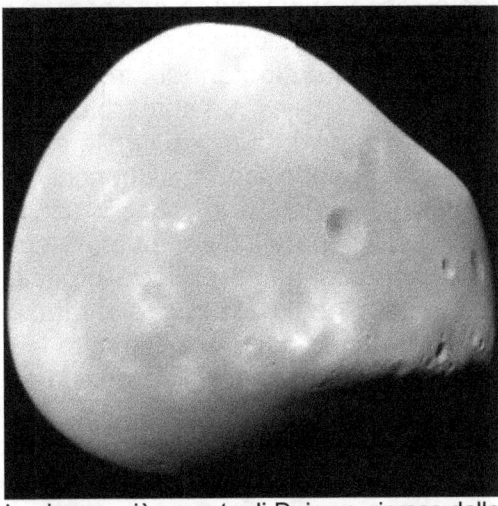

La ripresa più recente di Deimos, ripreso dalla
sonda Mars Reconnaissance Orbiter, nel
2008.

vale a dire poco più di 6000 km dalla superficie.

Con un volo quasi radente che richiede poco più di 7 ore e mezzo a completare in giro intorno al pianeta, si guadagna il primato di satellite planetario con l'orbita più stretta del Sistema Solare. Ma questa, per Phobos, non è una bella notizia.

A causa dell'intensa forza gravitazionale di Marte, la sua orbita si sta lentamente restringendo. È solo una questione di tempo, per noi umani molto, ma non per l'Universo, prima che il satellite si avvicini troppo alla superficie e venga distrutto dall'intensa forza mareale marziana. Migliaia di detriti precipiteranno sulla superficie di Marte, disponendosi lungo la fascia equatoriale del pianeta, laddove si trovava proiettata l'orbita di questo impertinente masso che ha osato sfidare la potenza del dio della guerra.

Se consideriamo l'effetto che produrrà la distruzione di Phobos, è possibile notare un fatto curioso e sorprendente.

Sulla superficie di Marte sono già presenti lunghe catene di piccoli crateri da impatto. Non è da escludere, quindi, che il pianeta rosso abbia avuto in passato altri satelliti distrutti dal suo campo gravitazionale.

Sicuramente in un lontano futuro resterà solo Deimos a orbitare nel cielo marziano. La sua orbita, fortunatamente, non corre alcun rischio, anzi, in modo simile alla nostra Luna, si sta lentamente allargando (non più di pochi centimetri l'anno).

La particolare orbita di Phobos produce anche un altro effetto curioso per un ipotetico osservatore che dovesse trovarsi sulla superficie marziana. Il periodo orbitale del satellite, infatti, è nettamente minore del periodo di rotazione di Marte.

Se con le stelle e corpi celesti molto lenti è proprio la rotazione planetaria a determinare il sorgere a est e il tramonto a ovest, per la scheggia Phobos non è così.

Il satellite, che ruota in senso antiorario come molti dei corpi celesti del Sistema Solare, è così veloce che è esso stesso a determinare come presentarsi agli osservatori marziani, sorgendo a ovest e tramontando a est in appena 4,5 ore.

Deimos, invece, non ha questo strano comportamento, ma il periodo orbitale, poco superiore alle 30 ore, quindi non troppo diverso dal periodo di rotazione di Marte, lo fa apparire estremamente lento nel cielo marziano. Una volta sorto verso est, impiega infatti ben 2,7 giorni per tramontare verso ovest.

Le sorprese non sono finite, perché a livello fisico e geologico molto si discute ancora sulla provenienza di questi piccoli massi. La forma irregolare, la composizione chimica e la bassa percentuale di luce riflessa dal Sole, sono elementi comuni alla maggior parte degli asteroidi presenti nella fascia principale. Non è da escludere, vista la relativa vicinanza a questa zona, che la forza di gravità di Marte sia stata sufficiente per catturare qualche lento asteroide di passaggio.

Sfortunatamente tutte le missioni che prevedevano uno studio approfondito delle superfici dei satelliti sono fallite.

Fino a quando non si disporrà di campioni da analizzare, sarà difficile comprendere qualcosa di più sull'origine della famiglia di satelliti più strana del Sistema Solare.

Satelliti di Giove

Indirizzando la nostra velocissima astronave oltre la fascia principale degli asteroidi, giungiamo rapidamente nei pressi di Giove.

Senza le opportune indicazioni potremmo addirittura perderci tra la moltitudine di satelliti che orbitano in questa zona.

Impossibile visitarli tutti, meglio limitarsi a curiosare tra i più interessanti.

Molte lune somigliano a piccoli asteroidi non più grandi al massimo di qualche decina di chilometri, sicuramente asteroidi imprigionati dal campo gravitazionale del pianeta. E d'altra parte, non è difficile immaginare che un gigante di tale portata, che è riuscito persino a impedire la formazione di un pianeta nella fascia degli asteroidi, possa catturare senza più far scappare tutti quegli oggetti che osano avvicinarsi troppo.

I quattro satelliti galileiani costituiscono invece una famiglia a parte per dimensioni, proprietà e probabilmente nascita.

Se Ganimede e Callisto sono lune che potremmo definire comuni, Io ed Europa presentano proprietà importanti e uniche.

Nel capitolo dedicato a Giove è stato accennato al fatto che Io sia il satellite più vulcanico del Sistema Solare.

Centinaia di bocche da fuoco eruttano lava incandescente probabilmente da milioni, se non miliardi, di anni, con pennacchi di cenere e particelle solidificate larghi

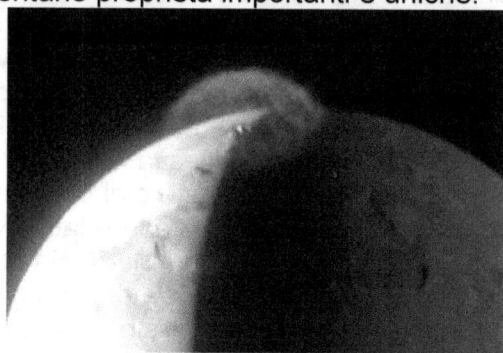

Una spettacolare e gigantesca fontana di gas generata dall'eruzione del brillante vulcano centrale, ripresa su Io nel 2007 dalla sonda New Horizons diretta verso Plutone.

centinaia di chilometri e alti fino a 500 km.

Ma da dove arriva una tale energia, ben maggiore di quella dei vulcani terrestri?

Naturalmente da Giove.

Io orbita pericolosamente vicino al centro del pianeta, a circa la distanza della Luna dalla superficie terrestre. Ma in questo caso non c'è un piccolo pianeta roccioso come la Terra a tenerlo ancorato, piuttosto un gigante violento come Giove. Le sue grandi dimensioni, poco minori della Luna, lo sottopongono continuamente a una forza di marea così violenta da mantenere fuso il mantello sottostante e causare fratture nella crosta, dalla quale escono grandi quantità di magma.

L'intenso calore prodotto ha cambiato profondamente anche la composizione chimica, facendolo assomigliare molto ai caldi pianeti rocciosi interni, piuttosto che ai corpi con una superficie prevalentemente ghiacciata di queste regioni.

Come se non bastasse, la sua orbita si trova pure all'interno dell'influenza del campo magnetico gioviano. Il veloce moto

orbitale, che si completa in 42 ore e mezzo e una struttura interna costituita da materiale fuso, trasformano Io nella dinamo più grande del Sistema Solare, percorsa da una corrente elettrica con una differenza di potenziale di circa 400.000 Volt.
Appena 250.000 chilometri più lontano da questa pericolosa zona orbitale, i bollenti spiriti gioviani sembrano calmarsi notevolmente.
Europa è probabilmente il satellite più interessante, soprattutto per i biologi.
La superficie è davvero particolare, quasi del tutto priva di crateri e montagne, quindi relativamente giovane, ricoperta da un materiale molto riflettente e apparentemente mobile.
Evidenti striature di diverso colore solcano il satellite. Questa peculiarità rappresenta sicuramente la prova definitiva di un'attività geologica attuale, sebbene molto diversa da quella dell'irrequieto Io.

Le lunghe striature sembrano essere delle linee di frattura della crosta, che secondo le osservazioni è costituita prevalentemente da ghiaccio d'acqua, del tutto simile alle grandi distese ghiacciate dell'Antartide.

La superficie di Europa somiglia a migliaia di grandi cristalli di ghiaccio in lento movimento.

A causa dell'influenza mareale di Giove, gli astronomi sono portati a credere che sotto lo strato ghiacciato, dallo spessore compreso tra 50 e 100 km, possa trovarsi un'enorme riserva di acqua mantenuta liquida dal calore prodotto dall'interazione con il campo gravitazionale di Giove.
Un grande oceano di acqua calda, al riparo dal freddo e dai pericoli dello spazio, potrebbe rivelarsi il luogo perfetto per lo sviluppo di alcune semplici forme di vita.

Ma come hanno fatto gli astronomi a ipotizzare un oceano d'acqua, senza mai poterlo osservare?
In modo relativamente semplice. La disposizione e il numero di quelle strane striature sulla superficie è infatti compatibile con un modello di crosta isolata e galleggiante sul nucleo. Questo isolamento meccanico consente alla crosta di muoversi a una velocità diversa rispetto al resto del satellite, compiendo, si stima, un giro in più ogni 10.000 anni.

Satelliti di Saturno

Giunti nel complesso sistema di Saturno, diamo un rapido sguardo ancora all'intrigante Titano per scoprire che, oltre a laghi di metano e piogge di idrocarburi, probabilmente possiede anche alcuni vulcani.
La notizia non sarebbe importante, se non fosse per il tipo di vulcanesimo che si incontra a partire da queste regioni del Sistema Solare. I vulcani di Titano non erutterebbero lava incandescente, ma materiale molto più freddo, probabilmente un miscuglio di ammoniaca, metano e una consistente porzione di acqua liquida.
I criovulcani, così vengono definiti dagli astronomi, sostituiscono i caldi silicati fusi delle montagne terrestri con materiali più freddi e volatili, proprio come il metano liquido ha sostituito il vapore acqueo sulla superficie del satellite.
Non c'è da meravigliarsi più di tanto ormai: non dobbiamo basare le nostre esperienze sulle limitate situazioni che sperimentiamo qui sulla Terra; l'Universo è un luogo ben più grande e variegato.
Se il magma freddo dei vulcani di Titano contiene acqua liquida, è possibile che il satellite possa avere a disposizione tutti gli ingredienti per la nascita della vita.
L'interazione tra l'acqua e le molecole organiche presenti in atmosfera richiede solamente qualche giorno per creare gli aminoacidi, i mattoni fondamentali delle proteine. Questo in-

tervallo di tempo è minore di quello richiesto a una colata di acqua per congelarsi completamente sulla superficie.

Dallo sviluppo delle proteine alla creazione della vita elementare, il passo potrebbe essere relativamente breve e la stabilità dell'atmosfera del satellite potrebbe offrire la protezione ideale per lo sviluppo di forme di vita elementari.

È buffo notare come sulla Terra il vulcanesimo rappresenti un pericolo per la vita, addirittura su scala globale, mentre su Titano potrebbe svolgere un ruolo diametralmente opposto.

In realtà l'attività geologica della Terra, che si manifesta a volte in modo così violento attraverso vulcani e disastrosi terremoti, è un ingrediente fondamentale della complessa ricetta per lo sviluppo della vita su un grande intervallo di tempo.

Senza la continua rigenerazione della crosta terrestre a partire proprio dalle eruzioni vulcaniche e dai terremoti, le forme biologiche non avrebbero avuto i nutrimenti necessari per sopravvivere miliardi di anni: il suolo, proprio come un campo coltivato intensamente, lentamente si sarebbe impoverito e sterilizzato e non avrebbe più potuto soddisfare l'elevato bisogno energetico di tutti i processi biologici.

È molto probabile che l'evoluzione delle specie, di cui noi esseri umani sembriamo essere l'anello finale (almeno fino a questo momento), si sarebbe interrotta ben prima che qualche essere vivente avesse potuto prendere coscienza dell'ambiente che lo circonda.

Vulcani e terremoti, quindi, sebbene possano distruggere localmente vaste porzioni di territorio, sono la testimonianza che il nostro pianeta è vivo. Noi, che siamo poco più che dei parassiti, resteremo in vita fino a quando la Terra lo sarà. Non possiamo controllare le enormi forze alla base dell'attività geologica, ma possiamo nel nostro piccolo cercare di non avvelenare il pianeta: sarebbe davvero stupido uccidere ciò che per noi è fonte di vita!

In attesa di ulteriori conferme alle ipotesi dei vulcani di Titano, salutiamo quest'affascinante luna con un fatto davvero curioso. L'atmosfera è infatti così densa, e la gravità circa 1/4 di quella terrestre, che sarebbero sufficienti un paio di ali sulle spalle per far volare un uomo attraverso il cielo arancione del satellite, o il classico ombrello per posarsi dolcemente sulla superficie. Due imprese decisamente impossibili da condurre qui sulla Terra (personalmente non le proverei!).

Se il criovulcanesimo su Titano può esserci stato in passato, ma attualmente non si rilevano attività, non si può dire lo stesso per un altro satellite di Saturno: Encelado.

Tre volte più piccolo di Titano, questa luna è stata osservata in dettaglio per la prima volta dalle sonde Voyager, che hanno rilevato subito la

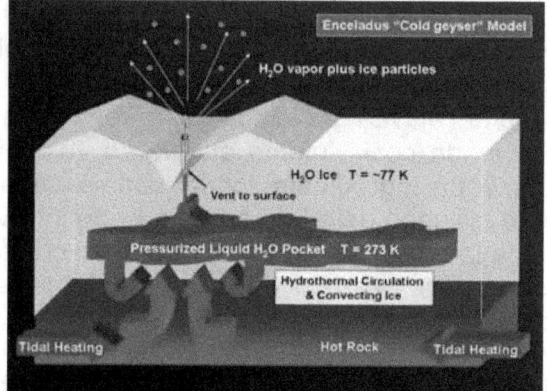

Criovulcanesimo su Encelado. Le forze di marea di Saturno riscaldano l'interno del pianeta. Il calore riesce a fondere parte del ghiaccio nel sottosuolo che trova poi una via d'uscita in piccole spaccature della crosta. Le eruzioni dei criovulcani sono simili a quelle dei vulcani caldi terrestri: cambia solamente il materiale utilizzato.

scarsa presenza di crateri nelle zone polari e l'elevatissima riflettività. Qual è il materiale che meglio riflette la luce del Sole, rendendo spesso difficili le nostre passeggiate in montagna? Sicuramente la neve!

In effetti, la superficie di Encelado è ricoperta da ghiacci, con un'abbondante presenza di ghiaccio d'acqua.

A quanto pare questo prezioso elemento chimico sembra essere presente quasi ovunque nel Sistema Solare. Tracce d'acqua sono state addirittura rilevate anche in nebulose oscure e calde atmosfere di pianeti extrasolari.

Secondo recenti osservazioni, l'acqua sembra essere una delle molecole più abbondanti dell'Universo. A pensarci bene, non potrebbe essere altrimenti. Una molecola d'acqua è formata da due atomi di idrogeno e uno di ossigeno, nient'altro che il primo e terzo elemento più abbondante dell'Universo!

La sorpresa più grande di Encelalo, tuttavia, è arrivata dalle recenti osservazioni della sonda Cassini, che ha rilevato dei vulcani attivi in prossimità del polo sud. Dalle spaccature della crosta superficiale sgorgano a grande pressione getti di acqua liquida, analoghi ai geyser terrestri, ma molto più potenti e freddi, a circa 0°C.

In primo piano la sagoma di Encelado con i grandi geyser d'acqua diretti nello spazio. Più in alto la falce di Mimas, in una emozionante immagine ripresa dalla sonda Cassini.

Encelado orbita all'interno del rarefatto anello E di Saturno, così debole da risultare invisibile da Terra. Si pensa addirittura che il materiale che ha formato e continua ad alimentare l'anello provenga in gran parte dai giganteschi geyser del satellite.

Encelado, Io e Tritone, che tra poco avvicineremo, sono gli unici satelliti del Sistema Solare con un'attività vulcanica sicuramente ancora presente.

Da dove proviene il calore e l'energia dei vulcani ad acqua di Encelado? Ancora una volta, dalla forza mareale del vicino Saturno.

Prima di dirigerci verso gli ultimi pianeti, diamo un'occhiata ad altri due satelliti, che probabilmente si contendono la palma di corpi celesti più strani dell'intero Sistema Solare.

Abbiamo già parlato di Giapeto nel paragrafo riguardante le montagne più alte, con quella strana e lunga catena montuosa equatoriale che sembra il risultato della compressione violenta dei due emisferi del satellite.

Che nel passato sia successo qualcosa di strano, ce lo testimonia anche l'aspetto globale della superficie, divisa in due emisferi completamente differenti.

Circa metà è ricoperta da materiale estremamente scuro, che riflette appena il 5% della luce solare.

Le regioni polari e l'altra metà della superficie sono invece ricoperte da materiale bianco, con la capacità di riflettere circa il 60% della radiazione solare, quasi sicuramente ghiacci.

La differenza tra i due emisferi è evidente anche osservando dalla superficie terrestre, al punto che il grande astronomo Giovanni Cassini, lo stesso che per primo ha scoperto la divisione negli anelli di Saturno, aveva compreso perfettamente la particolarità del satellite, quasi 400 anni prima della conferma da parte dell'omonima sonda interplanetaria.

Giapeto è sicuramente il satellite con la colorazione più contrastata e strana del Sistema Solare.

L'astronomo era in grado di osservare il satellite solamente a est di Saturno, ma sembrava scomparire quando lentamente si trasferiva nella parte ovest della sua orbita.

Non ci volle molto tempo a Cassini per comprendere che Encelado mostrasse sempre la stessa faccia a Saturno e posse-

desse due emisferi di luminosità molto diversa, che si mostravano sempre nella stessa posizione relativa rispetto al pianeta.
Concludiamo il nostro tour del sistema saturniano con un satellite dalla forma particolare.

Mimas possiede un
enorme cratere da
impatto dal diametro
pari a circa ¼ quello
del satellite. Il corpo
celeste che l'ha origi-
nato è andato proba-
bilmente molto vicino
a disintegrare la luna.
Sotto un'opportuna
illuminazione solare

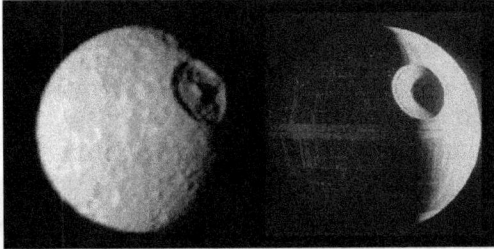

Il grande cratere da impatto sulla superficie di
Mimas, a sinistra, fa somigliare il satellite alla
celebre stazione spaziale Morte Nera della
saga di Guerre Stellari, a destra.

Mimas e la grande cicatrice somigliano molto a un oggetto appartenente alla saga fantascientifica di Guerre Stellari: la temi-
bile stazione spaziale denominata Morte Nera.
Niente paura, la somiglianza, seppur evidente, rappresenta
solamente una curiosa coincidenza!

Satelliti di Urano

Le lune di Urano non possiedono nomi mitologici come tutti gli
altri satelliti. Gli astronomi hanno deciso di assegnare nomi
appartenenti alle opere di William Shakespeare e Alexander
Pope.
Nomenclatura a parte, possiamo dividere le 27 lune conosciute di Urano in tre gruppi.
Il primo è costituito dai satelliti interni: piccoli corpi celesti che
orbitano in prossimità degli anelli e che svolgono probabilmente la stessa funzione delle lune pastore di Saturno.
L'altro gruppo è costituito dalle lune esterne: asteroidi dalla
forma irregolare catturati dalla gravità del pianeta.

L'ultimo è il più interessante ed è composto dai cinque satelliti più grandi del pianeta: Ariel, Umbriel, Titania, Oberon e Miranda.

Probabilmente anche a causa della mancanza di immagini dettagliate nel corso del tempo nessuna di queste lune sembra presentare sorprese.

Tutte possiedono superfici piuttosto antiche e scure composte da un miscela di rocce e ghiacci.

La particolarità di questi cinque satelliti risiede nel fatto che i loro piani orbitali sono inclinati di circa 100° rispetto all'eclittica, proprio come l'asse di rotazione del pianeta.

Se un giorno dovessimo atterrare all'equatore di uno di questi corpi ghiacciati rimarremmo sicuramente stupiti dallo

Sulla superficie delle principali lune di Urano, nei pressi dell'equatore, il Sole in cielo compie uno strano percorso nell'arco di un giorno.

strano percorso che compie il Sole nel cielo nell'arco di una giornata.

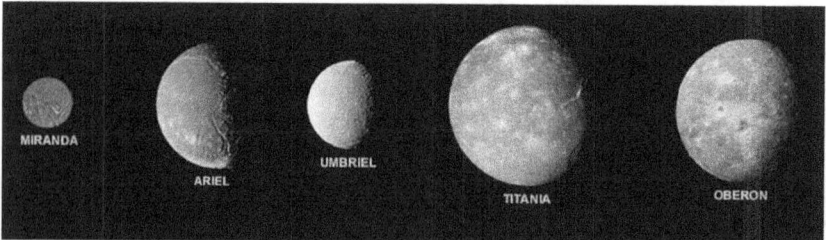

Ritratto di famiglia: le cinque principali lune di Urano riprese da Voyager 2 nel 1986.

Satelliti di Nettuno

Siamo giunti all'ultima fermata del nostro viaggio tra i satelliti più particolari dei pianeti.

La famiglia di Nettuno è la meno numerosa degli altri pianeti gassosi e contraddistinta da un satellite molto particolare e diverso rispetto agli altri 12: Tritone.

Dal diametro maggiore addirittura di Plutone, Tritone si colloca al settimo posto della classifica delle lune più grandi del Sistema Solare.

Il paragone con Plutone, tuttavia, non serve solamente a far comprendere le grandi dimensioni di questo satellite naturale, piuttosto a evidenziare quelle che sembrano molte similitudini.

Proprio come il pianeta nano, Tritone contiene una grande quantità di elementi ghiacciati, soprattutto azoto, ammoniaca e ghiaccio d'acqua.

Se questo può costituire un indizio, alcune considerazioni orbitali e dinamiche potrebbero dare maggiore significato a questa somiglianza così spiccata.

Tritone, infatti, contrariamente a tutte le altre lune di Nettuno, ha un'orbita retrograda. Questo temine indica un movimento orbitale nel verso contrario alla rotazione del pianeta.

Molte piccole lune esterne di Saturno e Giove seguono un comportamento simile, che costituisce l'evidenza più grande che questi corpi celesti non si siano formati sul luogo dove si osservano oggi, ma sono probabilmente stati catturati dalla grande forza di gravità del pianeta.

A rafforzare l'ipotesi, per Tritone, ci sono le osservazioni delle altre lune di Nettuno, nessuna delle quali ha caratteristiche simili al grande satellite.

Nel sistema nettuniano, però, è possibile osservare altre caratteristiche piuttosto peculiari.

Perché alcuni satelliti, come Nereide, mostrano orbite non regolari?

E perché il loro numero è sensibilmente inferiore rispetto a tutti gli altri pianeti gassosi?

Tutti questi indizi rafforzano l'idea della cattura gravitazionale di Tritone. Probabilmente la luna nacque originariamente in una zona orbitale vicina a quella di Plutone, nel bordo interno della fascia di Kuiper.

La traiettoria di Plutone interseca l'orbita di Nettuno, quindi è plausibile pensare che Tritone, seguendo un percorso simile, a un certo punto della sua evoluzione si sia trovato troppo vicino a Nettuno, al punto da venirne catturato.

La grande massa del satellite appena aggiunto alla famiglia nettuniana avrebbe portato un certo scompiglio, disturbando gravitazionale i satelliti interni e addirittura disperdendo o distruggendo tutti quelli che orbitavano nella zona che si è prepotentemente conquistato attorno a Nettuno.

Altrettanto interessanti risultano le caratteristiche della superficie, parte della quale si è probabilmente fusa e rigenerata nelle prime fasi della seconda vita attorno a Nettuno, quando l'orbita non si era ancora stabilizzata e le forze mareali potrebbero aver trasferito ingenti quantità di calore.

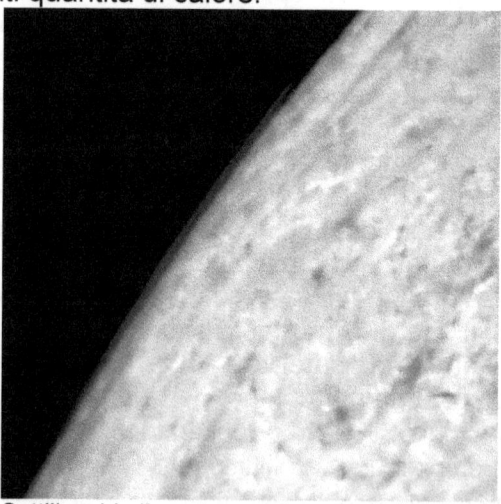

Dopo Titano, Tritone è l'unico satellite a possedere un'atmosfera.

Sebbene 70.000 volte più rarefatta di quella terrestre, è abbastanza densa per possedere una semplice struttura e ospitare sottili nubi formate da piccole goccioline di azoto liquido in sospensione a una quota compresa tra 1 e 3 km.

Insieme a Io e Encelado è uno dei pochi

Sottili nubi di azoto condensato nella tenue atmosfera di Tritone sono visibili lungo il bordo in questa ripresa di Voyager 2.

satelliti geologicamente attivi, con vulcani che eruttano principalmente magma composto da ammoniaca e acqua.
Le immagini scattate da Voyager 2, le uniche disponibili di Tritone, hanno mostrano un altro fenomeno particolare.
In prossimità delle regioni illuminate perpendicolarmente dal
Sole sono stati osservati grandi geyser di azoto gassoso e
polveri elevarsi fino ad 8 km dalla superficie.
Queste irruente fontane cosmiche non sono poi così differenti
dai processi che generano la chioma e la coda delle comete,
con la differenza che su questi piccoli corpi celesti la violenza
delle eruzioni è amplificata dalla maggiore vicinanza al Sole.

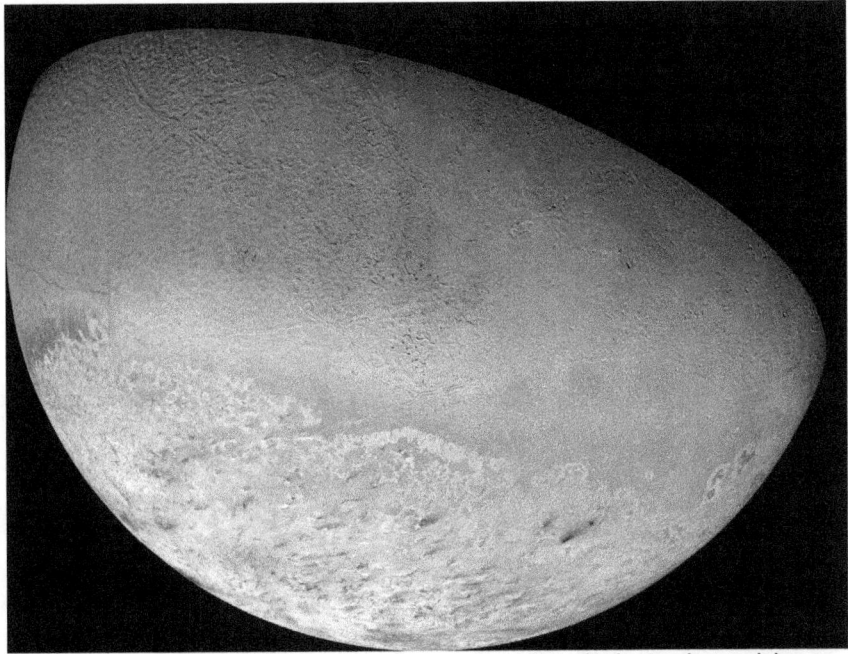

La strana superficie di Tritone sembra essere stata levigata da qualche e-
vento successivo al grande bombardamento asteroidale subito nelle prime
fasi di vita del Sistema Solare.

17.   Perché viaggiare nello spazio?

Questo capitolo conclusivo ha il sapore di una riflessione personale che spero sarà condivisa.

Proprio alla conclusione del mio viaggio tra i corpi del Sistema Solare e la magnifica avventura della loro esplorazione, ho avuto abbastanza informazioni per farmi un'idea precisa del significato e delle implicazioni dei viaggi nello spazio.

Prima di iniziare a conoscere questo mondo e le ricadute tecnologiche che presto vedremo, ero semplicemente un romantico tifoso dell'esplorazione spaziale, povero però di valide argomentazioni razionali.

È relativamente semplice comprendere se le proprie opinioni siano il frutto di un sentimento irrazionale, oppure siano supportate anche da solidi motivi oggettivi. Quando curiosi, appassionati o critici mi chiedevano: "a cosa serve realmente esplorare lo spazio, se non a spendere una grande quantità di denaro che potremmo utilizzare per i nostri numerosi problemi terrestri?" la mia risposta era quella di un innamorato che con occhi lucidi affermava: "Perché lo spazio è meraviglioso e utile a tutti noi". Ma non sapevo dire altro, non riuscivo a far capire agli occhi di un non infatuato cosa servisse realmente esplorare il cosmo.

In cuor mio speravo che il mio amore per l'esplorazione spaziale si basasse anche su fatti concreti e razionali, ma non riuscivo ancora a esserne sicuro.

La stesura del libro mi ha dato gli strumenti e le informazioni per crescere e sviluppare meglio le mie idee, che prima erano dogmi indimostrabili, quindi difficili da condividere.

Nei capitoli riguardanti i corpi del Sistema Solare, abbiamo assistito alle avvincenti avventure dell'esplorazione spaziale e ai grandi risultati ottenuti da questa disciplina in appena 50 anni.

In questo percorso trasversale, è stato possibile assistere anche alla normale evoluzione della scienza spaziale, sia dal punto di vista tecnologico che politico-economico.

Dalla corsa spaziale forsennata dei primi anni, che ha messo in pericolo vite umane, in nome di una supremazia politica che usava come pretesto i nobili obiettivi di conoscenza e progresso dell'esplorazione dello spazio, alle grandi collaborazioni tra le maggiori potenze mondiali, che hanno permesso di ottenere risultati inimmaginabili solamente pochi anni addietro, come la costruzione della stazione spaziale internazionale.

Continuando nella lettura cronologica degli eventi, abbiamo assistito soprattutto al grande sviluppo tecnologico che ha reso possibili missioni sempre più longeve e complesse, sfidando di volta in volta i limiti delle capacità umane.

È interessante notare come alcuni avvenimenti storici tendano a ripetersi. E così, come gli avventurosi esploratori del rinascimento, che lentamente hanno cominciato ad affacciarsi oltre le temibili colonne d'ercole e navigare finalmente verso nuovi mondi, nel ventesimo secolo siamo stati in grado di superare le colonne d'ercole della nostra era e navigare a vele spiegate nello sterminato oceano che inizia ad appena 100 km sopra le nostre teste.

Questa molto probabilmente è stata la sfida più grande della nostra storia.

Guardarsi indietro a volte rappresenta un modo molto efficace per trovare la forza di andare avanti, orgogliosi di noi stessi e sempre con maggiore convinzione.

Ad oltre 50 anni dal lancio del primo satellite da parte dei sovietici, sembra ne abbiamo fatta parecchia di strada.

Quel piccolo "bip" ricevuto per 98 minuti da una capsula grande come una lavatrice (e sicuramente meno complessa!) si è trasformato in breve tempo in complicate astronavi che hanno varcato i confini del Sistema Solare, in spedizioni che hanno fatto passeggiare l'uomo sulla Luna e in macchine radiocomandate in grado di percorrere diversi chilometri sulla superficie di Marte.

Tutti questi grandi successi hanno una fortissima presa anche sul grande pubblico, che in un paese democratico rappresenta la fonte principale dell'esplorazione spaziale.

Senza l'approvazione del programma spaziale, nessun governo democraticamente eletto può permettersi di finanziare delle missioni che hanno dei costi molto elevati rispetto ai nostri standard.

Ed eccoci allora arrivati al succo di questo capitolo.

Il costo economico dell'esplorazione spaziale è elevato.

Nel paragrafo riguardante l'esplorazione della Luna, probabilmente hanno impressionato le spese sostenute per il programma Apollo, il più grande e complesso mai realizzato. Rapportato al valore del denaro attuale, le missioni Apollo hanno avuto un costo complessivo pari a circa 170 miliardi di dollari, sostenuti interamente dagli Stati Uniti e naturalmente suddivisi in un periodo di circa 10 anni, dalla progettazione delle astronavi fino al ritorno dell'ultima capsula lunare.

In valore assoluto questa è una spesa veramente ingente e naturalmente improponibile per un paese diverso dalla grande superpotenza americana.

Gli altri programmi spaziali non sono da meno.

La progettazione e i 135 voli del programma Space Shuttle hanno avuto un costo totale pari a circa 200 miliardi di dollari spalmati in oltre 30 anni.

La progettazione e la costruzione della stazione spaziale internazionale ha richiesto, fino a ora, un investimento di circa 100 miliardi di dollari, suddiviso tra le grandi potenze spaziali (NASA, ESA, agenzia russa, JAXA).

L'esplorazione umana ha un prezzo circa 10 volte maggiore rispetto alle sonde automatiche, che non richiedono complessi sistemi per la sopravvivenza e non devono neanche far ritorno a casa.

È per questo motivo che, terminata la corsa forsennata alla Luna, i governi americani e sovietici hanno tirato gradualmente il freno.

I contribuenti americani non avrebbero mai accettato di continuare a sostenere un programma lunare con costi così elevati, tanto che le ultime tre missioni Apollo, programmate fino al numero venti, vennero cancellate.

Negli ultimi vent'anni i problemi di budget delle agenzie spaziali hanno prodotto numerose cancellazioni e ritardi nell'esplorazione umana.

Ma anche le esplorazioni robotiche soffrono di problemi simili.

Il programma Viking, che portò le prime due sonde sulla superficie di Marte, richiese circa 1 miliardo di dollari negli anni 70, 4 miliardi dei giorni nostri, e attualmente è il più costoso della storia dell'esplorazione automatica.

I continui tagli hanno costretto soprattutto la NASA a studiare negli anni successivi missioni più economiche e sostenibili.

Mars Pathfinder è l'esempio per eccellenza, con un costo complessivo di 280 milioni di dollari, comprensivo di progettazione dell'astronave (150 milioni), degli oneri di lancio e di missione durante il periodo operativo.

Questi citati rappresentano gli estremi.

Difficile, se non impossibile, investire meno denaro rispetto alla missione Mars Pathfinder, che fu davvero minimale.

La capsula atterrata aveva una massa di appena 264 kg e il rover era poco più grande di un modellino radiocomandato, con un peso di 10,5 kg (Curiosity a confronto pesa quasi 1000 kg!). Se ricordiamo bene, non furono neanche utilizzati costosi razzi per controllare l'atterraggio sul pianeta rosso, che avvenne in modo molto meno delicato attraverso l'apertura di numerosi airbag.

Ridurre ulteriormente i costi è possibile solamente intervenendo drasticamente nella lunga fase di progettazione, cercando di risparmiare sui materiali, sui controlli di qualità e sul numero di tecnici impegnati. A seguire questa strada ci ha provato la russia, con la recente sonda Phobos-Grunt, che ha richiesto appena 165 milioni di dollari. Ma il completo fallimento della missione, proprio a causa di forti mancanze tecnologiche e qualitative, rappresenta un monito molto chiaro per chiunque voglia intraprendere una strada simile. Meglio spendere poco per una sonda inaffidabile, oppure investire più denaro per aumentare esponenzialmente le possibilità di successo?

Una tipica missione automatica verso l'orbita di Marte ha un costo stimabile in circa 700-800 milioni di dollari.

Missioni più importanti, complesse e lunghe, come Mars Science Laboratory che porterà sul pianeta rosso il rover più grande e complesso mai costruito, ha un costo totale pari a circa 2,5 miliardi di dollari.

Per la sonda Cassini, la più complessa e lunga in questo periodo, si stimano costi complessivi di poco superiori a 3 miliardi di dollari.

La spesa totale dipende criticamente dalla durata della missione, perché una parte rilevante del budget serve per pagare i numerosi tecnici che seguono gli eventi e il mantenimento delle comunicazioni attraverso le potenti antenne della rete Deep Space Network (DSN).

Sempre considerando la missione Cassini, 1,4 miliardi di dollari sono stati necessari per lo sviluppo della sonda madre, 422 milioni per la capsula Huygens; 450 milioni sono stati spesi per la costruzione del razzo per il lancio, 704 saranno necessari durante l'intera missione e 54 per le comunicazioni.

Perché una missione spaziale richiede una così grande quantità di denaro?

Per tre motivi sostanziali:

1) La progettazione del satellite richiede anni di lavoro e l'impegno di centinaia di persone, molte delle quali tecnici e scienziati altamente specializzati, quindi costosi;

2) Lasciare la superficie della Terra è di una difficoltà estrema: servono migliaia di tonnellate di carburante e un vettore adeguato che deve essere costruito ogni volta che si vuole mandare nello spazio un satellite;

3) Durante tutta la missione operativa, che spesso ha una durata superiore a qualche anno, servono continuamente tecnici che controllino lo stato della sonda, programmino le manovre, le osservazioni e mantengano attive le comunicazioni.

Andando a indagare con occhio critico, però, ciò che balza subito all'occhio è il fatto che in oltre 50 anni di esplorazione spaziale i costi, rapportati al valore del denaro, siano sostanzialmente rimasti stabili, tranne rarissime eccezioni.

Portare in orbita un chilogrammo di materiale ha un prezzo superiore a 20.000$. Se vogliamo raggiungere l'orbita lunare o marziana dobbiamo investire circa 10 volte tanto.

A questo punto la domanda è: perché non si è riusciti ad abbattere le spese? Con la tecnologia e il sapere che abbiamo a disposizione, possibile che in 50 anni non si sia trovato il modo di rendere l'esplorazione spaziale più accessibile dal punto di vista economico?

Oltre alle evidenti difficoltà tecnologiche sopra elencate, vi sono grandi problemi politici e programmatici.

Alla fine degli anni 50 il presidente americano Eisenhower cominciò a stilare un programma graduale di conquista dello spazio, con lo sviluppo di una tecnologia sicura ed economica per le prime esplorazioni automatiche. Nella seconda fase, le conoscenze acquisite sarebbero state utilizzate per una sicura e sostenibile esplorazione umana.

L'improvvisa esplosione della gara allo spazio sancita dalla messa in orbita dello Sputnik sconvolse i piani americani e di riflesso anche quelli russi dell'immediato futuro.

Il piano decennale di sviluppo e ricerca per l'ottimizzazione dei viaggi nello spazio, venne abbandonato in favore di una prova di forza che a fronte di spese economicamente astronomiche, doveva produrre risultati immediati e spettacolari.

Una delle rare immagini del lancio del primo satellite della storia: lo Sputnik 1.

Se il programma Apollo rappresentò comunque una grande prova di ricerca e sviluppo tecnologico, nonostante il pochissimo tempo a disposizione, i limiti di questo piano finalizzato a immettere grandissime quantità di denaro senza un serio sviluppo tecnologico, si mostrarono evidenti nell'esplorazione attraverso sonde automatiche e si sarebbero trascinati per tutta l'era spaziale.

Meno della metà dei circa 40 satelliti lanciati verso Marte tra gli anni 60 e 70 giunse a destinazione.

Emblematico era il modus operandi dei sovietici, che facevano leva su una versione discutibile della legge dei grandi numeri.

Piuttosto che sviluppare un piano serio che avrebbe richiesto decine di anni, si affidavano a una vera e propria flotta di sonde automatiche da lanciare contemporaneamente verso gli altri pianeti. La legge statistica dei grandi numeri assicurava che su decine di fallimenti, poteva arrivare almeno un successo. Poco importava se restava unico: era sufficiente per essere utilizzato come propaganda e assestare un forte colpo politico ai nemici americani, che peraltro seguivano una strategia piuttosto simile.

La tragedia dell'Apollo 1, ad esempio, si sarebbe sicuramente evitata con più tempo a disposizione per studiare le problematiche relative al volo umano nello spazio.

Impossibile costruire un futuro con solide basi se si bruciano le tappe. E negli anni sessanta le tappe si bruciarono allo stesso ritmo del carburante nei giganteschi motori di quei colossali razzi lunari.

Così, quando l'enorme pioggia di denaro terminò, la corsa allo spazio rallentò bruscamente. Tutte le immense risorse erano servite per sfruttare il momento, ma non esisteva un piano di ricerca su nuovi sistemi di propulsione, o su come in generale rendere più sostenibili dal punto di vista economico i viaggi nello spazio.

I problemi nascosti dai fiumi di denaro sono riaffiorati in questi ultimi anni.

Sulla Luna non siamo più tornati, perché andarci ora avrebbe esattamente gli stessi costi degli anni 70. E nessun governo ha interesse a giustificare nei confronti dei contribuenti un investimento così grande.

La questione politica ed economica è stata sempre cruciale per l'esplorazione dello spazio.

E se c'è una regola d'oro che vale in ogni campo, è quella di non fidarsi mai troppo degli uomini che custodiscono il potere.

Una volta usato a proprio vantaggio il tema dell'esplorazione spaziale e dei nobili ideali di pace, fratellanza e sviluppo tecnologico che ne sono alla base, gli ingenui sognatori sono stati abbandonati a loro stessi, svuotati di quel denaro che si è portato via sogni e speranze.

La fuga di interessi politici, se non altro ha restituito lentamente all'esplorazione spaziale l'anima e i valori iniziali. Se questa sembra essere una buona notizia, purtroppo ha avuto l'effetto di aumentare il disinteresse e addirittura lo scetticismo presso il grande pubblico.

Le responsabilità di politica e mass media sono forti in merito al modo di comunicare e giustificare l'esplorazione dello spazio di fronte alla popolazione.

Spesso le grandi spese necessarie sono sbandierate come esempi di cattivi investimenti di cui la popolazione potrebbe benissimo fare a meno.

Quante volte ho infatti sentito la domanda: "che senso ha spendere un miliardo di dollari per mandare una macchina telecomandata su Marte, quando questi soldi potrebbero aiutare molte persone qui sulla Terra e risolvere tanti problemi?"

Rispondere in modo articolato a questo pensiero, peraltro giustificabile di prima impressione, non è semplice.

Cercherò di farlo su due fronti, l'uno meramente economico, l'altro concettuale.

È vero che l'esplorazione dello spazio è molto costosa rispetto alla quantità di denaro che utilizziamo quotidianamente, ma per capire quanto, dobbiamo paragonarla alla disponibilità di denaro dello stato che decide di intraprenderla.

I quasi 18 miliardi di dollari destinati alla NASA nel 2012 dal governo degli Stati Uniti possono sembrare tantissimi, ma rappresentano poco più dello 0,1% del prodotto interno lordo del paese e meno dello 0,5% dei fondi a disposizione del governo.

Tagliare i costi dell'esplorazione spaziale per risparmiare l'un per mille del denaro dei contribuenti di certo non può in alcun modo aiutare il benessere della comunità o rimettere ordine nel bilancio statale.

Se questo comunque non dovesse ancora convincere i più scettici, facciamo un paragone con altre spese, alcune di dubbia utilità, per vedere quale sia il peso relativo dell'esplorazione spaziale nell'economia di un paese.

Il termine di paragone più impressionante riguarda i costi di una guerra.

L'impegno militare in Afghanistan prima, e in Iraq poi, del solo governo americano, ha richiesto una spesa superiore a 3000 miliardi di dollari(!) in circa 10 anni, vale a dire 300 miliardi di dollari l'anno. Un paragone con il programma Apollo, costato 20 volte di meno, mostra che con questo denaro si potevano lanciare sulla Luna almeno 7 astronavi l'anno per 10 anni e dare lavoro a centinaia di migliaia di ingegneri, fisici, astronomi, operai, unire l'umanità invece di dividerla, risparmiare molte vite umane e portare benessere in tutto il pianeta con le ricadute tecnologiche di un programma così ambizioso.

Un paragone con il programma Shuttle è ancora più impietoso: il denaro speso in 10 anni di guerra poteva finanziare una missione al giorno per tutto questo periodo di tempo.

Anche nel nostro piccolo paese non mancano i paragoni a effetto.

Si pensa che l'Italia sia una nazione troppo piccola per un programma spaziale? No, è semplicemente uno dei tanti stati spreconi (forse il migliore) e che considera prioritarie altre spese, spesso non comunicate ai contribuenti, come i 100 jet bombardieri che il governo si è impegnato ad acquistare nei prossimi anni, per un totale di circa 15 miliardi di euro di spese militari in un periodo (fortunatamente) di pace.

La missione Pathfinder che ha portato su Marte il primo rover ha avuto un costo totale di 280 milioni di dollari, circa 220 milioni di euro, minore del prezzo di questi due jet.

Con il denaro speso per quasi cento nuovi aerei, l'Italia avrebbe potuto mandare su Marte circa 50 rover.

Solamente per il mantenimento della classe politica italiana vengono spesi diversi miliardi di euro l'anno, di cui ben 4 per il parco di auto blu più numeroso del mondo.

Tagliando i costi delle auto blu si potrebbe lanciare una sonda l'anno diretta verso Saturno e garantire una copertura di missione per almeno 15 anni ciascuna.

Siamo proprio sicuri che l'esplorazione dello spazio, con cui l'Italia attualmente si impegna con poche centinaia di milioni di euro l'anno, sia il vero spreco da debellare?

Ed eccoci arrivati al lato concettuale di questa articolata, ma lungi dall'essere completa, analisi.

Come si aiuta un popolo in difficoltà? Come si migliorano le sue condizioni, soprattutto in un momento di crisi?

Immettendo una grande quantità di denaro risparmiata da tagli allo sviluppo e al futuro? Oppure con un piano serio e articolato in grado di far ripartire l'intera economica, creando le condizioni affinché la popolazione abbia l'opportunità di crescere e migliorare la propria condizione?

La storia dovrebbe fornirci un ottimo insegnamento. Basta vedere quanto è stato detto poche pagine addietro in merito alle prime fasi dell'era spaziale. Il denaro fine a se stesso, privo di qualsiasi progetto di crescita e sviluppo, può rappresentare un palliativo, o addirittura una droga che rende felici ed ebbri fino a quando non scompare il suo effetto. Poi arrivano i postumi: ci si accorge di non aver fatto alcun investimento e il futuro che si presenta è oscuro e ancora più difficile.

Dieci euro per cinquanta milioni di italiani sarebbero sufficienti per lanciare una sonda verso Marte.

Vogliamo provare a immaginare le ricadute sull'economia, l'industria e il nostro benessere a fronte di questo minuscolo investimento?

Migliaia di posti di lavoro, il rientro dei giovani migliori costretti a emigrare per realizzare i propri sogni, il richiamo di grandi investitori esteri e l'instaurarsi di un'economia tecnologica che farebbe diventare il nostro paese ai primi livelli nel mondo.

Pochi miliardi di euro nella giusta direzione sarebbero trasformati in un investimento che potrebbe fruttare oltre 10 volte tanto in pochi anni, se consideriamo il lato puramente economico.

Invece si considerano prioritari piani che non producono alcuna ricchezza per il popolo, ma solo per i signori nelle stanze dei bottoni. Jet che dopo 10 anni saranno da sostituire con altri di nuova generazione; guerre incomprensibili combattute agli antipodi del mondo, privilegi vari di una classe dirigente che non riesce a guardare oltre il proprio naso.

Soldi buttati per produrre nessun investimento, nessuna speranza, nessun sogno, niente lavoro, niente sviluppo.

È così che si estingue una società del ventunesimo secolo.

Un investimento per il nostro futuro

Abbandoniamo le considerazioni personali, quindi soggettive, con cui si è concluso il precedente paragrafo e cerchiamo piuttosto di comprendere meglio quali siano i vantaggi pratici dell'esplorazione dello spazio, perché probabilmente questo è il tema più sentito.

Al di la di ritorni economici immediati e diretti provenienti dall'estrazione di materie prime sulla Luna o su asteroidi, progetti per i quali è richiesto ancora molto tempo, tutta la ricerca scientifico/tecnologica atta a superare i propri limiti obbedisce a una regola molto potente: non importa cosa si cerca, quale sia l'obiettivo del proprio sforzo tecnologico; nel lungo cammino compiuto per raggiungerlo, si conquistano decine di altri traguardi che possono rivelarsi estremamente utili per molti altri scopi.

Le ricadute tecnologiche dell'esplorazione spaziale sono così tante che sarebbero richieste decine di pagine solamente per stilare uno sterile elenco.

Non voglio proporre una sterile lista, ma far capire meglio in che modo una sonda nello spazio aiuti a migliorare le nostre vite molto di più di quanto si possa immaginare.

Con il termine inglese spin-off si identificano tutte quelle tecnologie sviluppate per l'esplorazione spaziale che sono state poi adattate per essere utilizzate nella vita di tutti i giorni.

Tra le più importanti degli ultimi anni c'è sicuramente il tema dell'energia fotovoltaica.

La tecnologia dei pannelli solari è stata utilizzata fin dalle prime missioni spaziali automatiche, tranne nei casi in cui le sonde erano dirette verso le regioni esterne del Sistema Solare.

L'agenzia russa e soprattutto americana hanno effettuato importantissimi studi nel disporre di una tecnologia leggera, affidabile e sempre più efficiente dal punto di vista energetico.

I pannelli solari che abbiamo sul nostro tetto derivano direttamente da questi pionieristici studi; senza le sonde interplanetarie, probabilmente questa tecnologia sarebbe arrivata solamente tra molti anni.

Molto importante anche il campo informatico, dove il contributo della NASA è stato fondamentale.

Negli anni 60, con l'inizio del programma Apollo, una grande quantità di energie fu destinata alla creazione di computer abbastanza piccoli da essere contenuti nel modulo di comando e sufficientemente potenti da pilotare l'astronave durante il viaggio verso la Luna.

Il grande sviluppo necessario per ricerca spaziale, è stato determinante per la rivoluzione informatica di massa iniziata sul finire degli anni 80.

I moderni programmi di navigazione spaziale a bordo di ogni satellite, dai GPS che guidano le nostre auto, a quelli che consentono di guardare la televisione, derivano dagli studi intensi condotti a partire dagli anni 60.

Anche nel campo medico le ricadute sono molte: dai termometri a infrarossi sviluppati per primi nelle sonde automatiche, ai nuovi materiali utilizzati per le protesi artificiali derivati direttamente dagli studi della NASA, allo sviluppo della tecnologia a diodi per la cura di alcune lesioni.

I sistemi di controllo remoto, gli stessi che consentono di attivare un allarme o un elettrodomestico con l'uso di un semplice cellulare, derivano dalla tecnologia sviluppata per il controllo di sonde a milioni di chilometri di distanza e dei rover radiocomandati su Marte.

Le fotocamere digitali, che ormai equipaggiano addirittura tutti i telefoni cellulari, sono figlie delle pionieristiche ricerche per l'efficiente ripresa e trasmissione delle immagini provenienti dalle sonde automatiche.

Le conoscenze tecnologiche accumulate, e poi rese pubbliche, hanno dato inizio all'inevitabile era della fotografia digitale.

I moderni pneumatici, che consentono maggiore aderenza e sicurezza, derivano dalle ricerche cominciate durante l'esplorazione lunare sulle mescole da utilizzare per le ruote della Jeep lunare.

Il materiale ignifugo dei vigili del fuoco è conseguenza dello studio sulla costruzione delle prime tute spaziali per le passeggiate degli astronauti.

I sistemi di filtraggio, purificazione e riciclaggio dell'acqua, sviluppati per le missioni verso la Luna e per le lunghe permanenze degli astronauti a bordo delle stazioni spaziali, potrebbero rivelarsi fondamentali nel fornire acqua potabile alle popolazioni povere di alcune regioni dell'Africa e dell'Asia.

Si potrebbe continuare con moltissimi altri esempi tra cui i materiali a memoria che si trovano attualmente anche in divani o materassi, il cibo liofilizzato, i sistemi di scongelamento per le ali degli aerei, ma credo che il succo del discorso sia ben chiaro: gran parte del nostro attuale stile di vita deriva dalla ricerca in ambito spaziale.

Spero di aver quindi provato che mandare una sonda su Marte non è un'attività finalizzata a soddisfare una semplice curiosità o una morbosa voglia di conoscenza, ma è soprattutto un investimento per le future generazioni, con importanti ricadute tecnologiche per tutta la popolazione di questo pianeta.

Il problema è, ancora una volta, politico e legato indissolubilmente alla natura umana.

Le guerre sono molto più costose e totalmente inaccettabili dal punto di vista delle perdite e della distruzione che causano.

La ricerca spaziale è decine di volte meno costosa e molto democratica: i benefici derivati non conoscono confini di stato, non fanno discriminazioni razziali, abbracciano tutto il popolo umano e aiutano soprattutto i più poveri.

Nello spazio sicuramente troveremo tutte le risposte ai nostri problemi e la possibilità di un futuro lungo e prospero.

L'esplorazione del cosmo rappresenta un forte collante per l'intera umanità. Questa consente all'uomo di vedere oltre i propri limitati confini, di superare diversità, lotte e guerre, proponendo un obiettivo comune che va ben oltre tutto questo. Un obiettivo che rappresenta la più grande sfida di un popolo: conoscere le sue origini, i motivi della propria esistenza, capire se si trova da solo in questo viaggio attraverso l'Universo. Un motivo così grande e nobile che, al di là del benessere tecnologico, potrebbe unirci finalmente sotto il tetto di questa unica casa chiamata Terra.

Il problema è forse questo: chi ha il potere preferisce fare guerre per arricchire se stesso e pochi altri, perché maggiore è la povertà e l'ignoranza del popolo, più semplice risulta manipolarlo e maggiore è la ricchezza che può essere accumulata.

Ma questo modello di sviluppo prima o poi non sarà più sostenibile. E a quel punto l'umanità sarà di fronte alla scelta più importante della storia: chiudere gli occhi e continuare sulla strada dell'autodistruzione, oppure cercare di sconfiggere l'istinto animalesco per avviarsi verso un mondo più equo e giusto per tutti gli abitanti di questo straordinario pianeta.

Bibliografia

Testi dell'autore

- **L'Universo in 25 centimetri:** tutto quello che è possibile fare con una camera planetaria e un telescopio amatoriale. *Springer*
- **Astrofisica per tutti:** scoprire l'Universo con il proprio telescopio. *Lulu*
- **Primo incontro con il cielo stellato**, versione base (liberamente scaricabile dal web) ed estesa. *Lulu*
- **Galassie:** proprietà, formazione ed evoluzione dei mattoni dell'Universo. *Lulu*
- **Elettrostatica:** Proprietà e grandezze associate ai campi elettrostatici. *Lulu*

Testi di astronomia divulgativa

- **A Orione svolta a sinistra**; Consolmagno Guy; Davis M. Dan. *Hoepli*
- **Atlante del cielo**; Silvano Minuto. *Legenda*
- **Atlante dell'universo**; Piero Bianucci, Walter Ferreri. *U-TET*
- **Astronomi per passione. 65 esperimenti ed esercizi per imparare a osservare (bene) il cielo notturno**; Thompson Robert B., Fritchman Thompson Barbara. *APOGEO*
- **Catalogo Messier**; Enrico Moltisanti. *Gruppo B*
- **Capire l'Universo**; Corrado Lamberti. *Springer Werlag*
- **Come funziona l'Universo**; Heather Couper - Nigel Henbest. *Gruppo B*
- **Come osservare il cielo con il mio primo telescopio**; Walter Ferreri. *Il Castello*

- **Dal Sistema Solare ai confini dell'universo**; Margherita Hack. *Liguori*
- **Fare astronomia con piccoli telescopi**; Gainer Michael K. *Springer Verlag*
- **Il libro dei telescopi**; Walter Ferreri. *Il Castello*
- **Il piccolo cielo. Astronomia da camera per notti serene**; Piero Bianucci. *Simonelli*
- **Introduzione all'astronomia. Esercitazioni e problemi per lo studio dei fenomeni celesti**; Romano Giuliano. *Franco Muzzio Editore*
- **L'atlante stellare di Cambridge**; Tirion Wil. *Gruppo B*
- **L'arte di osservare con il telescopio**; Salvatore Albano. *Il Castello*
- **L'esplorazione del cielo notturno con il binocolo;** Patrick Moore. *Il Castello*
- **L'osservazione visuale del cielo profondo**; Salvatore Albano. *Il Castello*
- **Manuale dell'astrofilo. Consigli pratici per osservare il cielo**; Walter Ferreri. *Gruppo B*
- **Oltre Messier**; Enrico Moltisanti. *Gruppo B*
- **Passeggiando tra le stelle. Sei itinerari ideali per ammirare lo spettacolo del cielo**; Piero Bianucci. *Sirio (Milano)*
- **Viaggio verso l'infinito. Le sette tappe che ci hanno svelato l'universo**; Piero Bianucci. *Gruppo B*

Biografia

Daniele Gasparri
è nato il 24 agosto 1983
nella campagna Umbra
tra Perugia e Terni.
La passione per
l'astronomia è nata in
occasione del suo deci-
mo compleanno, quando
ha ricevuto per regalo un
binocolo astronomico per
osservare il cielo.

Da quel momento
l'astronomia ha rappresentato gran parte della sua vita e condizionato tutte le scelte più importanti.
Attualmente sta terminando gli studi all'università di Bologna e
collabora dal 2007 con la rivista di astronomia Coelum. Al suo
attivo ha oltre 50 articoli divulgativi pubblicati sulla rivista e alcune pubblicazioni su riviste internazionali divulgative, acca-
demiche (Sky and Telescope, Astronomy and astrophysics) e
quattro libri.
È stato il primo al mondo a scoprire un pianeta extrasolare con
strumentazione amatoriale (HD17156b) a separare insieme
all'astrofilo Antonello Medugno la coppia Plutone-Caronte.
Dal 2007 si occupa principalmente del pianeta Venere, avendo
sviluppato tecniche di ripresa che consentono di ottenere immagini della spessa coltre di nubi e della superficie con una
risoluzione migliore di quella ottenuta con i potenti telescopi
professionali.
La passione per la divulgazione lo porta spesso a tenere corsi
di astronomia, conferenze e serate pubbliche.
È presidente dell'associazione astrofili Paolo Maffei di Perugia.

Ringraziamenti... veri e ironici

Scrivere un libro è un'operazione già complicata di suo, ma dover redigere un volume di astronomia, basato quindi su notizie e fatti reali, è ancora più impegnativo perché non si può di certo improvvisare o inventare.

Curare personalmente la fase di editing, impaginazione, correzione degli errori e pubblicazione, perché nessun editore italiano vuole farlo, anzi, non ha voluto neanche leggere una singola pagina del libro, rende il tutto ancora più complicato, oltre che triste per la divulgazione scientifica italiana.

Per questo motivo ho deciso di terminare qui la mia avventura di "scrittore", se così posso definirmi.

Nel cassetto ci sono altri due volumi già pronti e che forse autopubblicherò nei prossimi mesi, ma la penna (virtuale) si è posata per sempre sul tavolo, resa pesante da un mondo, quello editoriale, chiuso, arrogante, saccente e completamente estraneo ai valori della meritocrazia e della divulgazione. Un mondo che giudica non su quello che hai scritto, ma su chi sei, non sui contenuti ma sulla capacità di attirare soldi e gonzi. Un mondo che è riuscito nell'impresa sublime di distruggere un sogno senza mai provare a vederne i contenuti.

A voi un grazie sincero, ironico e amareggiato che sono sicuro non leggerete mai.

Desidero ringraziare invece realmente le persone che sempre gentilmente e volontariamente mi hanno dato una mano.

Ai miei genitori vanno ringraziamenti a priori, poi ad Anna, Kati, Alessandra e tutta l'associazione astrofili Paolo Maffei di Perugia per il supporto psicologico.

Ai lettori del mio blog un grazie particolare per avermi suggerito argomenti e idee da inserire. Ho cercato di accontentarvi tutti: Fabio Pennacchini, Giovanni Lopardi, Francesco Di Biase e Luca Perazzone; spero di esserci riuscito.

www.ingramcontent.com/pod-product-compliance
Lightning Source LLC
Chambersburg PA
CBHW071354170526
45165CB00001B/33